概率论与数理统计

主　编　白建侠
副主编　武海霞　赵凯芳　李秋营

天津大学出版社
TIANJIN UNIVERSITY PRESS

内容提要

本书共9章内容，包括随机事件与概率、随机变量及其分布、多维随机变量及其分布、随机变量的数字特征、大数定律与中心极限定理、数理统计的基本概念、参数估计、假设检验以及回归分析与线性模型. 本书注重基本概念、基本理论与基本方法的阐述，在保证叙述严谨的基础上，弱化纯数学定义及复杂证明，例题丰富，意在培养学生解决基本问题的能力. 可作为普通高等院校各专业的“概率论与数理统计”课程的教材，也可供有关科技人员学习和参考.

本书力求例题丰富，每章后对不同的知识点都配备了一定数量的习题，方便学生练习，消化知识，并附有习题参考答案. A组题侧重基本知识的训练，全部都是计算题. B组题题型丰富，包括填空题、选择题、计算题和证明题. B组题中的计算题稍难于A组，综合性稍强. 书中带“ * ”的内容，可由教师根据具体情况选讲. 书中每章后都附有数学史内容，且配有测试题和总结视频，供读者课外阅读和复习提高之用。

图书在版编目(CIP)数据

概率论与数理统计 / 白建侠主编 ; 武海霞, 赵凯芳, 李秋营副主编. - - 天津 : 天津大学出版社, 2024. 7(2025. 8 重印)

ISBN 978-7-5618-7674-9

Ⅰ. ①概… Ⅱ. ①白… ②武… ③赵… ④李… Ⅲ. ①概率论 - 高等学校 - 教材②数理统计 - 高等学校 - 教材 Ⅳ. ①O21

中国国家版本馆 CIP 数据核字(2024)第045105号

出版发行 天津大学出版社
地　　址 天津市卫津路92号天津大学内(邮编:300072)
电　　话 发行部:022-27403647
网　　址 www. tjupress. com. cn
印　　刷 天津泰宇印务有限公司
经　　销 全国各地新华书店
开　　本 787mm×1092mm　1/16
印　　张 15
字　　数 355千
版　　次 2024年7月第1版
印　　次 2025年8月第2次
定　　价 42.00元

前　言

“概率论与数理统计”是理工科大学本科生的重要基础数学课程之一.本教材以培养应用型人才为目标,注重基本概念、基本理论与基本方法的阐述,在保证叙述严谨的基础上,在某些方面弱化纯数学定义及复杂证明,强调概念的直观性和基本方法的应用性,以便于读者正确领会、深入了解,旨在培养学生解决基本问题的能力.

本教材是编者基于多年讲授“概率论与数理统计”课程的教学经验编写而成,可以作为普通高等院校各专业“概率论与数理统计”课程的教材,也可供有关科技人员学习和参考使用.

本教材由概率论和数理统计两部分组成:第一部分包括第1章至第5章,讲授概率论的基础知识,包括随机事件与概率、随机变量及其分布、多维随机变量及其分布、随机变量的数字特征、大数定律与中心极限定理,约32学时;第二部分包括第6章至第9章,讲授数理统计的基本概念、参数估计、假设检验、回归分析与线性模型,约32学时.其中,第1章至第8章涵盖了《全国硕士研究生入学统一考试数学考试大纲》中关于概率论与数理统计的所有知识点;而带“*”的内容,可由教师根据具体情况选讲;部分章后附有数学史相关内容,且配有总结视频和测试题,供读者课外阅读和复习提高之用.

本教材力求例题丰富,结合实际,每章后对不同的知识点都配备一定数量的习题,方便学生练习和消化知识,并附有习题参考答案.其中,A组题侧重基础知识的训练,习题力求具有基础性和代表性;B组题题型丰富,包括填空题、选择题、计算题和证明题,且B组题中的计算题稍难于A组题,综合性稍强,这样既可开阔学生的视野,又可扩展学生进行深入学习、提高计算能力的空间.

本教材由白建侠主编,具体编写分工如下:第1、9章由赵凯芳编写;第2、3、6章由武海霞编写;第4、5章由白建侠编写;第7、8章由李秋营编写.

本教材是在天津大学杨则燊教授的组织下完成编写的,在此表示衷心的感谢,并对审阅本教材的教授们致以诚挚的谢意.

由于编者水平有限,书中难免有不足之处,敬请同行及读者指正.

编者

2023年7月

目　　录

第1章　随机事件与概率

1.1　随机试验

在自然界和人类社会活动中，所能观察到的现象千姿百态，但这些现象概括起来大体可分为两类：一类是确定性的，另一类是偶然性的，亦称为随机性的. 例如：向上抛一粒石子，其必然下落；在标准大气压下，100 ℃的纯水必然沸腾；同性电荷必然相斥；物体在恒力作用下必然做匀加速运动，等等. 这类现象称为确定性现象，它们在一定条件下一定会发生. 另一类现象，在一定条件下，可能出现这样的结果，也可能出现那样的结果，但事先不能预测会出现哪一种结果，这类现象称为随机现象. 例如：抛掷一枚硬币，它可能正面朝上，也可能反面朝上，就是说"正面朝上"这个结果可能出现也可能不出现；记录一段时间内某电话的呼叫次数，这个结果可能较多，也可能较少；车床加工某种产品，产品可能合格，也可能不合格；射击运动员一次射击的结果可能是10环、9环、…、1环、脱靶，等等.

虽然随机现象中出现什么样的结果不能完全预言，但是可以假定其全部可能结果是已知的. 如在上述例子中，抛掷一枚硬币只会有"正面朝上"与"反面朝上"这两个可能结果；一段时间内某电话的呼叫次数必然是一个非负整数. 可见，"全部可能结果是已知的"这个假定是合理的，而且它会给我们带来诸多方便.

进行一次试验，如果其所得结果不能完全预言，但其全部可能结果是已知的，则称此试验为随机试验. 显然，随机试验具有如下特性：

(1) 可重复性，即在相同的条件下试验可以重复进行；

(2) 不确定性，即试验的可能结果不止一个，但所有可能结果是预先可知的；

(3) 不可预见性，即在试验结束之前不能确定哪一个结果会出现.

本书所使用的"试验"这一术语，其含义是广泛的，它既可以是通常意义下的物理或化学试验，也可以是对自然或社会现象的观测与记录. 通常用大写字母 E 或 $E_1, E_2, \cdots$ 表示随机试验.

例1.1　一些随机试验.

E_1：抛一枚硬币，观察正面 H、反面 T 出现的情况.

E_2：抛一枚硬币三次，观察正面 H、反面 T 出现的情况.

E_3：抛掷一枚骰子，观察点数.

E_4：对一堂课的听课人数进行一次统计.

E_5：记录某段时间内电话交换台的呼叫次数.

E_6：记录一批电子元件的寿命.

虽然一次随机试验的结果不能完全预言，但是在相同的条件下重复此试验时，则会呈现出一定的数量规律性,这一点被历史上许多人的试验结果所证明. 表 1.1 列出了蒲丰等人连续抛掷均匀硬币所得到的结果. 从表 1.1 中的数据可以看出,当抛掷次数很多时,正面出现频率非常接近 0.5,也就是说出现正面与出现反面的机会差不多各占一半.

表 1.1

试验者	掷币次数	出现正面的次数	正面出现频率
德·摩根(De Morgan)	2 048	1 061	0.518 1
蒲丰(Buffon)	4 040	2 048	0.506 9
卡尔·皮尔逊(Karl Pearson)	24 000	12 012	0.500 5

上表 1.1 表明,当在相同条件下大量重复某一随机试验时,各可能结果出现的频率稳定在某个确定的数值附近,这种性质称为频率的稳定性. 频率稳定性的存在,标志着随机现象也具有其数量规律性,概率论就是研究随机现象数量规律性的数学学科.

1.2 样本空间和随机事件

1.2.1 样本空间

随机试验 E 的所有可能结果构成的集合,称为 E 的样本空间,记为 Ω,称 Ω 中的元素 ω 为样本点.

例 1.2 例 1.1 中各随机试验的样本空间可写为

$\Omega_1 = \{H,T\}$;

$\Omega_2 = \{HHH,HHT,HTH,THH,TTH,THT,HTT,TTT\}$;

$\Omega_3 = \{1,2,3,4,5,6\}$;

$\Omega_4 = \{1,2,\cdots,n\}$;

$\Omega_5 = \{1,2,\cdots\}$;

$\Omega_6 = \{T\geqslant 0\}$.

不难看出,样本空间 Ω 可以是数集,也可以是任何抽象的集合;可以是有限集、可列集,也可以是不可列的无穷集合.

1.2.2 随机事件

在实际中,我们时常会关心试验的某一部分可能结果是否出现,例如规定某种电子元件的寿命大于或等于 1 000 h 为正品,则在例 1.1 的随机试验 E_6 中我们关心的是电子元件的寿命是否满足 $T\geqslant 1\ 000$,这一条件下的样本点组成 Ω_6 的一个子集 $A=\{T\mid T\geqslant 1\ 000\}$. 我们称 A 为随机试验 E_6 的一个随机事件. 显然,当且仅当子集 A 中的一个样本点出现时,才有 $T\geqslant 1\ 000$.

一般地,称随机试验 E 的样本空间的子集为 E 的随机事件,简称事件,用大写字母 A,B,

$C, \cdots$ 或 $A_1, A_2, A_3, \cdots$ 表示.

特别地,由单个样本点组成的单点集,称为基本事件,例 1.1 中的随机试验 E_1 有两个基本事件 $\{H\}$ 和 $\{T\}$. 由于样本空间 Ω 包含全部可能结果,因此在每次随机试验中 Ω 都会发生,故称 Ω 为必然事件;相反,空集 $\varnothing$ 不含任何样本点,每次随机试验必定不发生,故称 $\varnothing$ 为不可能事件.

例 1.3　随机试验 E 为抛掷一枚骰子,观察点数,有样本空间 $\Omega=\{1,2,3,4,5,6\}$. 设随机事件 A 为掷出奇数点,B 为掷出点数小于 7,C 为掷出点数大于 8. 试用集合表示事件 A, B,C.

解　$A=\{1,3,5\}$;　$B=\Omega$(必然事件);　$C=\varnothing$(不可能事件).

1.2.3　事件的关系

事件定义为样本空间的某个子集,所以事件之间的关系和运算与集合之间的关系和运算完全一致,可以采用图示的方法表示事件之间的关系和运算. 设想向长方形 Ω 内任投一点 ω,则 Ω 与 ω 分别表示此试验的样本空间与样本点;而长方形 Ω 内的子集 A 代表随机事件,所投点 ω 落入 A 中,则事件 A 发生. 事件间的几种关系如图 1.1(文氏图)所示.

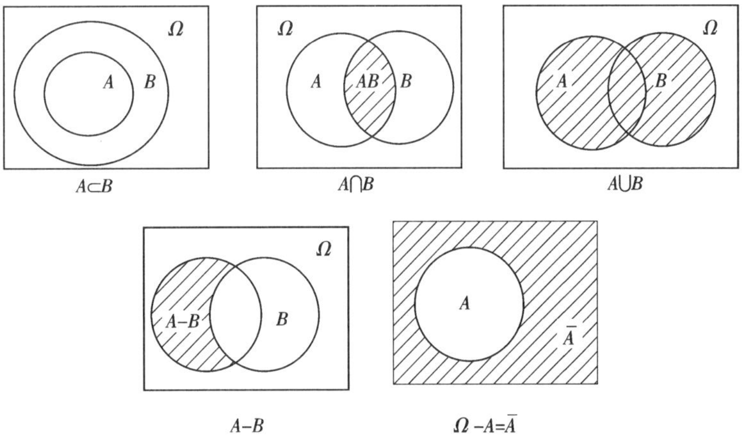

图 1.1

(1)包含事件 $A\subset B$: 指事件 A 发生一定导致 B 发生. 若 $A\subset B$ 且 $B\subset A$,则称事件 A 与 B 相等,并记为 $A=B$.

例 1.4　若记 $A=\{$明天天晴$\}$,$B=\{$明天无雨$\}$,则 $A\subset B$.

若记 $A=\{$至少有 10 人候车$\}$,$B=\{$至少有 5 人候车$\}$,则 $A\subset B$.

(2)积事件(交事件)$A\cap B=\{\omega:\omega\in A$ 且 $\omega\in B\}$:指事件 A 与 B 同时发生. $A\cap B$ 也记为 AB.

$\bigcap\limits_{i=1}^{n} A_i$:$A_1, A_2, \cdots, A_n$ 同时发生.

$\bigcap\limits_{i=1}^{+\infty} A_i$:可列个事件 $A_1, A_2, \cdots, A_n, \cdots$ 同时发生.

(3)和事件(并事件)$A\cup B=\{\omega:\omega\in A$ 或 $\omega\in B\}$:指事件 A 与 B 至少有一个发生.

$\bigcup\limits_{i=1}^{n} A_i$：$n$ 个事件 $A_1,A_2,\cdots,A_n$ 至少有一个发生.

$\bigcup\limits_{i=1}^{+\infty} A_i$：可列个事件 $A_1,A_2,\cdots,A_n,\cdots$ 至少有一个发生.

(4)当 $AB=\varnothing$ 时，称 A 与 B 互不相容或互斥，即 A 与 B 不可能同时发生.

(5)差事件 $A\bar{B}=A-B=\{\omega:\omega\in A$ 且 $\omega\notin B\}$：指事件 A 发生且 B 不发生.

(6)若 $A\cup B=\Omega$ 且 $AB=\varnothing$，则称 A 与 B 互逆或互相对立，且称 B 为 A 的对立事件，即 A,B 中必有一个发生，但不可能同时发生. A 的对立事件记为 $\bar{A}$，显然

$$A\cup\bar{A}=\Omega, A\bar{A}=\varnothing, \bar{\bar{A}}=A.$$

1.2.4 事件的运算性质

(1)交换律：$A\cup B=B\cup A, AB=BA$.

(2)结合律：$(A\cup B)\cup C=A\cup(B\cup C),(AB)C=A(BC)$.

(3)分配律：$(A\cup B)\cap C=AC\cup BC,(AB)\cup C=(A\cup C)\cap(B\cup C)$.

(4)德·摩根律(对偶律)：$\overline{A\cup B}=\bar{A}\bar{B},\overline{AB}=\bar{A}\cup\bar{B}$.

例 1.5 设 $A=\{$甲来听课$\}$，$B=\{$乙来听课$\}$，则

$A\cup B=\{$甲、乙至少有一人来听课$\}$；

$A\cap B=\{$甲、乙都来听课$\}$；

$\overline{A\cup B}=\bar{A}\bar{B}=\{$甲、乙都不来听课$\}$；

$\bar{A}\cup\bar{B}=\overline{AB}=\{$甲、乙至少有一人不来听课$\}$.

例 1.6 某人连续买了 3 期彩票，用 A_i 表示“第 i 期中奖”，$i=1,2,3$. 试用 A_i 及 $\overline{A_i}$ 表示下列事件.

(1) A：3 期中至少有一期中奖.

(2) B：3 期中恰有一期中奖.

(3) C：3 期中至多有一期中奖.

(4) D：3 期都中奖.

(5) E：3 期都不中奖.

解 (1) $A=A_1\cup A_2\cup A_3$.

(2) $B=A_1\overline{A_2}\,\overline{A_3}\cup\overline{A_1}A_2\overline{A_3}\cup\overline{A_1}\,\overline{A_2}A_3$.

(3) $C=A_1\overline{A_2}\,\overline{A_3}\cup\overline{A_1}A_2\overline{A_3}\cup\overline{A_1}\,\overline{A_2}A_3\cup\overline{A_1}\,\overline{A_2}\,\overline{A_3}$.

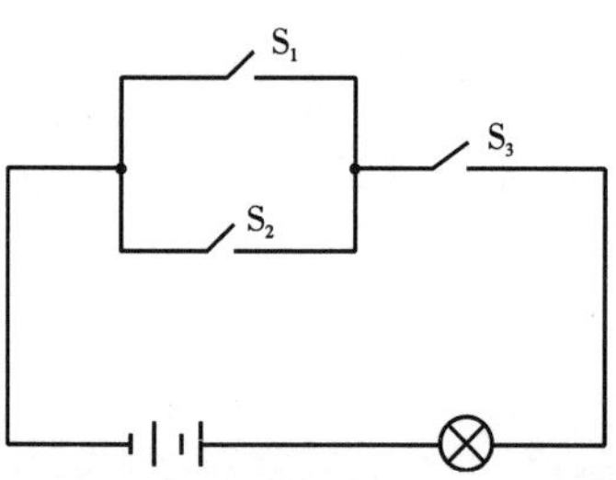

图 1.2

(4) $D=A_1A_2A_3$.

(5) $E=\overline{A_1}\,\overline{A_2}\,\overline{A_3}=\overline{A_1\cup A_2\cup A_3}$.

例 1.7 在图 1.2 所示电路中，用 A 表示“信号灯亮”这一事件，用 A_1,A_2,A_3 分别表示开关 S_1,S_2,S_3 闭合事件. 易知当且仅当 S_3 闭合且 S_1,S_2 至少一个闭合时“信号灯亮”，即 $A=(A_1\cup A_2)A_3$；反之，当且仅当 S_3 未闭合与 S_1,S_2 都未闭合至少一个发生时“信号灯不亮”，即 $\bar{A}=$

$(\overline{A_1}\ \overline{A_2})\cup\overline{A_3}$,事实上,由德・摩根定律也可以得到

$$\overline{A}=\overline{(A_1\cup A_2)A_3}=(\overline{A_1\cup A_2})\cup\overline{A_3}=(\overline{A_1}\ \overline{A_2})\cup\overline{A_3}.$$

1.3　频率与概率

除去必然事件和不可能事件这两种情形外,随机事件在一次试验中是否发生是不确定的. 我们通常希望知道某一事件在一次试验中发生的可能性究竟有多大,并希望找到一个合适的数来表征某一事件在一次试验中发生的可能性的大小. 为定量地分析和研究这种可能性的大小,首先引入频率的概念,它初步描述了事件发生的频繁程度.

1.3.1　频率

定义 1.1　在一定条件下,将某一随机试验重复 n 次,如果其中事件 A 共发生 m 次,则称 $f_n(A)=\dfrac{m}{n}$ 为事件 A 发生的频率.

由定义 1.1 可知,频率具有如下性质.

(1)非负性:对任意的事件 A,有 $f_n(A)\geqslant 0$.

(2)$f_n(\Omega)=1$,　$f_n(\varnothing)=0$.

(3)有限可加性:若 $A_1,A_2,\cdots,A_k$ 均是两两互不相容的事件,则有 $f_n(\bigcup\limits_{i=1}^{k}A_i)=\sum\limits_{i=1}^{k}f_n(A_i)$.

人们在长期的实践中发现,对于一个随机事件 A,对不同的试验次数、相同的试验次数以及不同的记录者,所得到的事件 A 发生的频率常常是不同的,但随着试验重复次数 n 的不断增大,随机事件 A 发生的频率总在一个确定的数值附近摆动,这个确定的数值好像是它的摆动中心,也好像是当 $n\to+\infty$ 时频率的极限.

为揭示这一规律,历史上有许多数学家进行了成千上万次抛掷硬币的试验,部分结果记录在表 1.1 中. 从表 1.1 可以得到蒲丰等人的试验结果表明大量重复地抛掷一枚均匀硬币时,正面出现的频率稳定在 0.5 附近. 频率的稳定值 0.5 恰好代表了正面与反面出现的可能性的大小,这个数值称为事件 A 发生的概率.

1.3.2　概率的定义及性质

苏联数学家柯尔莫哥洛夫于 1933 年提出了概率的公理化定义,为概率论具有严谨的逻辑推理打下了坚实的基础.

定义 1.2(概率的公理化定义)　设 Ω 是随机试验 E 的样本空间,对每个事件 A,赋予一个实数 $P(A)$ 与之对应,若 $P(A)$ 满足:

(1)(非负性)对每个事件 A,均有 $P(A)\geqslant 0$;

(2)(规范性)对于必然事件 Ω,有 $P(\Omega)=1$;

(3)(可列可加性)若 $A_1,A_2,\cdots,A_k,\cdots$ 均是两两互不相容的事件,即 $A_iA_j=\varnothing,i\neq j$,且

$i,j=1,2,\cdots$,有 $P(\bigcup_{i=1}^{+\infty}A_i)=\sum_{i=1}^{+\infty}P(A_i)$.

则称 $P(A)$ 为事件 A 发生的概率.

实际上,概率 $P(A)$ 就是当试验次数 $n\to+\infty$ 时,$f_n(A)$ 的一种极限,其严格含义将在第 5 章详加叙述.

由概率的公理化定义,我们可以推得概率的一些性质.

性质 1 不可能事件 $\varnothing$ 发生的概率为 0,即 $P(\varnothing)=0$.

证明 因为 $\Omega=\Omega\cup\varnothing\cup\varnothing\cup\cdots$,由概率的可列可加性得

$$P(\Omega)=P(\Omega)+P(\varnothing)+P(\varnothing)+\cdots,$$

又 $P(\Omega)=1$,所以

$$1=1+P(\varnothing)+P(\varnothing)+\cdots,$$

再由概率的非负性知 $P(\varnothing)\geqslant 0$,故 $P(\varnothing)=0$.

注意 此性质反之不成立. 即若 $P(A)=0$,并不意味着 A 是不可能事件. 具体理解见第 2 章.

性质 2(有限可加性) 设事件 $A_1,A_2,\cdots,A_n$ 两两互不相容,则 $P(\bigcup_{i=1}^{n}A_i)=\sum_{i=1}^{n}P(A_i)$.

证明 因为 $\bigcup_{i=1}^{n}A_i=A_1\cup A_2\cup\cdots\cup A_n\cup\varnothing\cup\varnothing\cup\cdots=\bigcup_{i=1}^{+\infty}A_i$,其中 $A_{n+k}=\varnothing,k=1,2,\cdots$. 根据 $P(\varnothing)=0$ 及概率的可列可加性得

$$P(\bigcup_{i=1}^{n}A_i)=P(A_1\cup A_2\cup\cdots\cup A_n\cup\varnothing\cup\varnothing\cup\cdots)=\sum_{i=1}^{+\infty}P(A_i)=\sum_{i=1}^{n}P(A_i).$$

性质 3 设 A,B 是两个事件,若 $A\subset B$,则有 $P(B-A)=P(B)-P(A)$,$P(B)\geqslant P(A)$.

证明 因为 $A\subset B$,则 $B=A\cup(B-A)$,且 $A(B-A)=\varnothing$,由概率的有限可加性得

$$P(B)=P(A)+P(B-A).$$

所以 $$P(B-A)=P(B)-P(A).$$

再由概率的非负性知 $P(B-A)\geqslant 0$ 得到 $P(B)\geqslant P(A)$.

性质 4 对于任一事件 A,有 $P(A)\leqslant 1$.

证明 因为 $A\subset\Omega$,由性质 3 得到 $P(A)\leqslant P(\Omega)=1$.

性质 5 逆事件的概率,对于任一事件 A,有 $P(\bar{A})=1-P(A)$.

证明 因为 $A\cup\bar{A}=\Omega$ 且 $A\bar{A}=\varnothing$,得到 $1=P(\Omega)=P(A)+P(\bar{A})$,所以 $P(\bar{A})=1-P(A)$.

性质 6(加法公式) 对于任意两个事件 A,B,有 $P(A\cup B)=P(A)+P(B)-P(AB)$.

证明 因为 $A\cup B=A\cup(B-AB)$,$A(B-AB)=\varnothing$,且 $AB\subset B$,故

$$P(A\cup B)=P(A\cup(B-AB))=P(A)+P(B-AB)=P(A)+P(B)-P(AB).$$

性质 6 还可以推广到更多个事件的情形,对于任意三个事件 A_1,A_2,A_3,有

$$P(A_1\cup A_2\cup A_3)=P(A_1)+P(A_2)+P(A_3)-P(A_1A_2)-P(A_1A_3)-P(A_2A_3)+P(A_1A_2A_3).$$

对于任意的 n 个事件,有

$$P(\bigcup_{i=1}^{n} A_i) = \sum_{i=1}^{n} P(A_i) - \sum_{1\leqslant i<j\leqslant n} P(A_iA_j) + \sum_{1\leqslant i<j<k\leqslant n} P(A_iA_jA_k) - \cdots + (-1)^{n-1}P(A_1A_2\cdots A_n).$$

它的计算方法是“加足减,减足加”,所以也称多去少补原理.

例 1.8　设 $P(A)=\frac{1}{3}$,$P(B)=\frac{1}{4}$,在下列三种情况下分别求 $P(\bar{B}A)$的值.

(1)A 与 B 互不相容;(2)$B\subset A$;(3)$P(AB)=\frac{1}{6}$.

解　(1)由于 $AB=\varnothing$,则 $A\subset\bar{B}$,$\bar{B}A=A$,故 $P(\bar{B}A)=P(A)=\frac{1}{3}$;

(2)由于 $B\subset A$,则 $\bar{B}A=A-B$,故 $P(\bar{B}A)=P(A-B)=P(A)-P(B)=\frac{1}{12}$;

(3)由于 $\bar{B}A=A-AB$,而 $AB\subset A$,故 $P(\bar{B}A)=P(A)-P(AB)=\frac{1}{3}-\frac{1}{6}=\frac{1}{6}$.

1.4　古典概型和几何概型

1.4.1　古典概型

如果随机试验具有以下特点:

(1)样本空间只含有有限多个样本点;

(2)各样本点出现的可能性相等,则称此随机试验为古典随机试验,简称古典概型.

下面讨论古典概型中事件概率的计算公式.

设随机试验的样本空间 $\Omega=\{\omega_1,\omega_2,\cdots,\omega_n\}$,由于在试验中每个基本事件发生的可能性相同,即有 $P(\omega_1)=P(\omega_2)=\cdots=P(\omega_n)$,又由于基本事件是两两互不相容的,于是

$$1=P(\Omega)=P(\omega_1\cup\omega_2\cup\cdots\cup\omega_n)=P(\omega_1)+P(\omega_2)+\cdots+P(\omega_n),$$

则有

$$P(\omega_i)=\frac{1}{n},\quad i=1,2,\cdots,n.$$

若事件 A 包含 k 个基本事件,则

$$P(A)=\frac{k}{n}=\frac{A\text{ 中包含的基本事件数}}{\Omega\text{ 中基本事件总数}}=\frac{n(A)}{n(\Omega)},\tag{1.1}$$

其中,$n(\Omega)$表示 Ω 中基本事件总数,$n(A)$表示 A 中包含的基本事件数.

1.4.2　计数原理

乘法原理:假设进行过程Ⅰ有 n_1种方式,而对于过程Ⅰ的每一种方式,进行过程Ⅱ都有 n_2种方式,那么依次进行过程Ⅰ和Ⅱ共有 n_1n_2种方式.

加法原理:假定进行过程Ⅰ有 n_1种方式,进行过程Ⅱ有 n_2种方式,那么进行过程Ⅰ和Ⅱ

共有 n_1+n_2种方式.

从 n 个不同的元素中,有放回地取 r 个元素组成的可重复排列的种数为 n^r. 从 n 个不同的元素中,不放回地取 $r(r\leqslant n)$个元素组成的不可重复排列的种数为 $\mathrm{P}_n^r=n(n-1)\cdots(n-r+1)$. 从 n 个不同的元素中,不放回地取 $r(r\leqslant n)$ 个元素组成的组合种数为

$$\mathrm{C}_n^r=\frac{n(n-1)\cdots(n-r+1)}{r!}=\frac{\mathrm{P}_n^r}{r!}=\frac{n!}{r!\ (n-r)!},$$

易得 $\mathrm{C}_n^r=\mathrm{C}_n^{n-r}$.

1.4.3 相关例题

例 1.9 抛一枚硬币 3 次,求恰好出现两次正面的概率.

解 此试验样本空间 $\Omega=\{HHH,HHT,HTH,THH,TTT,TTH,THT,HTT\}$,用 A 表示恰好出现两次正面,则 $A=\{HHT,HTH,THH\}$,所以

$$P(A)=\frac{3}{8}.$$

例 1.10(抽签问题) 一袋中有 a 个红球,b 个白球,记 $a+b=n$,设每次摸到各球的概率相等,每次从袋中摸一球,不放回地摸 n 次,并用 A_k表示第 k 次摸到红球($1\leqslant k\leqslant n$). 试求 $P(A_k)$.

解 方法 1:视同色球可辨,$n(\Omega)$是这$(a+b)$个球的全排列,即 $n(\Omega)=(a+b)!$. A_k分成两个串行过程,先从 a 个红球中选一个放在第 k 个位置上(有 C_a^1种选法);再将其余$(a+b-1)$个球在其余位置上任意排列(有$(a+b-1)!$ 种方式),$n(A_k)=\mathrm{C}_a^1\cdot(a+b-1)!$,因此

$$P(A_k)=\frac{a}{a+b}.$$

方法 2:视同色球不可辨,此时样本点取决于这$(a+b)$个位置中哪 a 个位置放红球,$n(\Omega)=\mathrm{C}_{a+b}^a$,而 A_k要求第 k 个位置必须是红球,只需要从$(a+b-1)$个位置中选$(a-1)$个放其余的红球,即 $n(A_k)=\mathrm{C}_{a+b-1}^{a-1}$,因此

$$P(A_k)=\frac{a}{a+b}.$$

例 1.11(占位问题) 将 n 个不同的球,随机放入 N 个抽屉中($n\leqslant N$),设每一个球落入各抽屉的概率相同,且各抽屉可容纳的球数无限制. 试分别求下列事件的概率 .

A:某指定的 n 个抽屉中各有一个球.

B:恰有 n 个抽屉中各有一个球.

C:每个抽屉至多有一个球.

D:某指定的抽屉中恰有 m 个球($m\leqslant n$).

解 因为每一个球被等可能性地放入 N 个抽屉中的任何一个,故 $n(\Omega)=N^n$. 事件 A 中样本点取决于 n 个球放入 n 个抽屉的顺序,故 $n(A)=n!$,从而有 $P(A)=n!/N^n$.

事件 B 和事件 C 一样,事件 B,C 和事件 A 的差别在于有小球的 n 个抽屉没有被指定,根据乘法原理可以得到 $n(B)=n(C)=\mathrm{C}_N^n\cdot n!$,故 $P(B)=P(C)=\mathrm{C}_N^n\cdot n!/N^n$.

为了弄清楚事件 D 所含样本点数 $n(D)$，先取 m 个球放入指定的抽屉中，共有 C_n^m 种取法，然后把剩下的 $(n-m)$ 个球任意地放入其他 $(N-1)$ 个抽屉中，共有 $(N-1)^{n-m}$ 种，根据乘法原理可得 $n(D)=C_n^m\cdot(N-1)^{n-m}$，故 $P(D)=C_n^m\cdot(N-1)^{n-m}/N^n$.

例 1.12（生日问题）　求任意 n 个人中，至少有两个人在同一天过生日的概率（一年按 365 天计算）.

解　我们可以把一年 365 天理解成 365 个抽屉，n 个人任意去占这 365 个抽屉. 事件“至少有两个人在同一天过生日”是例 1.11 中“每个抽屉至多有一个球”的逆事件，于是所求概率

$$p=1-\frac{C_{365}^n\cdot n!}{365^n}.$$

当 $n=64$ 时，$p=0.997$.

*1.4.4　几何概型

并不是所有试验都像前面讲的那样局限于有限多个样本点的情形. 有时，试验的结果是无限多的. 虽然试验的结果无限多，但由于试验的任意性或对称性，每个样本点出现的机会仍然相等. 此时，不能简单地通过样本点的计数来计算概率.

定义 1.3　设 Ω 为非空集合，满足条件 $0<m(\Omega)<+\infty$. 对 Ω 的任意可以度量的子集 A，称

$$P(A)=\frac{m(A)}{m(\Omega)}\tag{1.2}$$

为事件 A 的几何概率，其中 $m(A)$，$m(\Omega)$ 分别表示 A，Ω 的几何度量（长度、面积或体积）.

例 1.13　设在区间 $[0,3]$ 内任取一个数，试求取到的数落在 $[0,1]$ 内的概率.

解　设 A 为取到的数落在 $[0,1]$ 内. 因为 $\Omega=[0,3]$，$m(\Omega)=3$，且 $m(A)=1$，故

$$P(A)=1/3.$$

例 1.14（约会问题）　甲、乙两人约定在 $[0,T]$ 的时间段内去某地见面，规定先到者等候一段时间 $t(t\leqslant T)$ 再离开，试求甲、乙能见面的概率.

解　分别用 x,y 表示甲、乙到达见面地点的时刻，则样本点是坐标平面上一个点 (x,y)，样本空间 $\Omega=\{(x,y):0\leqslant x,y\leqslant T\}$ 是一个边长为 T 的正方形，而且样本点在 Ω 中均匀分布.

事件 A =“甲、乙能见面” $=\{(x,y)\in\Omega:|x-y|\leqslant t\}$. 如图 1.3 所示，则

$$P(A)=\frac{m(A)}{m(\Omega)}=\frac{T^2-(T-t)^2}{T^2}=1-\left(1-\frac{t}{T}\right)^2.$$

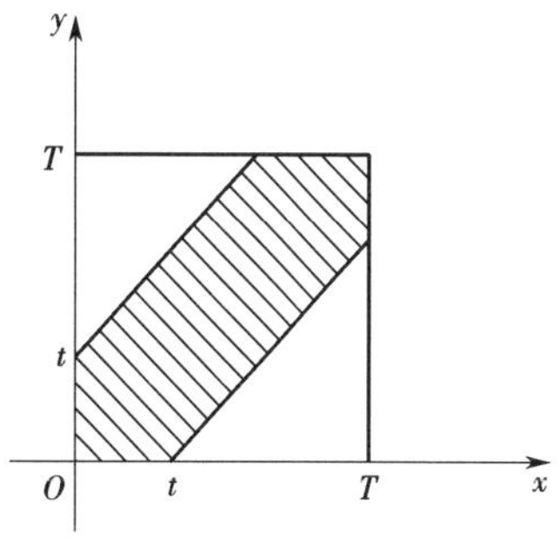

图 1.3

1.5 条件概率

1.5.1 条件概率的定义

本章开始介绍的随机现象,就是"在一定的条件下进行试验或观测,其结果不能完全预言"的现象. 这里所说的条件是整个试验的共同条件,是讨论问题的前提. 有的时候,人们还需要讨论某些附加条件下的试验结果,通常以"某个事件已经发生"的形式给出,这就是已知某事件已经发生的条件概率.

例如将一枚硬币抛掷3次,观察正反面出现的情况,设事件A为"至少出现一次正面H",事件B为"3次掷出同一面",求已知事件A已经发生的条件下事件B发生的概率. 其样本空间$\Omega=\{HHH,HHT,HTH,THH,TTH,THT,HTT,TTT\}$含有8个样本点,事件$A$中含有7个样本点,$B$中含有2个样本点,从而$P(A)=\frac{7}{8}$,$P(B)=\frac{2}{8}=\frac{1}{4}$. 如果已知事件$A$已经发生,样本空间发生改变(变为$A$),此时$B$发生的概率记为$P(B|A)=\frac{1}{7}$. 注意到$n(A)=7$,$n(AB)=1$,故

$$P(B|A)=\frac{n(AB)}{n(A)}=\frac{n(AB)/n(\Omega)}{n(A)/n(\Omega)}=\frac{P(AB)}{P(A)}.$$

这启发我们以$P(AB)$与$P(A)$之比作为条件概率$P(B|A)$的一般定义.

定义1.4 设A,B是两个事件,且$P(A)>0$,称

$$P(B|A)=\frac{P(AB)}{P(A)} \tag{1.3}$$

为在事件A已经发生的条件下事件B发生的概率.

容易验证,条件概率$P(\cdot|A)$具有概率定义中的3条性质:

(1)$P(B|A)\geqslant 0$;

(2)$P(\Omega|A)=1$;

(3)若$B_1,B_2,\cdots,B_n,\cdots$两两互不相容,则$P(\bigcup_{n=1}^{+\infty}B_n|A)=\sum_{n=1}^{+\infty}P(B_n|A)$.

所以说,条件概率也是概率. 于是1.3节中给出的所有结果也适用于条件概率.

例如:若$B\subset C$,则$P(B|A)\leqslant P(C|A)$;

$$P(B|A)=1-P(\bar{B}|A);$$

$$P(B\cup C|A)=P(B|A)+P(C|A)-P(BC|A).$$

例1.15 设一个袋子中有5个红球、4个白球,做不放回取球两次,每次取一个球,试求在第一次取球为白球的条件下,第二次取球也为白球的概率.

解 用A表示第一次取球为白球,B表示第二次取球为白球.

方法一:用公式计算.

$$P(A)=\frac{C_4^1}{C_9^1}=\frac{4}{9};\quad P(AB)=\frac{C_4^2}{C_9^2}=\frac{1}{6}.$$

由条件概率公式得

$$P(B|A)=\frac{P(AB)}{P(A)}=\frac{\frac{1}{6}}{\frac{4}{9}}=\frac{3}{8}.$$

方法二:用条件概率的定义计算.

第二次取球时袋子中有 5 个红球、3 个白球,故

$$P(B|A)=\frac{C_3^1}{C_8^1}=\frac{3}{8}.$$

希望读者掌握用方法二计算条件概率.

1.5.2　乘法公式

由条件概率的定义,可得下述定理.

定理 1.1　设 $P(A)>0$,则有

$$P(AB)=P(A)\cdot P(B|A).\tag{1.4}$$

设 $P(AB)>0$,则有

$$P(ABC)=P(A)\cdot P(B|A)\cdot P(C|AB).\tag{1.5}$$

设 $P(A_1A_2\cdots A_{n-1})>0,n\geqslant 2$,则有

$$P(A_1A_2\cdots A_n)=P(A_1)\cdot P(A_2|A_1)\cdot P(A_3|A_1A_2)\cdots P(A_n|A_1A_2\cdots A_{n-1}).\tag{1.6}$$

上述 3 个公式都称为乘法公式.

例 1.16　设一个盒中有 3 个红球、5 个白球,每次从盒中任取 1 个球,观其颜色后放回,再放入一个与所取球颜色相同的球. 若连续取球 4 次,试求第 1、2 次取到红球,且第 3、4 次取到白球的概率.

解　用 $A_i(i=1,2,3,4)$ 表示第 i 次取到红球,则 $\overline{A_3},\overline{A_4}$ 分别表示第 3、4 次取到白球. 应用式(1.6)可得

$$\begin{aligned}P(A_1A_2\overline{A_3}\,\overline{A_4})&=P(A_1)\cdot P(A_2|A_1)\cdot P(\overline{A_3}|A_1A_2)\cdot P(\overline{A_4}|A_1A_2\overline{A_3})\\&=\frac{3}{8}\times\frac{4}{9}\times\frac{5}{10}\times\frac{6}{11}=\frac{1}{22}.\end{aligned}$$

例 1.17　某行业资格认证考试每半年安排一次,每人最多参加 3 次考试. 某人第 1 次参加能通过的概率为 60%;若第 1 次未通过,则参加第 2 次考试,此时通过率为 80%;若第 2 次未通过,则参加第 3 次考试,此时通过的概率为 90%. 试求这个人能通过考试的概率.

解　用 $A_i(i=1,2,3)$ 表示第 i 次通过考试,用 A 表示通过考试,则

$$A=A_1\cup\overline{A_1}A_2\cup\overline{A_1}\,\overline{A_2}A_3,$$

故

$$\begin{aligned}P(A)&=P(A_1)+P(\overline{A_1}A_2)+P(\overline{A_1}\,\overline{A_2}A_3)\\&=P(A_1)+P(\overline{A_1})\cdot P(A_2|\overline{A_1})+P(\overline{A_1})\cdot P(\overline{A_2}|\overline{A_1})\cdot P(A_3|\overline{A_1}\,\overline{A_2})\end{aligned}$$

$$=0.6+0.4\times0.8+0.4\times0.2\times0.9=0.992.$$

亦可用逆事件的方法,即

$$\begin{aligned}P(A)&=1-P(\bar{A})=1-P(\overline{A_1}\,\overline{A_2}\,\overline{A_3})\\&=1-P(\overline{A_1})\times P(\overline{A_2}\mid\overline{A_1})\times P(\overline{A_3}\mid\overline{A_1}\,\overline{A_2})\\&=1-0.4\times0.2\times0.1=0.992.\end{aligned}$$

1.5.3 全概率公式和贝叶斯公式

在实际问题中,经常需要求复杂事件的概率. 常用的方法是将复杂事件的概率问题适当分解为若干个简单事件,再利用概率的有限可加性与乘法公式来解决. 因此,先引入样本空间的划分这一概念.

定义 1.5 设 Ω 为随机试验 E 的样本空间,$B_1,B_2,\cdots,B_n$为 E 的一组事件. 若

(1)事件 $B_1,B_2,\cdots,B_n$两两互斥,即 $B_iB_j=\varnothing,i\neq j,i,j=1,2,\cdots,n$;

(2)$B_1\cup B_2\cup\cdots\cup B_n=\Omega$,

则称 $B_1,B_2,\cdots,B_n$为样本空间 Ω 的一个划分(分割),也称事件组 $B_1,B_2,\cdots,B_n$为完备事件组.

若 $B_1,B_2,\cdots,B_n$是样本空间的一个划分,那么对每次试验,事件 $B_1,B_2,\cdots,B_n$中有且仅有一个发生.

定理 1.2(全概率公式) 设随机试验 E 的样本空间为 Ω,A 为 E 的事件,$B_1,B_2,\cdots,B_n$为 Ω 的一个划分,且 $P(B_i)>0(i=1,2,\cdots,n)$,则

$$\begin{aligned}P(A)&=P(B_1)P(A\mid B_1)+P(B_2)P(A\mid B_2)+\cdots+P(B_n)P(A\mid B_n)\\&=\sum_{i=1}^{n}P(B_i)P(A\mid B_i).\end{aligned}\tag{1.7}$$

证明 因为 $\Omega=B_1\cup B_2\cup\cdots\cup B_n$,故 $A=AB_1\cup AB_2\cup\cdots\cup AB_n$,且 $AB_1,AB_2,\cdots,AB_n$两两互斥. 利用概率的有限可加性及乘法公式可得

$$\begin{aligned}P(A)&=P(AB_1)+P(AB_2)+\cdots+P(AB_n)\\&=P(B_1)P(A\mid B_1)+P(B_2)P(A\mid B_2)+\cdots+P(B_n)P(A\mid B_n)\\&=\sum_{i=1}^{n}P(B_i)P(A\mid B_i).\end{aligned}$$

注意:划分 $B_1,B_2,\cdots,B_n$是为了计算 $P(A)$而引入的,若选择适当可以使计算大为简化;则选择不当,则不利于问题的解决.

例 1.18 某工厂 1,2,3 车间生产同一种产品,产量依次占 40%,30%,30%,而次品率分别为 5%,8%,10%. 现从这个工厂的产品中任取出一件,试求取到次品的概率.

解 用事件 A 表示任取出一件产品为次品. 问题在于不知道取到的产品是哪个车间生产的,用 B_i表示取到 i 车间的产品($i=1,2,3$),则 B_1,B_2,B_3为 Ω 的一个划分,且 $P(B_1)=0.4,P(B_2)=0.3,P(B_3)=0.3$, $P(A\mid B_1)=0.05,P(A\mid B_2)=0.08,P(A\mid B_3)=0.1$.

由全概率公式,得到

$$P(A)=P(B_1)\cdot P(A\mid B_1)+P(B_2)\cdot P(A\mid B_2)+P(B_3)\cdot P(A\mid B_3)$$

$$=0.4\times0.05+0.3\times0.08+0.3\times0.1=0.074.$$

为了引入贝叶斯公式，继续讨论例 1.18，假定事件 A 已经发生，这就产生了分担由此而引起的责任问题. 各车间应承担的责任取决于被查出的次品是该车间生产的条件概率 $P(B_i|A)$，这可由条件概率的定义及乘法公式得出. 例如

$$P(B_1|A)=\frac{P(AB_1)}{P(A)}=\frac{P(B_1)P(A|B_1)}{P(A)}=\frac{0.02}{0.074}=0.270.$$

定理 1.3（贝叶斯公式） 设随机试验 E 的样本空间为 Ω，A 为 E 的事件，$B_1,B_2,\cdots,B_n$ 为 Ω 的一个划分，且 $P(A)>0$，$P(B_i)>0(i=1,2,\cdots,n)$，则

$$P(B_i|A)=\frac{P(B_i)P(A|B_i)}{\sum\limits_{j=1}^{n}P(B_j)P(A|B_j)}. \tag{1.8}$$

证明 由条件概率的定义以及全概率公式，得到

$$P(B_i|A)=\frac{P(AB_i)}{P(A)}=\frac{P(B_i)P(A|B_i)}{\sum\limits_{j=1}^{n}P(B_j)P(A|B_j)}.$$

“已知结果，找原因”往往会用到贝叶斯公式，亦称此式为逆概率公式.

例 1.19 一个单位有甲、乙两人，已知甲近期出差的概率为 0.8，若甲出差，则乙出差的概率为 0.2，若甲不出差，则乙出差的概率为 0.9. 试求：

(1) 乙近期出差的概率是多少；

(2) 若已知乙近期出差，甲出差的概率是多少.

解 用 A 表示甲出差，B 表示乙出差，根据题意有

$$P(A)=0.8,P(B|A)=0.2,P(B|\bar{A})=0.9.$$

(1) $P(B)=P(A)P(B|A)+P(\bar{A})P(B|\bar{A})=0.8\times0.2+0.2\times0.9=0.34$；

(2) $P(A|B)=\dfrac{P(AB)}{P(B)}=\dfrac{P(A)P(B|A)}{P(B)}=\dfrac{0.8\times0.2}{0.34}=0.47.$

例 1.20 有两个盒子，第一个盒子中有 4 个白球、2 个红球，第二个盒子中有 5 个白球、4 个红球，现随机在第一个盒子中取 1 个球放到第二个盒子中，再从第二个盒子中任取出 1 个球. 试求：

(1) 此球是白球的概率是多少；

(2) 已知从第二个盒子中取出的是白球，则从第一个盒子中取出的是白球的概率是多少.

解 用 A 表示从第一个盒子中取出白球，则 $P(A)=\dfrac{2}{3}$；用 B 表示从第二个盒子中取出白球，则 $P(B|A)=\dfrac{3}{5}$.

(1) $P(B)=P(A)P(B|A)+P(\bar{A})P(B|\bar{A})=\dfrac{2}{3}\times\dfrac{3}{5}+\dfrac{1}{3}\times\dfrac{1}{2}=\dfrac{17}{30}$；

$$(2)P(A|B)=\frac{P(AB)}{P(B)}=\frac{P(A)P(B|A)}{P(B)}=\frac{\frac{2}{8}\times\frac{3}{5}}{\frac{17}{30}}=\frac{12}{17}.$$

例 1.21 假设通过血液诊断某疾病的误诊率为 5%，即受检者患此病时验血结果为阴性的概率和受检者不患此病时验血结果为阳性的概率均为 5%．如果受检人群中仅有 0.5% 患有此病．试求：

(1)验血结果为阳性的概率；

(2)验血结果为阳性的人确患此病的条件概率.

解 记 $A=\{$验血结果为阳性$\}$，$B=\{$受检者患此病$\}$．根据题意则有 $P(\bar{A}|B)=P(A|\bar{B})=0.05$，$P(B)=0.005$.

(1)以 B 与 $\bar{B}$ 为一个划分，运用全概率公式得

$$P(A)=P(B)P(A|B)+P(\bar{B})P(A|\bar{B})=0.005\times0.95+0.995\times0.05=0.0545.$$

(2)运用贝叶斯公式得

$$P(B|A)=\frac{P(AB)}{P(A)}=\frac{P(B)P(A|B)}{P(A)}=\frac{0.005\times0.95}{0.0545}=0.0872.$$

这个结果出人意料得小，若用于普查，1 000 个阳性人群被诊断患有此病的大约有 87 人，所以不宜用于普查．其根本原因在于此病患病率 $P(B)=0.005$ 太小．若 $P(B)$ 较大，不妨设 $P(B)=0.8$，则

$$P(B|A)=\frac{0.8\times0.95}{0.8\times0.95+0.2\times0.05}\approx0.987.$$

1.6 事件独立性

同一随机试验中的各事件之间应当是相互有联系的．这种联系反映在其中一个事件是否发生对其他事件发生的概率有影响．也就是说，同一事件的无条件概率与已知另一事件发生的条件概率一般是不同的，但是在特殊情况下两者相同，即一个事件的发生与否对其他事件发生的概率无影响．首先看如下的简单例子.

例 1.22 现从一副不含大小王的扑克牌中任取一张，A 表示抽到红色，B 表示抽到 K．试问事件 A 是否发生是否会影响事件 B 发生的概率.

解 $P(A)=\frac{1}{2}$，$P(B)=\frac{1}{13}$，$P(AB)=\frac{1}{26}$，$P(B|A)=\frac{P(AB)}{P(A)}=\frac{1}{13}=P(B)$.

说明 A 是否发生不会影响 B 发生的概率.

定义 1.6 设 A，B 是两个事件，如果满足等式

$$P(AB)=P(A)P(B), \tag{1.9}$$

则称事件 A，B 相互独立，简称 A，B 独立.

显然若 $P(A)>0$，则 A，B 相互独立等价于 $P(B|A)=P(B)$.

定理 1.4 若事件 A，B 相互独立，则 $(A,\bar{B})$，$(\bar{A},B)$，$(\bar{A},\bar{B})$ 各对事件也相互独立.

证明　因为 $A=A(B\cup\bar{B})=AB\cup A\bar{B}$，得

$$P(A)=P(AB)+P(A\bar{B})=P(A)P(B)+P(A\bar{B}),$$

故

$$P(A\bar{B})=P(A)[1-P(B)]=P(A)P(\bar{B}).$$

由此得到 A 与 $\bar{B}$ 相互独立. 同理可以得到 $\bar{A}$ 与 B 相互独立.

因为

$$\begin{aligned}P(\bar{A}\,\bar{B})&=P(\overline{A\cup B})=1-P(A\cup B)=1-[P(A)+P(B)-P(AB)]\\&=1-[P(A)+P(B)-P(A)P(B)]=1-\{P(A)[1-P(B)]+P(B)\}\\&=[1-P(A)][1-P(B)]=P(\bar{A})P(\bar{B}).\end{aligned}$$

由此得到 $\bar{A}$ 与 $\bar{B}$ 相互独立.

两个事件相互独立的含义是其中一个事件是否发生不会影响另一个事件发生的概率. 在实际应用中，往往根据问题的实际意义去判断两个事件是否相互独立.

例如甲、乙两人向同一目标射击，用 A 表示甲命中，B 表示乙命中，则认为 A,B 相互独立. 又如一批产品共有 n 件，从中抽取 2 件，用 A_i 表示第 i 件是合格品 $(i=1,2)$，若抽取是有放回的，则 A_1 与 A_2 相互独立；若抽取是不放回的，则 A_1 与 A_2 不相互独立.

要注意“A 与 B 相互独立”“A 与 B 互斥”和“A 与 B 互相对立”这三个概念的不同.

(1) 若 A 与 B 互相对立，则 A 与 B 互斥；但反之不成立.

(2) 若 A 与 B 互斥，则 $AB=\varnothing$，从而 $P(AB)=0$. 若再同时满足 $P(A)\neq 0, P(B)\neq 0$，则 $P(AB)\neq P(A)P(B)$. 这说明若 A 与 B 互斥，且 $P(A)>0, P(B)>0$，则 A 与 B 不相互独立；反过来，若 A 与 B 相互独立，且 $P(A)>0, P(B)>0$，则 A 与 B 不互斥. 即对于试验 E 的任意两个发生概率为非 0 的事件，互斥必定是不相互独立的，相互独立也必定不是互斥的.

下面推广到多个事件的相互独立.

定义 1.7　对于 A,B,C 三个事件，如果满足等式

$$\left.\begin{aligned}P(AB)&=P(A)P(B),\\P(AC)&=P(A)P(C),\\P(BC)&=P(B)P(C),\\P(ABC)&=P(A)P(B)P(C),\end{aligned}\right\}\tag{1.10}$$

则称事件 A,B,C 相互独立.

一般地，设 $A_1,A_2,\cdots,A_n$ 是 $n(n\geqslant 2)$ 个事件，如果对于其中任意 i 个 $(i=2,3,\cdots,n)$ 事件同时发生的概率都等于各事件发生概率之积，则称 $A_1,A_2,\cdots,A_n$ 相互独立.

容易理解：若 n 个事件 $A_1,A_2,\cdots,A_n$ 相互独立，则

(1) 其中任意 $k(2\leqslant k\leqslant n)$ 个事件也是相互独立的；

(2) 将 $A_1,A_2,\cdots,A_n$ 中任意多个事件换成它们各自的对立事件，所得的 n 个事件仍相互独立.

例 1.23　甲、乙两个射手独立地向同一个目标射击一次，命中率分别为 0.9 和 0.8，试求目标被击中的概率是多少.

解　用 A 表示甲命中目标，B 表示乙命中目标，C 表示目标被击中.

方法 1：$P(C)=P(A\cup B)=P(A)+P(B)-P(AB)=0.9+0.8-0.9\times0.8=0.98.$

方法 2：$P(C)=P(A\cup B)=1-P(\bar{A}\,\bar{B})=1-0.1\times0.2=0.98.$

例 1.24 当开关 S_1 断开或开关 S_2 与 S_3 同时断开时电路断开，设 S_1,S_2,S_3 断开的概率分别为 0.4，0.5，0.7，且各开关相互独立. 试求电路为断开的概率是多少.

解 用 A_1,A_2,A_3 分别表示开关 S_1,S_2,S_3 断开，用 A 表示电路断开. 故

$$A=A_1\cup(A_2A_3),$$

因此

$$\begin{aligned}P(A)&=P(A_1\cup(A_2A_3))=P(A_1)+P(A_2A_3)-P(A_1A_2A_3)\\&=0.4+0.5\times0.7-0.4\times0.5\times0.7=0.61.\end{aligned}$$

例 1.25 若干个炮位独立地向同一个游动目标射击，每个炮位击中的目标概率均为 0.55，试问至少需要多少个炮位齐射才能以 0.98 以上概率击中目标.

解 设至少需要 n 个炮位齐射才能以 0.98 以上概率击中目标. 用 A 表示目标被击中，A_i 表示第 i 个炮位击中目标，$i=1,2,\cdots,n$. 则

$$A=A_1\cup A_2\cup\cdots\cup A_n,$$

且 $A_1,A_2,\cdots,A_n$ 相互独立，于是 $\bar{A}_1,\bar{A}_2,\cdots,\bar{A}_n$ 也相互独立.

利用事件对偶律，$\bar{A}=\overline{A_1\cup A_2\cup\cdots\cup A_n}=\bar{A}_1\bar{A}_2\cdots\bar{A}_n$，于是得到

$$P(A)=1-P(\bar{A})=1-P(\bar{A}_1\bar{A}_2\cdots\bar{A}_n)=1-P(\bar{A}_1)P(\bar{A}_2)\cdots P(\bar{A}_n)=1-(0.45)^n.$$

求最小的 n 使 $1-(0.45)^n>0.98$，解得 $n>\dfrac{\ln 0.02}{\ln 0.45}=4.899$，所以 n 最小应该为 5，即至少需要 5 个炮位齐射才能保证目标被击中的概率在 0.98 以上.

习题 1

A 组

1.1 设 A,B,C,D 为某一试验中的 4 个事件. 试用它们的运算表达如下事件：

(1) A 与 B 发生，C 与 D 不发生；

(2) A,B,C,D 4 个事件中至少有 1 个发生；

(3) A,B,C,D 4 个事件中恰好有 2 个发生；

(4) A,B,C,D 4 个事件中至少有 3 个发生；

(5) A,B,C,D 4 个事件中至多有 1 个发生；

(6) A,B,C,D 4 个事件都不发生.

1.2 写出下列各试验的样本空间及指定事件所含样本点.

(1) 将一枚硬币抛掷 3 次，A 表示第一次出现正面，B 表示 3 次出现同一面，C 表示有正面出现.

(2) 将一枚骰子抛掷 2 次，A 表示点数相同，B 表示其中一次点数是另一次点数的 2 倍，C 表示点数之和为 6.

(3) 在单位圆内任取一点，记录它的坐标.

1.3 指出下列命题中哪些成立，哪些不成立.

(1)$A\bar{B}=A-AB$;　(2)$A\cup B=\bar{A}B\cup A$;　(3)$\overline{A\cup BC}=\bar{A}\bar{B}\bar{C}$;

(4)$(AB)(A\bar{B})=\varnothing$;　(5)$A\cup\bar{B}=B\cup\bar{A}$.

1.4　设 A,B,C 是 3 个事件,且 $P(A)=P(B)=P(C)=\frac{1}{3}$,$P(AB)=P(BC)=\frac{1}{6}$,$P(AC)=0$,求 A,B,C 至少有 1 个发生的概率.

1.5　设 A,B 是 2 个事件,且 $P(A)=0.5$,$P(B)=0.4$,$P(A-B)=0.3$,求 $P(A\cup B)$,$P(\bar{A}\cup\bar{B})$.

1.6　在 1 200 个产品中有 200 个次品,1 000 个正品,任意取 100 个,求:

(1)恰有 50 个次品的概率;

(2)至少有 3 个次品的概率.

1.7　一个盒子中有 5 个白球、4 个红球,从盒子中一次抽取 3 个球,求至少有 2 个白球的概率.

1.8　一个房间中有 3 个人,求至少有 2 个人的生日在同一个月的概率.

1.9　将 3 个球随机地放入 4 个杯子中,求杯子中球的最大个数分别为 1,2,3 的概率.

1.10　(1)已知 $P(A)=\frac{1}{4}$,$P(B|A)=\frac{1}{3}$,$P(A|B)=\frac{1}{2}$,求 $P(A\cup B)$.

(2)已知 $P(A)=0.4$,$P(B)=0.7$,$P(AB)=0.3$,求 $P(A-B)$,$P(A\cup B)$,$P(A|B)$,$P(B|A)$.

1.11　一批零件有 100 个,次品率为 0.1,每次从中任取 1 个,不再放回,求第三次才能取得正品的概率.

1.12　已知在 10 个产品中有 2 个次品,从中取 2 次,每次任取 1 个,做不放回抽样,求下列事件的概率:

(1)2 个都是正品;

(2)2 个都是次品;

(3)1 个是正品,1 个是次品;

(4)第二次取出的是次品.

1.13　3 台车床加工同样的零件,第一台出现废品的概率是 0.03,第二台出现废品的概率是 0.04,第三台出现废品的概率是 0.02 . 将 3 台车床加工出来的零件放在一起,并且已知第一、二、三台车床加工零件的比例为 3∶2∶3. 求:

(1)从这些零件中任取一件,其是废品的概率;

(2)若已知任取的一件零件是废品,它是第一台车床加工的概率.

1.14　设第一个袋子中装有 5 个红球、4 个白球,第二个袋子中装有 4 个红球、5 个白球. 先从第一个袋子中任取 2 个球放入第二个袋子中,然后从第二个袋子中任取 1 个球,求取到白球的概率.

1.15　甲、乙、丙 3 人各自独立射击靶子 1 次,命中率分别为 0.5,0.6 和 0.8. 求:

(1)恰有 1 人击中靶子的概率;

(2)至少有 1 人击中靶子的概率.

1.16 某玻璃杯成箱出售,每箱20个.设各箱含0,1和2个残次品的概率分别为0.8,0.1和0.1.一个顾客欲购买一箱玻璃杯,由售货员任取一箱,而顾客开箱随机查看4个,若无残次品,则买下该箱玻璃杯,否则退回.试求:

(1)顾客买下此箱玻璃杯的概率;

(2)在顾客买的此箱玻璃杯中,确实没有残次品的概率.

1.17 3个人各自独立破译一份密码,已知每个人能破译的概率分别为0.5,0.4,0.7.求密码被破译的概率.

1.18 设有4个独立元件构成的系统,每个元件能正常运行的概率均为p,求系统正常运行的概率.

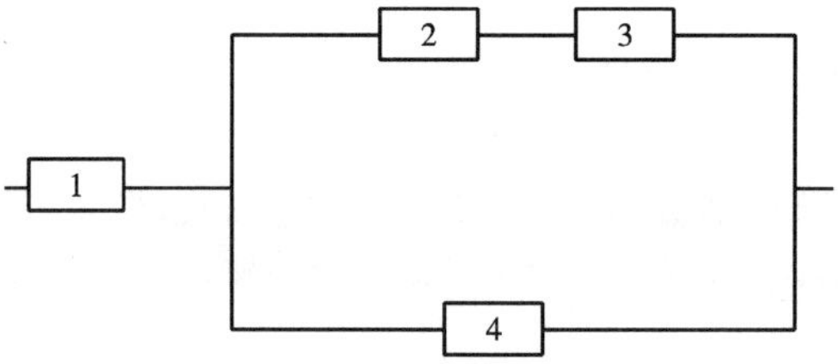

题1.18图

1.19 设甲、乙、丙3人向同一飞机射击,击中的概率分别为0.4,0.5,0.7.如果有1人击中,则飞机被击落的概率是0.2;如果有2人击中,则飞机被击落的概率是0.6;如果3人都击中,则飞机一定被击落.求飞机被击落的概率.

B组

一、填空题

1.20 设甲、乙两人各抛掷两枚均匀硬币,则两人所抛掷硬币均未出现正面的概率为______.

1.21 设A,B为两个事件,已知$P(A\cup B)=0.8,P(A)=0.4,P(\bar{B})=0.4$,则$P(B-A)=$______.

1.22 设$P(\bar{A})=0.4,P(\bar{B}|A)=0.4$,则$P(AB)=$______.

1.23 连续抛一枚均匀硬币6次,则正面至少出现1次的概率为______.

二、选择题

1.24 设A,B是两个随机事件,且$B\subset A$,则( ).

A. $P(AB)=P(A)$　　B. $P(A-B)=P(A)-P(B)$

C. $P(A\cup B)=P(B)$　　D. $P(B|A)=P(B)$

1.25 设事件A,B互不相容,则( ).

A. $P(\bar{A}\cup\bar{B})=1$　　B. $P(\bar{A}\cap\bar{B})=1$

C. $P(AB)=P(A)P(B)$　　D. $P(A)=1-P(B)$

1.26 已知事件A,B,C两两独立,$P(A)=P(B)=P(C)=\frac{1}{2}$,$P(ABC)=\frac{1}{5}$,则$P(AB$

$\overline{C}$)等于(　　).

A. $\frac{1}{40}$　　B. $\frac{1}{20}$　　C. $\frac{1}{10}$　　D. $\frac{1}{4}$

1.27　设 A,B 为两个事件,则 $P(A-B)$ 等于(　　).

A. $P(A)-P(B)$　　B. $P(A)-P(AB)$　　C. $P(A)-P(\overline{B})$　　D. $P(B-A)$

1.28　设 $P(AB)=0$,则下列各式中错误的是(　　).

A. A,B 互不相容　　B. $P(A\cup B)=P(A)+P(B)$

C. $P(A-B)=P(A)$　　D. $P(B-A)=P(B)$

1.29　某人向目标连续射击,每次射击命中目标的概率均为 $p(0<p<1)$,则此人第一次未命中而第二次命中的概率为(　　).

A. p^2　　B. $(1-p)^2$　　C. $1-2p$　　D. $p(1-p)$

1.30　下列命题成立的是(　　).

A. 概率为 0 的事件为不可能事件　　B. 概率为 1 的事件为必然事件

C. 不可能事件的概率不一定为 0　　D. 必然事件的概率一定为 1

三、计算题

1.31　已知 $P(\overline{A})=0.3,P(B)=0.4,P(A\overline{B})=0.5$,求 $P(B|A\cup\overline{B})$.

1.32　设有两箱同种零件:第一箱内装 50 件,其中 10 件一等品;第二箱内装 30 件,其中 18 件一等品. 先从两箱中随机挑出一箱,然后从该箱中先后随机取出两个零件(取出的零件均不放回). 求:

(1)先取出的零件是一等品的概率;

(2)在先取出的零件是一等品的条件下,后取出的零件仍然是一等品的条件概率.

1.33　设事件 A,B 的概率均大于零,判断以下叙述是必然对或必然错或可能对:

(1)若 A 与 B 互不相容,则它们相互独立;

(2)若 A 与 B 相互独立,则它们互不相容;

(3)$P(A)=P(B)=0.6$,且 A,B 互不相容;

(4)$P(A)=P(B)=0.6$,且 A,B 相互独立.

1.34　在区间(0,1)上随机地取两个数,求两数之差的绝对值小于$\frac{1}{2}$的概率.

“随机事件与概率”数学史

概率论是研究随机现象数量规律的数学分支. 作为一门独立的数学分支,其真正的奠基人是瑞士数学家雅各布・伯努利(1654—1705 年). 伯努利试验与大数定理也是他提出来的,他的著作《猜度术》在概率论发展史上占有重要地位. 之后,法国数学家亚伯拉罕・棣莫弗(1667—1754 年)推进了伯努利的工作,现今仍有以他的名字命名中心极限定理,他提出了正态分布和正态分布率的概念. 之后,法国数学家蒲丰(1707—1788 年)提出了著名的“蒲丰问题”,他是几何概率的开创者,并以蒲丰投针问题闻名于世.

19 世纪前期,法国数学家拉普拉斯(1749—1827 年)以强有力的分析工具处理了概率论的基本内容,实现了从组合技巧向分析方法的过渡,使以往零散的结果系统化,开辟了概率论发展的新时期. 他是天体物理的主要奠基人,也是分析概率论的创始人,主要著作有《天体力学》和《概率分析理论》. 德国数学家高斯(1777—1855年),通过对足够多的测量数据的处理,得到一个新的、概率性质的测量结果. 高斯随后专注于曲面与曲线的计算,并成功得到高斯钟形曲线(正态分布曲线),在概率计算中大量使用. 法国数学家泊松(1781—1840年)改进了用于统计方面的方法,建立了描述随机现象的泊松分布,推广了"大数定律",并导出了在概率论与数理方程中有重要应用的泊松积分.

19世纪后期,极限理论成为概率论研究的中心课题,俄国数学家切比雪夫(1821—1894年)对雅各布·伯努利大数定律做了精细的分析和严格的证明,对随机变量序列和收敛到正态分布的条件,即中心极限定理进行了讨论. 切比雪夫引出的一系列概念和研究题材得到了俄国以及后来苏联的数学家的继承和发展. 他的学习生马尔可夫(1856—1922年)研究开创了随机过程这个新的领域,以他的名字命名的马尔可夫链在现代工程、自然科学和社会科学各个领域都有很广泛的应用.

19世纪末,概率论在统计物理等领域的应用,需要对基本概念和原理进行解释. 另外,科学家们也发现一些概率论悖论,揭示出古典概率论基本概念存在矛盾与模糊之处. 这需要对概率论的逻辑基础做出更加严格化的定义.

俄国数学家伯恩斯坦(1880—1968年)和奥地利数学家冯·米西斯(1883—1953年)对概率论的严格化做了尝试,但并不完善. 法国数学家博雷尔(1871—1956年)把概率论与测度论相结合,引进了可数事件集的概率,填补了古典有限概率和几何概率之间的空白,他的工作给数学家们开拓了一个崭新的方向.

1933年,俄国数学家柯尔莫哥洛夫的专著《概率论的基础》在测度论基础上建立了概率论的严密公理体系,还在公理的框架内系统地给出了概率论理论体系,并证明了相容的有限维概率分布族决定无穷维概率分布的"相容性定理",解决了随机过程的概率分布的存在问题;还提出了现代的一般的条件概率和条件期望的概念,并导出了它们的基本性质,使马尔可夫过程以及很多关于随机过程的概念得以严格定义并加以论证.

党的二十大报告指出,加强基础学科、新兴学科、交叉学科建设,加快建设中国特色、世界一流的大学和优势学科. "概率论与数理统计"是研究和揭示随机现象统计规律的一门数学学科,广泛应用于各科学技术领域、国民经济和社会的各个部门,如预测和滤波应用于空间技术和自动控制,时间序列分析应用于石油勘测和经济管理,马尔可夫过程与点过程统计分析应用于地震预测等. 同时,又向基础学科、工科学科渗透,与其他学科相结合发展成为交叉学科. 例如人工智能领域中,概率论为人工智能提供随机性,为预测提供基础;统计理论则对数据分析、数据处理、机器学习、统计优化提供强有力的支撑.

本章总结视频　　**本章测试题**

第2章　随机变量及其分布

通过第1章的学习我们知道,在随机试验中构成样本空间的样本点可能是数也可能不是数,这给我们全面、深入地研究随机试验带来了诸多不便.为此,我们有必要将随机试验的结果数量化,即将样本空间和事件对应成数值.本章将引入随机变量的概念,应用大家所熟知的函数方法统一地讨论随机试验,从而全面、系统地研究和揭示随机现象的统计规律性.

2.1　随机变量

为了更深入地研究随机试验的结果,揭示随机现象的统计规律性,常把随机试验的结果与实数对应起来,即对随机试验的结果进行数量化.

例 2.1　抛掷两颗质量均匀的骰子,样本空间 Ω 由 36 个样本点 ω_{ij} 组成,其中 i,j 分别表示第一颗、第二颗骰子出现的点数($i=1,2,\cdots,6$; $j=1,2,\cdots,6$).由于等可能性,易知 $P(\omega_{ij})=\frac{1}{36}$.我们感兴趣的是两颗骰子出现的点数之和,设其为 X,则 X 可能取得的数值为 $2,3,\cdots,12$.例如,当样本点 ω_{11} 发生时,有 $X=2$;当样本点 ω_{12} 或 ω_{21} 发生时,有 $X=3$;等等.因此,X 可以看作定义在样本空间 Ω 上的函数,即

$$X=X(\omega_{ij}),$$

并且当 X 取得任一可能值 x 时,事件 $X=x$ 有确定的概率.例如:

$$P\{X=2\}=P(\omega_{11})=\frac{1}{36},$$

$$P\{X=3\}=P(\omega_{12})+P(\omega_{21})=\frac{2}{36},$$

等等(图 2.1).

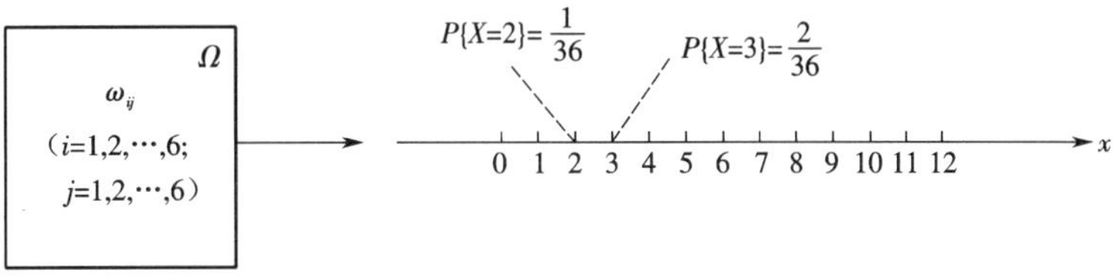

图 2.1

下面给出随机变量的定义.

定义 2.1　设 E 是随机试验,Ω 是其样本空间,如果对于每一个 $\omega\in\Omega$,都有一个实数 $X(\omega)$ 与之对应,称定义在 Ω 上的单值实函数 $X(\omega)$ 为随机变量,简记为 *r. v.* X.通常用大写字母 $X,Y,Z,W,\cdots$ 表示随机变量,用小写字母 $x,y,z,w,\cdots$ 表示随机变量的取值.

图 2.2 画出了样本点 $\omega\in\Omega$ 与实数 $X(\omega)$ 对应的示意图.

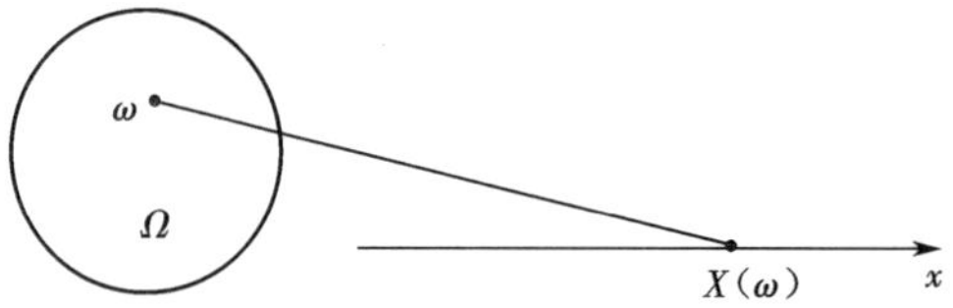

图 2.2

通俗地讲,在随机试验中随试验结果能相应取得不同数值的量就是随机变量. 随机变量是根据试验结果而取值的,所以它不是自变量,而是试验结果(样本点)的实值函数,一个样本点只能对应一个实数,不同的样本点可以对应不同的实数,也可以对应同一个实数. 随机变量随试验结果的不同而取不同的值,因而在试验之前只知道它可能的取值范围,而不能预知它取什么值. 又由于试验的各个结果的出现有一定的概率,于是随机变量的取值也有一定的概率,这显示了随机变量和普通函数的本质不同之处. 另外,普通变量是定义在数轴上,而随机变量是定义在样本空间上(样本空间的元素不一定是实数).

例 2.2 某地铁站的列车到站时间间隔为 5 min,乘客随机到达车站,用 X 表示乘客的等车时间,则 X 是一个随机变量,其所有可能的取值是区间 $[0,5]$.

例 2.3 一名射手每次射击击中目标的概率为 0.8,现接连进行射击,直到击中目标为止,用 ω_i 表示"直到击中目标为止共射击 i 次",$(i=1,2,\cdots)$,则样本空间为 $\Omega=\{\omega_1,\omega_2,\cdots\}$. 设随机变量 X 为直到击中目标为止所射击的次数,则 $X=X(\omega_i)=i$,X 是定义在 Ω 上的随机变量,其值域为 $\{1,2,\cdots\}$.

引进随机变量后,可以将对随机事件的研究转化为对随机变量的研究,同时可以用随机变量表示相应的随机事件,从而使概率论的研究由个别随机事件扩大为对随机变量的研究. 对于任意随机变量 X 和任意实数 $a,b(a<b)$ 则 $\{X=a\}$,$\{X<a\}$,$\{X\leqslant a\}$,$\{a<X\leqslant b\}$,$\{a\leqslant X\leqslant b\}$ 等都是随机事件. 例如,在例 2.2 中,事件"乘客的等车时间不多于 3 min"可表示为 $\{X\leqslant 3\}$,其对立事件可用 $\{X>3\}$ 表示.

随机变量的概念是概率论和数理统计中最重要的基本概念,从试验可能出现的结果来看,常见的随机变量可分为两种类型:一种是随机变量 X 的所有可能取值为有限个(如例 2.1)或可列无穷多个(如例 2.3),这种类型的随机变量称为离散型随机变量;另一种是随机变量 X 的取值范围是某个区间 $[a,b]$ 或 $(-\infty,+\infty)$(如例 2.2),这种类型的随机变量称为非离散型随机变量. 本书只讨论离散型随机变量和连续型随机变量(属于非离散型随机变量)这两种常见类型的随机变量. 下面我们先来讨论离散型随机变量.

2.2 离散型随机变量及其分布律

离散型随机变量是指取值为有限个或可列无限多个的随机变量.

2.2.1 离散型随机变量的分布律

要掌握离散型随机变量 X 的分布规律或概率分布,需要知道 X 的所有可能值以及取每一个可能取值的概率. 下面给出离散型随机变量 X 的分布律的定义.

定义 2.2 设离散型随机变量 X 的所有可能取值为 $x_k(k=1,2,\cdots)$, X 取各个可能值的概率,即事件 $\{X=x_k\}$ 发生的概率为

$$P\{X=x_k\}=p_k, \quad k=1,2,\cdots. \tag{2.1}$$

称式(2.1)为离散型随机变量 X 的概率分布或分布律.

分布律也可以用表格的形式来表示,即

X	x_1	x_2	$\cdots$	x_k	$\cdots$
p_k	p_1	p_2	$\cdots$	p_k	$\cdots$

或表示为矩阵形式,即

$$\begin{pmatrix} x_1 & x_2 & \cdots & x_k & \cdots \\ p_1 & p_2 & \cdots & p_k & \cdots \end{pmatrix}.$$

通常用分布律表示离散型随机变量的概率分布.

由概率的性质可知,分布律 p_k 具有如下性质:

(1) $p_k \geqslant 0, k=1,2,\cdots;$ (2.2)

(2) $\sum\limits_{k=1}^{+\infty} p_k=1.$ (2.3)

例 2.4 设随机变量 X 的分布律为 $P\{X=k\}=\dfrac{ak}{n(n+1)}(k=1,2,\cdots,n)$,试确定常数 a.

解 由式(2.3),有

$$1=\sum_{k=1}^{n} P\{X=k\}=\frac{a}{n(n+1)}\sum_{k=1}^{n} k=\frac{a}{n(n+1)}\cdot\frac{n(n+1)}{2}=\frac{a}{2},$$

所以 $a=2$.

例 2.5 一汽车沿一街道行驶,需通过 3 个设有红绿信号灯的路口,每个信号灯为红或绿与其他信号灯为红或绿相互独立,且每一信号灯红、绿两种信号显示的概率分别为 $\dfrac{1}{3}$ 和 $\dfrac{2}{3}$. 试求:

(1)该汽车首次遇到红灯前,已通过的路口的个数的分布律;

(2)该汽车首次遇到红灯时,已通过的路口不超过 1 个的概率.

解 设 X 表示该汽车首次遇到红灯前已通过的路口的个数,则 X 是一个随机变量.

(1) X 所有可能的取值为 0,1,2,3. 又设 A_n 表示汽车通过第 n 个路口时遇到绿灯, $n=1,2,3$. 由题意 $P(A_n)=\dfrac{2}{3}$, $P(\bar{A}_n)=\dfrac{1}{3}$.

$\{X=0\}$ 表示汽车首次遇到红灯前已通过的路口的个数是 0 (即遇到的第 1 个信号灯是红灯),则

$$P\{X=0\}=P(\bar{A}_1)=\frac{1}{3}.$$

同理如下:

$$P\{X=1\}=P(A_1\overline{A_2})=P(A_1)P(\overline{A_2})=\frac{2}{3}\times\frac{1}{3}=\frac{2}{9};$$

$$P\{X=2\}=P(A_1A_2\overline{A_3})=P(A_1)P(A_2)P(\overline{A_3})=\frac{2}{3}\times\frac{2}{3}\times\frac{1}{3}=\frac{4}{27};$$

$$P\{X=3\}=P(A_1A_2A_3)=P(A_1)P(A_2)P(A_3)=\frac{2}{3}\times\frac{2}{3}\times\frac{2}{3}=\frac{8}{27}.$$

于是 X 的分布律为

X	0	1	2	3
p_k	$\frac{1}{3}$	$\frac{2}{9}$	$\frac{4}{27}$	$\frac{8}{27}$

(2)$P\{X\leqslant 1\}=P\{X=0\}+P\{X=1\}=\frac{1}{3}+\frac{2}{9}=\frac{5}{9}.$

2.2.2 几种常见的离散型随机变量的分布律

离散型随机变量的分布类型很多,但其中最重要的是(0-1)分布、二项分布、超几何分布和泊松分布,几何分布只做简单介绍.

1. (0-1)分布

设随机变量 X 只可能取 0 与 1 两个值,它的分布律为

$$P\{X=k\}=p^k(1-p)^{1-k}\quad k=0,1,0<p<1,$$

则称 X 服从以 p 为参数的(0-1)分布.

(0-1)分布的分布律也可写成

X	0	1
p_k	$1-p$	p

(1)对于任何一个只有两种可能结果的随机试验,如果用 $\Omega=\{\omega_1,\omega_2\}$ 表示其样本空间,总能在 Ω 上定义一个服从(0-1)分布的随机变量

$$X=X(\omega)=\begin{cases}0, & \omega=\omega_1,\\ 1, & \omega=\omega_2\end{cases}$$

来描述这个随机试验的结果. 例如对新生婴儿的性别进行登记,检查产品的质量是否合格,"抛硬币"试验,明天是否下雨等都可以用(0-1)分布的随机变量来描述.

(2)设对随机试验 E 只考虑两个可能结果 A 及 $\bar{A}$,则称 E 为伯努利试验. 设 $P(A)=p$, $P(\bar{A})=1-p(0<p<1)$,定义

$$X=\begin{cases}1, & A\text{ 发生},\\ 0, & \bar{A}\text{ 发生},\end{cases}$$

则 X 为服从(0-1)分布的随机变量.

2. 二项分布

(0-1)分布主要应用于一次性试验,但在很多情况下,人们感兴趣的是在一定次数(次

数往往大于1)的试验中,某事件 A 发生若干次的概率. 例如想知道一枚硬币抛掷20次出现8次正面的概率、n 次有放回抽样中抽得 m 件正品的概率等,它们都可以用伯努利试验模型加以概括,下面先给出伯努利试验的定义.

将试验 E 重复进行 n 次,若各次试验的结果互不影响,即每次试验结果出现的概率都不依赖于其他各次试验的结果,则称这 n 次试验是相互独立的.

设随机试验 E 为伯努利试验,并设 $P(A)=p, P(\bar{A})=1-p(0<p<1)$,将 E 独立重复地进行 n 次,则称这一串重复的独立试验为 n 重伯努利试验,也称为伯努利概型.

每次伯努利试验中只有两个结果且各次试验的结果互不影响. 人们关心的是 n 重伯努利试验中事件 A 发生的次数及其概率分布.

若随机变量 X 表示 n 重伯努利试验中事件 A 发生的次数,则 X 所有可能的取值为 $0,1,2,\cdots,n$. 由于各次试验是相互独立的,因此事件 A 在指定的 $k(0\leqslant k\leqslant n)$ 次试验中发生(如在前 k 次发生). 其余 $n-k$ 次试验中不发生的概率为

$$\overbrace{p\cdot p\cdot\cdots\cdot p}^{k个}\cdot\overbrace{(1-p)\cdot\cdots\cdot(1-p)}^{n-k个}=p^k(1-p)^{n-k}=p^kq^{n-k}\quad(其中\ q=1-p).$$

由于 n 次试验中 A 发生 k 次的方式很多(在前 k 次试验发生只是其中一种方式),易知共有 C_n^k 种方式,而它所对应的这 C_n^k 个事件(即"n 次试验中 A 发生指定的 k 次")是两两互不相容的,故

$$P\{X=k\}=\mathrm{C}_n^kp^kq^{n-k},\quad k=0,1,2,\cdots,n.$$

易知,$P\{X=k\}\geqslant0(k=0,1,2,\cdots,n)$,且有 $\sum\limits_{k=0}^{n}\mathrm{C}_n^kp^kq^{n-k}=(p+q)^n=1$,即 $P\{X=k\}$ 满足分布律的两个条件. 注意到 $\mathrm{C}_n^kp^kq^{n-k}$ 是二项式 $(p+q)^n$ 展开式中的一项,由此给出二项分布的定义如下.

若随机变量 X 的分布律为

$$P\{X=k\}=\mathrm{C}_n^kp^kq^{n-k},\quad k=0,1,2,\cdots,n,\tag{2.4}$$

其中 $0<p<1, q=1-p$,则称随机变量 X 服从参数为 n,p 的二项分布,记为 $X\sim B(n,p)$.

特别地,当 $n=1$ 时,式(2.4)可简化为

$$P\{X=k\}=p^kq^{1-k},\quad k=0,1.$$

这就是(0-1)分布.

伯努利试验是从许多的随机现象中抽象出来的一种基本的概率模型. 例如,在一批产品的质量检查中,若检查的结果分为"合格"和"不合格"两种,且采用放回抽样模型,则检查 n 件产品就是 n 重伯努利试验. 又如,将一枚均匀硬币抛掷 n 次,则也是 n 重伯努利试验;而随机调查 n 位消费者是否上网也可以看成 n 重伯努利试验(在这个问题中,由于消费者群体很大,而 n 一般相对较小,故可以近似看成伯努利试验). 这样的例子还可以举出很多,因此伯努利试验与其对应的概率分布在概率统计的理论和应用上占有十分重要的地位.

例2.6　春季农民种地前去粮站采购了10 000粒油菜种子,其发芽率是0.85,农民在一块田地里种下100粒油菜种子,求种下的油菜种子发芽的粒数的分布律.

解　种下100粒油菜种子相当于做100次伯努利试验,每次试验种子发芽的概率为

0.85. 设随机变量 X 表示种下的油菜种子发芽的粒数，则 $X\sim B(100,0.85)$，即

$$P\{X=k\}=C_{100}^{k}0.85^{k}0.15^{100-k},\quad k=0,1,2,\cdots,100.$$

例 2.7 一份考卷中有 10 道选择题，每题有 4 个可能答案，其中只有 1 个答案是正确的. 某学生随机猜测，求这个学生答对题数的分布律及至少能答对 2 道题的概率.

解 设 X 表示该学生靠猜测答对的题数，则 $X\sim B(10,0.25)$，即

$$P\{X=k\}=C_{10}^{k}0.25^{k}0.75^{10-k},\quad k=0,1,2,\cdots,10.$$

于是

$$\begin{aligned}P\{X\geqslant 2\}&=1-P\{X=0\}-P\{X=1\}\\&=1-C_{10}^{0}0.25^{0}0.75^{10}-C_{10}^{1}0.25\times 0.75^{9}=0.756.\end{aligned}$$

例 2.8 已知每枚地对空导弹击中来犯敌机的概率为 96%，求至少需要发射多少枚导弹才能保证有 99.9% 的把握击中敌机.

解 设共发射 n 枚导弹，X 表示击中敌机的次数，则 $X\sim B(n,0.96)$，即

$$P\{X=k\}=C_{n}^{k}0.96^{k}0.04^{n-k},\quad k=0,1,2,\cdots,n.$$

于是在 n 次导弹发射中，击中敌机（即至少击中一次）的概率为

$$P\{X\geqslant 1\}=1-P\{X=0\}=1-0.04^{n}.$$

因此，要保证有 99.9% 的把握击中敌机，发射地对空导弹的次数 n 就应该满足

$$P\{X\geqslant 1\}\geqslant 0.999,$$

于是

$$1-0.04^{n}\geqslant 0.999,$$

则

$$n\geqslant\frac{\ln 0.001}{\ln 0.04}=2.15,$$

亦即 $n\geqslant 3$，这说明至少需要发射 3 枚导弹才能满足要求.

3. 超几何分布

设随机变量 X 的分布律为

$$P\{X=k\}=\frac{C_{M}^{k}C_{N-M}^{n-k}}{C_{N}^{n}},\quad k=0,1,2,\cdots,\min(n,M),\tag{2.5}$$

其中 n,M,N 都是正整数，且 $n\leqslant N,M\leqslant N$，称随机变量 X 服从参数为 n,M,N 的超几何分布，记为 $X\sim H(n,M,N)$.

注意到式(2.5)中 k 的实际取值为 $\max(0,n+M-N)\leqslant k\leqslant\min(n,M)$.

若一批产品共有 N 件，其中有 M 件次品，从中一次抽取 n 件样品或不放回抽样 n 件，则样品中的次品数 $X\sim H(n,M,N)$.

超几何分布的实际背景是不放回抽样模型，它在质量管理中关于废品率的计件检验中经常用到. 可以证明，当 N 充分大时，超几何分布的分布律近似等于二项分布的分布律，即

$$\frac{C_{M}^{k}C_{N-M}^{n-k}}{C_{N}^{n}}\approx C_{n}^{k}p^{k}q^{n-k}\quad\left(\text{其中 }p=\frac{M}{N},q=1-p\right).\tag{2.6}$$

例 2.9 一批产品共 3 000 件，其中有 60 件次品，若不放回地随机抽取 100 件产品，求

抽到产品中的次品数 X 的分布律.

解　抽到产品中的次品数 X 服从超几何分布 $H(100,60,3\,000)$，分布律为

$$P\{X=k\}=\frac{C_{60}^{k}C_{2\,940}^{100-k}}{C_{3\,000}^{100}},\quad k=0,1,2,\cdots,60.$$

4. 泊松分布

设随机变量 X 所有可能的取值为 $0,1,2,\cdots$，其分布律为

$$P\{X=k\}=\frac{\lambda^{k}}{k!}e^{-\lambda},\quad k=0,1,2,\cdots,$$

其中 $\lambda>0$ 是常数，则称 X 服从参数为 λ 的泊松分布，记为 $X\sim P(\lambda)$.

显然，有

(1) $P\{X=k\}\geqslant 0(k=0,1,2,\cdots)$；

(2) $\sum\limits_{k=0}^{+\infty}P\{X=k\}=\sum\limits_{k=0}^{+\infty}\frac{\lambda^{k}}{k!}e^{-\lambda}=e^{-\lambda}\sum\limits_{k=0}^{+\infty}\frac{\lambda^{k}}{k!}=e^{-\lambda}\cdot e^{\lambda}=1.$

泊松分布也是概率论中的一个重要分布，它在物理学、生物学、医学、工业统计及保险科学等实际应用中是很常见的. 例如，某医院每天前来就诊的病人数，某地区一段时间间隔内发生火灾的次数，某地区一段时间内发生交通事故的次数，某放射性物质在规定的一段时间间隔内放射的粒子数，某地区一年内发生暴雨的次数等，都可以认为服从某一参数的泊松分布.

为计算泊松分布的概率值，附表 5 可供查用.

例 2.10　某地区一年中沙尘暴发生的次数 X 服从参数 $\lambda=3$ 的泊松分布. 试求：

(1) 一年中发生 5 次沙尘暴的概率；

(2) 一年中最多发生 4 次沙尘暴的概率.

解　由题意可知 $X\sim P(3)$，其分布律为 $P\{X=k\}=\frac{3^{k}}{k!}e^{-3}(k=0,1,2,\cdots)$. 则

(1) $P\{X=5\}=\frac{3^{5}}{5!}e^{-3}\approx 0.100\,8$；

(2) $P\{X\leqslant 4\}=P\{X=0\}+P\{X=1\}+P\{X=2\}+P\{X=3\}+P\{X=4\}$

$$=\frac{3^{0}}{0!}e^{-3}+\frac{3^{1}}{1!}e^{-3}+\frac{3^{2}}{2!}e^{-3}+\frac{3^{3}}{3!}e^{-3}+\frac{3^{4}}{4!}e^{-3}\approx 0.815\,3.$$

也可以查附表 5 计算上述概率. 由于附表 5 给出的是 $P\{X\leqslant x\}=\sum\limits_{k=0}^{x}\frac{\lambda^{k}e^{-\lambda}}{k!}$ 的值，利用附表 5，$\lambda=3$，则有

(1) $P\{X=5\}=P\{X\leqslant 5\}-P\{X\leqslant 4\}=0.916\,1-0.815\,3=0.100\,8$；

(2) $P\{X\leqslant 4\}=0.815\,3.$

泊松分布不仅有广泛的应用，它还是二项分布的极限. 由于当 n 很大时计算二项分布的概率十分麻烦，而泊松分布有现成的数值表可查，故我们可以用泊松分布作为二项分布的近似来求二项分布的概率值. 下面介绍用泊松分布逼近二项分布的定理.

泊松定理　设 $\lambda>0$ 是一个常数，n 是任意正整数，$\lambda=np_{n}$，则对于任一固定的非负整

数 k，有

$$\lim_{n\to+\infty} C_n^k p_n^k (1-p_n)^{n-k} = \frac{\lambda^k e^{-\lambda}}{k!}.$$

证明 由 $p_n = \frac{\lambda}{n}$，有

$$C_n^k p_n^k (1-p_n)^{n-k} = \frac{1}{k!} n(n-1)\cdots(n-k+1)\left(\frac{\lambda}{n}\right)^k \left(1-\frac{\lambda}{n}\right)^{n-k}$$

$$= \frac{\lambda^k}{k!}\left[1\cdot\left(1-\frac{1}{n}\right)\cdot\left(1-\frac{2}{n}\right)\cdots\left(1-\frac{k-1}{n}\right)\right]\left(1-\frac{\lambda}{n}\right)^n \left(1-\frac{\lambda}{n}\right)^{-k}.$$

对于任意固定的 k，当 $n\to+\infty$ 时，有

$$\left[1\cdot\left(1-\frac{1}{n}\right)\cdot\left(1-\frac{2}{n}\right)\cdots\left(1-\frac{k-1}{n}\right)\right]\to 1,\quad \left(1-\frac{\lambda}{n}\right)^n \to e^{-\lambda},\quad \left(1-\frac{\lambda}{n}\right)^{-k}\to 1.$$

故有

$$\lim_{n\to+\infty} C_n^k p_n^k (1-p_n)^{n-k} = \frac{\lambda^k e^{-\lambda}}{k!}.$$

由于 $\lambda = np_n$ 是常数，所以当 n 很大时，p_n 必定很小，因此定理表明当 n 很大且 p 很小时，有以下近似式：

$$C_n^k p^k (1-p)^{n-k} \approx \frac{\lambda^k e^{-\lambda}}{k!} \quad (\text{其中 } \lambda = np). \tag{2.7}$$

这就是著名的二项分布的泊松逼近公式.

在实际计算中，当 $n\geqslant 10$ 且 $p\leqslant 0.1$ 时，就可以使用式(2.7)；而当 $n\geqslant 20$，且 $p\leqslant 0.05$ 时，近似效果颇佳.

例 2.11 某单位的交换台有 300 部分机，各分机是否呼叫外线是相互独立的，假设每部分机呼叫外线的概率为 0.03，求至少要配备多少条外线，才能使每部分机呼叫外线及时得到满足的概率不小于 0.9.

解 设 X 表示同一时刻呼叫外线的分机数，则 $X\sim B(300, 0.03)$. 又设需要配备 k 条外线，所要解决的问题是确定 k，使得

$$P\{X\leqslant k\}\geqslant 0.9.$$

由于 $n=300$ 充分大，$p=0.03$ 相对较小，由泊松定理，$\lambda=np=9$，则 X 近似服从泊松分布 $P(9)$，有

$$P\{X\leqslant k\}\approx \sum_{m=0}^{k}\frac{9^m}{m!}e^{-9}\geqslant 0.9.$$

查附表 5 可知 $P\{X\leqslant 12\}\approx 0.875\ 8$，$P\{X\leqslant 13\}\approx 0.926\ 1$，故 $k\geqslant 13$. 因此，至少需配备 13 条外线才能满足要求.

例 2.12 某工艺品瑕疵率为 0.005，任取 1 000 件，试求：

(1)其中至少有 1 件工艺品有瑕疵的概率；

(2)其中不超过 5 件工艺品有瑕疵的概率.

解 将抽取 1 件工艺品看成一次试验，任取 1 000 件近似于 1 000 重伯努利试验. 设随机变量 X 表示有瑕疵的工艺品的件数，则 $X\sim B(1\ 000, 0.005)$. 由泊松定理，$\lambda=np=5$，则 X

近似服从泊松分布 $P(5)$，所以

(1) 至少有 1 件工艺品有瑕疵的概率为

$$P\{X\geqslant 1\}=1-P\{X=0\}=1-\frac{5^0}{0!}e^{-5}\approx 1-0.0067=0.9933;$$

(2) 不超过 5 件工艺品有瑕疵的概率为

$$P\{X\leqslant 5\}=\sum_{k=0}^{5}P\{X=k\}\approx\sum_{k=0}^{5}\frac{5^k}{k!}e^{-5},$$

查附表 5 可知 $P\{X\leqslant 5\}=0.6160$.

例 2.12 中，虽然瑕疵率很低，但这 1 000 件产品中至少有 1 件次品的概率为 0.993 3，很接近于 1，说明 1 000 件产品中至少有 1 件工艺品有瑕疵几乎是可以肯定的. 这一事实说明，一个事件尽管在一次试验中发生的概率很小，但只要试验次数很多，而且试验是独立进行的，那么这个事件的发生几乎是肯定的，因此绝不能轻视小概率事件.

***5. 几何分布**

设随机变量 X 的分布律为

$$P\{X=k\}=pq^{k-1},\quad k=0,1,2,\cdots,$$

其中 $0<p<1$，$q=1-p$，则称随机变量 X 服从参数为 p 的几何分布，记为 $X\sim G(p)$.

在某事件出现的概率为 p 的伯努利试验中，若记 X 为该事件首次出现时的试验次数，则随机变量 X 服从参数为 p 的几何分布，即等待某一事件首次发生的试验次数服从几何分布. 例如，一射手对靶连续不断地进行射击，直到靶被击中为止，如每次射击命中率为 0.8，则所需射击次数 X 服从参数为 0.8 的几何分布.

2.3　随机变量的分布函数

在实际问题中，人们关心的是一个随机变量 X 落入某个区间的概率. 例如，参军青年关心的是他的身高是否达到标准，而不关心其身高是否刚好等于某个数值. 同时，注意到概率 $P\{X>x\}=1-P\{X\leqslant x\}$ 和 $P\{x_1<X\leqslant x_2\}=P\{X\leqslant x_2\}-P\{X\leqslant x_1\}$ 都可以转化为概率 $P\{X\leqslant x\}$ 的形式来计算，因此只需知道 $P\{X\leqslant x\}$ 就可以了. 而概率 $P\{X\leqslant x\}$ 的值随着不同的 x 而变化，它是 x 的函数. 下面引入分布函数的概念.

定义 2.3　设 X 是一个随机变量，x 是任意实数，函数

$$F(x)=P\{X\leqslant x\}\tag{2.8}$$

称为 X 的概率分布函数，简称分布函数.

分布函数 $F(x)$ 是一个实函数，定义域为 $(-\infty,+\infty)$，值域为 $[0,1]$. 另外，分布函数 $F(x)$ 又是概率，描述了事件 $\{X\leqslant x\}$ 的概率. 应注意，$F(x)$ 不是随机变量 X 取 x 时的概率，而是在区间 $(-\infty,x]$ 上取值的"累积"概率. 由于分布函数的双重属性，可以用高等数学的方法和结论研究概率问题.

分布函数 $F(x)$ 具有如下基本性质.

(1) 有界性：对任意的 x，$0\leqslant F(x)\leqslant 1$.

(2) $F(-\infty)=\lim\limits_{x\to-\infty}F(x)=0, F(+\infty)=\lim\limits_{x\to+\infty}F(x)=1.$ (2.9)

这是因为,当 $x\to-\infty$ 时,事件 $\{X\leqslant x\}$ 越来越接近于不可能事件,故其概率 $P\{X\leqslant x\}$ 即 $F(x)$ 应趋于不可能事件的概率 0,即 $F(-\infty)=0$. 类似地,可得 $F(+\infty)=1$.

(3) 单调不减性: $F(x)$ 是一个单调不减函数,即当 $x_1<x_2$ 时, $F(x_1)\leqslant F(x_2)$.

事实上,由式(2.8)知 $F(x_2)-F(x_1)=P\{X\leqslant x_2\}-P\{X\leqslant x_1\}=P\{x_1<X\leqslant x_2\}\geqslant 0$.

(4) 右连续性: $F(x+0)=F(x)$ (证略).

若一个普通函数 $F(x)$ 具备以上 4 个基本性质,则可以作为某个随机变量的分布函数.

对于任意的 $x_1,x_2(x_1<x_2)$,有

$$P\{x_1<X\leqslant x_2\}=F(x_2)-F(x_1). \tag{2.10}$$

另外,

$$P\{X=x_k\}=F(x_k)-F(x_k-0), \tag{2.11}$$

即若分布函数 $F(x)$ 在 $x=x_k$ 处有跳跃,其跳跃值为 $P\{X=x_k\}$.

事实上,由 $\{X=x_k\}\subset\{x_k-\Delta x<X\leqslant x_k\}$ (其中 $\Delta x>0$) 知,

$$0\leqslant P\{X=x_k\}\leqslant P\{x_k-\Delta x<X\leqslant x_k\}=F(x_k)-F(x_k-\Delta x).$$

上述不等式两边同时令 $\Delta x\to 0$,则有

$$P\{X=x_k\}=F(x_k)-F(x_k-0).$$

式(2.10)及式(2.11)是利用分布函数计算概率的基本公式. 因此,若已知 X 的分布函数 $F(x)$,就可求出 X 落在任意区间内的概率(必须区分开区间、半开区间或闭区间),也就是说分布函数完整地描述了随机变量的统计规律性. 例如,设 $x_1<x_2$,

$$P\{X>x_1\}=1-P\{X\leqslant x_1\}=1-F(x_1),$$

$$\begin{aligned}P\{x_1\leqslant X\leqslant x_2\}&=P\{x_1<X\leqslant x_2\}+P\{X=x_1\}\\&=[F(x_2)-F(x_1)]+[F(x_1)-F(x_1-0)]\\&=F(x_2)-F(x_1-0),\end{aligned}$$

$$P\{x_1<X<x_2\}=F(x_2)-F(x_1)-P\{X=x_2\},$$

$$P\{x_1\leqslant X<x_2\}=F(x_2)-F(x_1)-P\{X=x_2\}+P\{X=x_1\}.$$

例 2.13 设随机变量 X 的分布律为

X	1	2	3	4
p_k	0.6	0.1	0.2	0.1

试求: (1) $P\{X\leqslant 1\}, P\{X<3\}$;

(2) $F(x)$ 的分布函数,并利用分布函数求 $P\{0<X\leqslant 1.5\}, P\{1\leqslant X\leqslant 3\}$.

解 (1) $P\{X\leqslant 1\}=P\{X=1\}=0.6$;

$$P\{X<3\}=P\{X=1\}+P\{X=2\}=0.6+0.1=0.7.$$

(2) $F(x)$ 的值是 X 落在区间 $(-\infty,x]$ 上的累积概率, 由概率的有限可加性得

当 $x<1$ 时, $F(x)=P\{X\leqslant x\}=0$;

当 $1\leqslant x<2$ 时, $F(x)=P\{X\leqslant x\}=P\{X=1\}=0.6$;

当 $2\leqslant x<3$ 时, $F(x)=P\{X\leqslant x\}=P\{X=1\}+P\{X=2\}=0.6+0.1=0.7$;

当 $3\leqslant x<4$ 时，$F(x)=P\{X\leqslant x\}=P\{X=1\}+P\{X=2\}+P\{X=3\}$

$$=0.6+0.1+0.2=0.9;$$

当 $x\geqslant 4$ 时，$F(x)=P\{X\leqslant x\}=1.$

故分布函数为

$$F(x)=\begin{cases}0, & x<1,\\ 0.6, & 1\leqslant x<2,\\ 0.7, & 2\leqslant x<3,\\ 0.9, & 3\leqslant x<4,\\ 1, & x\geqslant 4.\end{cases}$$

分布函数 $F(x)$ 的图形如图 2.3 所示，可以看到它是一条右连续的“阶梯形”曲线，X 的可能取值是分布函数 $F(x)$ 的跳跃间断点，跳跃高度分别为 X 在取值点处的概率值.

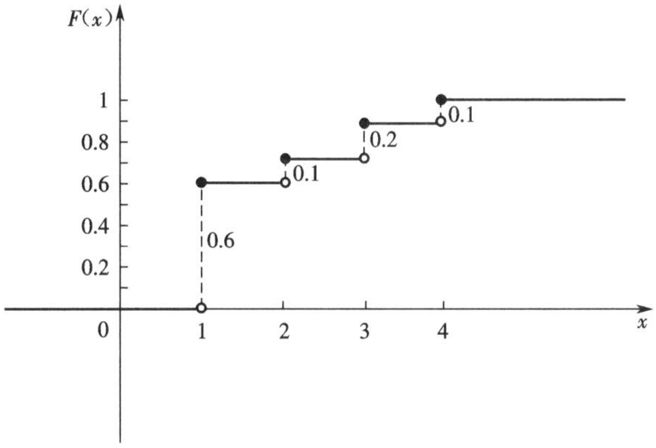

图 2.3

$$P\{0<X\leqslant 1.5\}=F(1.5)-F(0)=0.6-0=0.6,$$

$$P\{1\leqslant X\leqslant 3\}=P\{1<X\leqslant 3\}+P\{X=1\}=F(3)-F(1-0)=0.9-0=0.9.$$

当然直接由 X 的分布律计算(2)中的概率会更简单，即

$$P\{0<X\leqslant 1.5\}=P\{X=1\}=0.6,$$

$$P\{1\leqslant X\leqslant 3\}=P\{X=1\}+P\{X=2\}+P\{X=3\}=0.6+0.1+0.2=0.9.$$

建议对于离散型随机变量，还是用分布律计算概率更容易、更简单.

一般地，设离散型随机变量 X 的分布律为

$$P\{X=x_k\}=p_k,\quad k=1,2,\cdots,$$

由概率的可加性，离散型随机变量 X 的分布函数为

$$F(x)=P\{X\leqslant x\}=\sum_{x_k\leqslant x}P\{X=x_k\}=\sum_{x_k\leqslant x}p_k.$$

这里的和式是对所有满足 $x_k\leqslant x$ 的 k 求和. 由此看出，离散型随机变量的分布函数由其分布律唯一确定. 且对于离散型随机变量，其分布函数 $F(x)$ 的图形是一条右连续的“阶梯形”曲线，当 x 从小到大逐渐增大时，经过一次 X 的可能取值 x_k，分布函数 $F(x)$ 就发生一次“跳跃”，其跳跃的高度恰为 X 取值 x_k 的概率 p_k，称为“跃度”，且

$$p_k = P\{X = x_k\} = F(x_k) - F(x_k - 0).$$

由此可以由已知的分布函数求出分布律.

需要注意的是,分布函数 $F(x) = P\{X \leqslant x\}$ 这个定义适用于所有的随机变量,并不仅局限于离散型随机变量.

例 2.14 一个靶子是半径 $R = 2$ m 的圆盘,设弹着点落在以靶心 O 为圆心,以 $r(r \leqslant 2)$ 为半径的圆盘内的概率与该圆盘的面积成正比,并设每枪都能中靶,以 X 表示弹着点与圆心 O 的距离,求随机变量 X 的分布函数.

解 随机变量 X 的取值范围为 $[0,2]$,因此 X 不是离散型随机变量.

若 $x < 0$, $\{X \leqslant x\}$ 是不可能事件,于是 $F(x) = P\{X \leqslant x\} = 0$;

若 $x \geqslant 2$, $\{X \leqslant x\}$ 是必然事件,于是 $F(x) = 1$;

若 $0 \leqslant x < 2$,事件 $\{X \leqslant x\}$ 表示弹着点落在半径为 x 的圆内,由几何概型知,

$$F(x) = P\{X \leqslant x\} = \frac{\pi x^2}{\pi \cdot 2^2} = \frac{x^2}{4}.$$

综上所述,X 的分布函数为

$$F(x) = \begin{cases} 0 & x < 0, \\ \dfrac{x^2}{4}, & 0 \leqslant x < 2, \\ 1, & x \geqslant 2. \end{cases}$$

显然 $F(x)$ 是一个连续函数,其图形如图 2.4 所示.

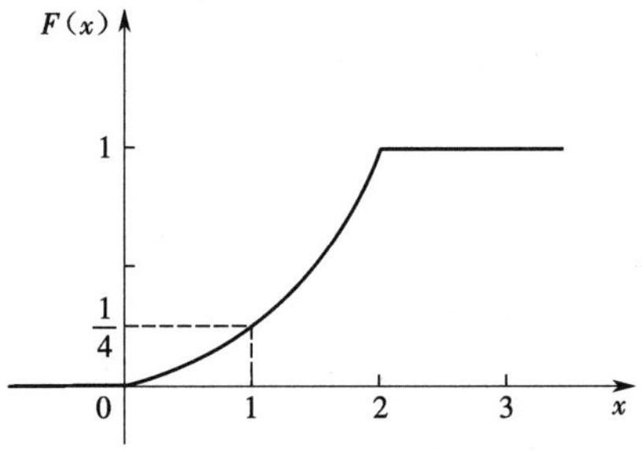

图 2.4

在例 2.14 中,对于任意的 x,能够证明分布函数 $F(x)$ 可以写成

$$F(x) = \int_{-\infty}^{x} f(t)\,\mathrm{d}t,$$

其中

$$f(t) = \begin{cases} \dfrac{t}{2}, & 0 < t < 2, \\ 0, & \text{其他}. \end{cases}$$

即 X 的分布函数 $F(x)$ 恰是非负函数 $f(t)$ 在区间 $(-\infty, x]$ 上的定积分. 这一类随机变量就是下一节要讨论的连续型随机变量.

2.4　连续型随机变量及其概率密度

对于非离散型随机变量,本书仅讨论连续型随机变量.

2.4.1　连续型随机变量的概率密度

定义 2.4　设随机变量 X 的分布函数为 $F(x)$,若存在非负函数 $f(x)$,使对任意的实数 x,都有

$$F(x)=\int_{-\infty}^{x} f(t)\,\mathrm{d}t, \tag{2.12}$$

则称 X 为连续型随机变量,称 $f(x)$ 为 X 的概率密度函数,简称概率密度.

概率密度函数 $f(x)$ 具有如下性质.

(1)非负性:$f(x)\geqslant 0$.

(2)规范性:$\int_{-\infty}^{+\infty} f(x)\,\mathrm{d}x=1$,即介于曲线 $y=f(x)$ 与 x 轴之间的面积等于 1.

具备性质(1)和(2)的 $f(x)$ 一定是某个随机变量的概率密度.

对于任意实数 $x_1,x_2(x_1\leqslant x_2)$,由式(2.12)有

$$P\{x_1<X\leqslant x_2\}=F(x_2)-F(x_1)=\int_{x_1}^{x_2} f(x)\,\mathrm{d}x. \tag{2.13}$$

可知 X 落在区间 $(x_1,x_2]$ 上的概率 $P\{x_1<X\leqslant x_2\}$ 等于在区间 $(x_1,x_2]$ 上曲线 $y=f(x)$ 与 x 轴之间的曲边梯形的面积(图 2.5). 式(2.13)是连续型随机变量计算概率的基本公式.

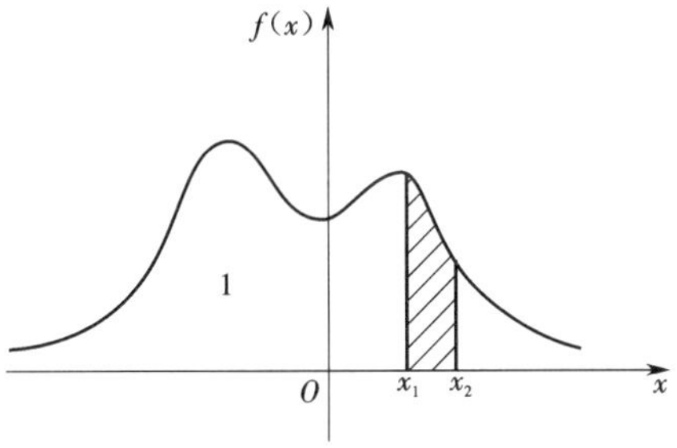

图 2.5

由式(2.12)易知,若 $f(x)$ 在点 x 处连续,则有

$$F'(x)=f(x). \tag{2.14}$$

这给出了通过分布函数计算概率密度的方法. 在 $f(x)$ 的连续点处有

$$f(x)=\lim_{\Delta x\to 0}\frac{F(x+\Delta x)-F(x)}{\Delta x}=\lim_{\Delta x\to 0}\frac{P\{x<X\leqslant x+\Delta x\}}{\Delta x}. \tag{2.15}$$

当 Δx 充分小时,$P\{x<X\leqslant x+\Delta x\}\approx f(x)\Delta x$,表示 X 落在小区间 $(x,x+\Delta x]$ 上的概率近似地等于 $f(x)\Delta x$. 式(2.15)说明 $f(x)$ 反映了在 x 点处(无穷小区间内)单位长的概率,或者说它反映了概率在 x 点处的"密集程度". 由此可看出,概率密度的定义与物理学中的线密度的

定义相类似,这也是称$f(x)$为概率密度函数的缘故.

由式(2.12)可知,连续型随机变量的分布函数是连续函数,所以

$$P\{X=a\}=F(a)-F(a-0)=0.$$

即对于连续型随机变量来说,它取任一指定实数值a的概率均为0,从而用式(2.13)计算概率时,不用考虑区间是否包含端点,也就是说

$$P\{x_1<X\leqslant x_2\}=P\{x_1\leqslant X\leqslant x_2\}=P\{x_1<X<x_2\}=P\{x_1\leqslant X<x_2\}=\int_{x_1}^{x_2}f(x)\mathrm{d}x. \tag{2.16}$$

例 2.15 设连续型随机变量X的概率密度函数为

$$f(x)=\begin{cases}Ax, & 0\leqslant x<3,\\ 2-\dfrac{x}{2}, & 3\leqslant x\leqslant 4,\\ 0, & \text{其他}.\end{cases}$$

试求:(1)常数A的值

(2)X的分布函数;

(3)$P\left\{1<X\leqslant\dfrac{7}{2}\right\}$.

解 (1)由$\int_{-\infty}^{+\infty}f(x)\mathrm{d}x=1$,得

$$\int_{-\infty}^{0}0\mathrm{d}x+\int_{0}^{3}Ax\mathrm{d}x+\int_{3}^{4}\left(2-\frac{x}{2}\right)\mathrm{d}x+\int_{4}^{+\infty}0\mathrm{d}x=1,$$

解得$A=\dfrac{1}{6}$,故X的概率密度函数为

$$f(x)=\begin{cases}\dfrac{x}{6}, & 0\leqslant x<3,\\ 2-\dfrac{x}{2}, & 3\leqslant x\leqslant 4,\\ 0, & \text{其他};\end{cases}$$

(2)当$x<0$时,$F(x)=\int_{-\infty}^{x}0\mathrm{d}t=0$;

当$0\leqslant x<3$时,$F(x)=\int_{-\infty}^{x}f(t)\mathrm{d}t=\int_{-\infty}^{0}0\mathrm{d}t+\int_{0}^{x}\dfrac{t}{6}\mathrm{d}t=\dfrac{1}{12}x^2$;

当$3\leqslant x<4$时,$F(x)=\int_{-\infty}^{x}f(t)\mathrm{d}t=\int_{-\infty}^{0}0\mathrm{d}t+\int_{0}^{3}\dfrac{t}{6}\mathrm{d}t+\int_{3}^{x}\left(2-\dfrac{t}{2}\right)\mathrm{d}t=-\dfrac{x^2}{4}+2x-3$;

当$x\geqslant 4$时,$F(x)=\int_{-\infty}^{x}f(t)\mathrm{d}t=\int_{-\infty}^{0}0\mathrm{d}t+\int_{0}^{3}\dfrac{t}{6}\mathrm{d}t+\int_{3}^{4}\left(2-\dfrac{t}{2}\right)\mathrm{d}t+\int_{4}^{x}0\mathrm{d}t=1.$

故X的分布函数为

$$F(x)=\begin{cases}0, & x<0,\\ \dfrac{1}{12}x^2, & 0\leqslant x<3,\\ -\dfrac{x^2}{4}+2x-3, & 3\leqslant x<4,\\ 1, & x\geqslant 4.\end{cases}$$

(3) $P\left\{1<X\leqslant\dfrac{7}{2}\right\}=\int_1^{\frac{7}{2}}f(x)\mathrm{d}x=\int_1^3\dfrac{x}{6}\mathrm{d}x+\int_3^{\frac{7}{2}}\left(2-\dfrac{x}{2}\right)\mathrm{d}x=\dfrac{1}{12}x^2\Big|_1^3+\left(2x-\dfrac{x^2}{4}\right)\Big|_3^{\frac{7}{2}}=\dfrac{41}{48}.$

也可以利用分布函数计算 $P\left\{1<X\leqslant\dfrac{7}{2}\right\}=F\left(\dfrac{7}{2}\right)-F(1)=\dfrac{45}{48}-\dfrac{1}{12}=\dfrac{41}{48}.$

例 2.16　假定顾客在某自动取款机等待服务时间 X(单位:min)的分布函数为

$$F(x)=\begin{cases}a+b\mathrm{e}^{-\frac{x}{3}}, & x>0,\\ 0, & x\leqslant 0.\end{cases}$$

试求:(1)常数 a,b;

(2)X 的概率密度函数 $f(x)$;

(3)顾客至多等候 3 min 的概率;

(4)顾客恰好等待 4 min 的概率.

解　(1) 由式(2.9)知,$F(+\infty)=\lim\limits_{x\to+\infty}(a+b\mathrm{e}^{-\frac{x}{3}})=1$,得 $a=1$.
由于分布函数 $F(x)$ 在 $x=0$ 处右连续,因此有

$$F(0+0)=\lim_{x\to 0^+}(a+b\mathrm{e}^{-\frac{x}{3}})=a+b=F(0)=0.$$

又 $a=1$,则 $b=-1$. 所以 X 的分布函数为

$$F(x)=\begin{cases}1-\mathrm{e}^{-\frac{x}{3}}, & x>0,\\ 0, & x\leqslant 0.\end{cases}$$

易知 $F(x)$ 处处连续.

(2)由式(2.14)得 X 的概率密度函数为

$$f(x)=F'(x)=\begin{cases}\dfrac{1}{3}\mathrm{e}^{-\frac{x}{3}}, & x\geqslant 0,\\ 0, & x<0.\end{cases}$$

(3) $P\{X\leqslant 3\}=F(3)=1-\mathrm{e}^{-1}=0.632\ 1.$

(4) $P\{X=4\}=0.$

例 2.16 中(4)的结果表明虽然顾客等待 4 min 的事件有可能发生,但顾客恰好等待 4 min 的概率为 0. 说明概率为 0 的事件未必是不可能事件. 同样概率为 1 的事件也未必是必然事件. 这些结论在第 1 章介绍概率性质时就应该注意到.

分布函数可以刻画一个随机变量 X 的“概率分布”. 若 X 是离散型随机变量,则也可以用它的分布律来刻画;当 X 是连续型随机变量时,可以用它的概率密度刻画.

2.4.2 几种常见的连续型随机变量及其分布

1. 均匀分布

设连续型随机变量 X 的概率密度函数为

$$f(x)=\begin{cases}\dfrac{1}{b-a}, & a<x<b,\\ 0, & \text{其他},\end{cases} \tag{2.17}$$

则称 X 在区间 (a,b) 上服从均匀分布,记作 $X\sim U(a,b)$,其中 a,b 是参数.

易求出均匀分布的分布函数为

$$F(x)=\begin{cases}0, & x<a,\\ \dfrac{x-a}{b-a}, & a\leqslant x<b,\\ 1, & x\geqslant b.\end{cases} \tag{2.18}$$

均匀分布的概率密度函数 $f(x)$ 及分布函数 $F(x)$ 的图形分别如图 2.6 和图 2.7 所示.

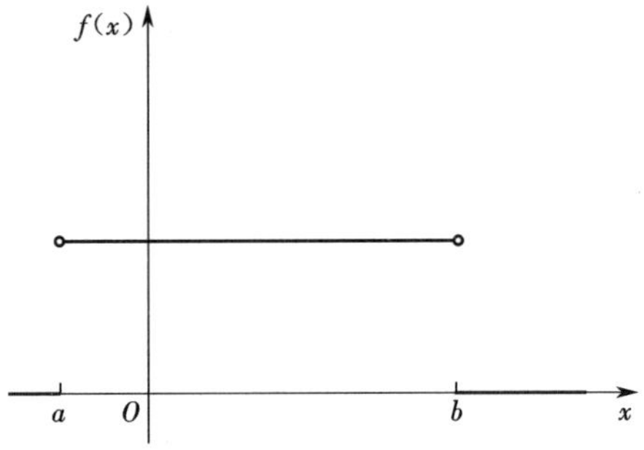

图 2.6

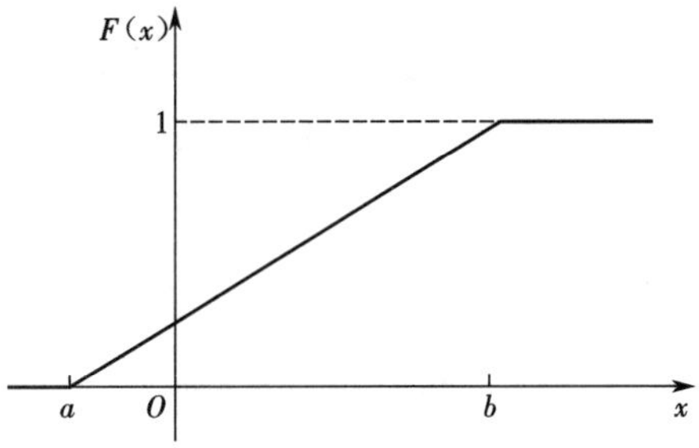

图 2.7

若 X 在区间 (a,b) 上服从均匀分布,则 X 落在任一长度为 l 的子区间 $(c,c+l)$(其中 $a\leqslant c<c+l\leqslant b$)内的概率为

$$P\{c<X<c+l\}=\int_c^{c+l}\frac{1}{b-a}\mathrm{d}x=\frac{l}{b-a}.$$

这表明在区间 (a,b) 上服从均匀分布的随机变量 X 落入 (a,b) 中任一子区间 $(c,c+l)$ 内的概率与子区间的长度 l 成正比,即它落在 (a,b) 内任意等长度的子区间内的可能性是相同的. 或者说,它落在 (a,b) 的子区间内的概率只依赖于子区间的长度而与子区间的位置无关.

在理论和实际问题中,均匀分布是非常有用的一种分布. 例如在近似计算中的取整问题,其舍入误差服从 $[-0.5,0.5]$ 上的均匀分布. 如果一个随机变量在一个区间 (a,b) 内等可能地取值,则可以认为这个随机变量服从 (a,b) 上的均匀分布.

例 2.17 设电阻值 R(单位:Ω)是一个随机变量,在 900 ~ 1 100 Ω 均匀分布,求 R 的概率密度及 R 在 950 ~ 1 050 Ω 范围内的概率.

解 依题意知,R 的概率密度函数为

$$f(x)=\begin{cases}\dfrac{1}{200}, & 900<x<1\,100,\\ 0, & \text{其他},\end{cases}$$

则有

$$P\{950 < X \leqslant 1\,050\} = \int_{950}^{1\,050} \frac{1}{200} dx = \frac{1}{2}.$$

2. 指数分布

若随机变量 X 的概率密度函数为

$$f(x) = \begin{cases} \lambda e^{-\lambda x}, & x > 0, \\ 0, & x \leqslant 0, \end{cases} \tag{2.19}$$

其中 $\lambda > 0$ 为常数，则称 X 服从参数为 λ 的指数分布，记作 $X \sim e(\lambda)$，或记作 $X \sim \exp(\lambda)$.

易求出指数分布的分布函数为

$$F(x) = \begin{cases} 1 - e^{-\lambda x}, & x > 0, \\ 0, & x \leqslant 0. \end{cases}$$

指数分布的 $f(x)$ 及 $F(x)$ 的图形分别如图 2.8 和图 2.9 所示.

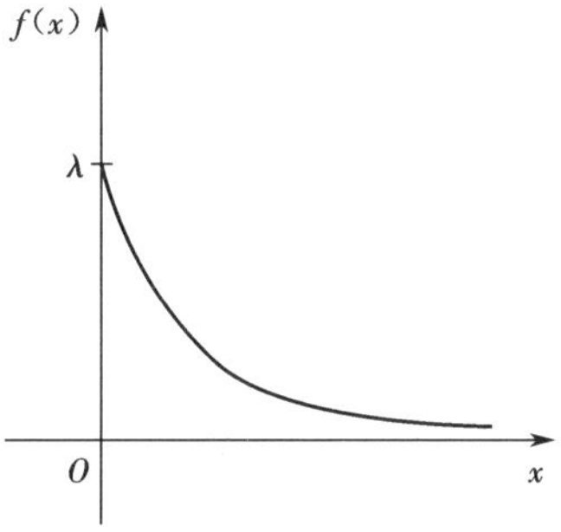

图 2.8

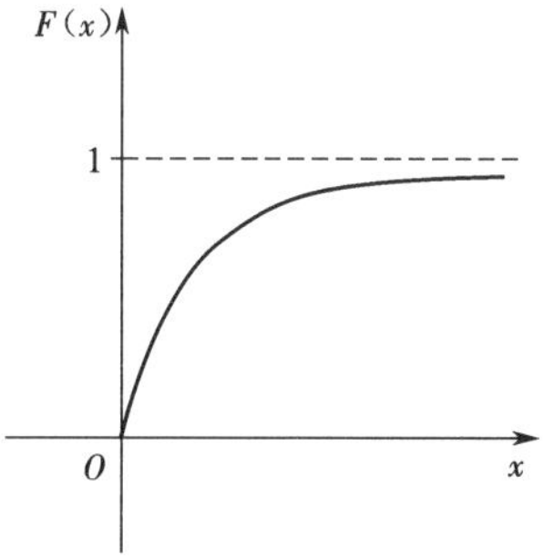

图 2.9

指数分布具有一种有趣的性质——无记忆性，又称无后效性. 在电子工程中，指数分布常用来描述处于稳定工作状态的元件寿命.

若 $X \sim e(\lambda)$，则对任意 $s, t > 0$，都有

$$P\{X > t + s \mid X > t\} = P\{X > s\}. \tag{2.20}$$

事实上，

$$P\{X > t + s \mid X > t\} = \frac{P\{X > t + s, X > t\}}{P\{X > t\}} = \frac{P\{X > t + s\}}{P\{X > t\}} = \frac{1 - F(t + s)}{1 - F(t)}$$

$$= \frac{e^{-\lambda(t+s)}}{e^{-\lambda t}} = e^{-\lambda s} = P\{X > s\}.$$

指数分布的无记忆性是指如果 X 表示某一元件的寿命，那么式(2.20)表明，在已知元件已使用了 t 小时的条件下，它还能再使用 s 小时的概率，与从开始使用时算起它至少能使用 s 小时的概率相等. 这就是说，元件对它已使用过 t 小时没有记忆.

指数分布的应用很广泛. 例如一些没有明显“衰老”机理的元件（如半导体元件）的寿命、动物的寿命、电话问题中的通话时间、随机服务系统中的服务时间等都可以认为服从指数分布. 另外，它在排队论和可靠性理论等领域也有广泛的应用.

例 2.18　设某种型号的电子元件寿命（以年计）$X \sim e(1)$. 试求：

(1)这种电子元件寿命大于 2 年的概率;

(2)现有一大批此种电子元件(各电子元件损坏与否相互独立),从中任取 3 个,则至少有 2 个元件寿命大于 2 年的概率;

(3)已知该电子元件已经使用了 1 年,则能再使用 2 年的概率.

解 由题意知,$X \sim e(1)$,其概率密度函数为

$$f(x)=\begin{cases} e^{-x}, & x>0, \\ 0, & x\leqslant 0. \end{cases}$$

(1)电子元件的寿命大于 2 年的概率为

$$P\{X>2\}=\int_{2}^{+\infty} e^{-x}dx=-e^{-x}\Big|_{2}^{+\infty}=e^{-2};$$

(2)设 Y 表示 3 个电子元件中寿命大于 2 年的个数,则 $Y \sim B(3,e^{-2})$,所求概率为

$$\begin{aligned} P\{Y\geqslant 2\} &= P\{Y=2\}+P\{Y=3\}=C_3^2(e^{-2})^2(1-e^{-2})+C_3^3(e^{-2})^3 \\ &= 3e^{-4}-2e^{-6}\approx 0.05; \end{aligned}$$

$$(3)\ P\{X>3|X>1\}=\frac{P\{X>3,X>1\}}{P\{X>1\}}=\frac{P\{X>3\}}{P\{X>1\}}=\frac{\int_{3}^{+\infty}e^{-x}dx}{\int_{1}^{+\infty}e^{-x}dx}=\frac{e^{-3}}{e^{-1}}=e^{-2},$$

或由无记忆性得到

$$P\{X>3|X>1\}=P\{X>2\}=\int_{2}^{+\infty}e^{-x}dx=e^{-2}.$$

3. 正态分布

若随机变量 X 的概率密度函数为

$$f(x)=\frac{1}{\sqrt{2\pi}\sigma}e^{-\frac{(x-\mu)^2}{2\sigma^2}},\quad -\infty<x<+\infty, \tag{2.21}$$

其中 $\mu,\sigma(\sigma>0)$ 为常数,则称 X 服从参数为 μ,σ^2 的正态分布或高斯分布,记为 $X \sim N(\mu,\sigma^2)$.

可证 $f(x)$ 满足概率密度的两个性质. 显然 $f(x)\geqslant 0$.

令 $I=\int_{-\infty}^{+\infty}f(x)dx=\int_{-\infty}^{+\infty}\frac{1}{\sqrt{2\pi}\sigma}e^{-\frac{(x-\mu)^2}{2\sigma^2}}dx=\int_{-\infty}^{+\infty}\frac{1}{\sqrt{2\pi}}e^{-\frac{t^2}{2}}dt\left(其中\ t=\frac{x-\mu}{\sigma}\right)$,则有

$$\begin{aligned} I^2 &= \left(\int_{-\infty}^{+\infty}\frac{1}{\sqrt{2\pi}}e^{-\frac{t^2}{2}}dt\right)^2=\int_{-\infty}^{+\infty}\frac{1}{\sqrt{2\pi}}e^{-\frac{x^2}{2}}dx\cdot\int_{-\infty}^{+\infty}\frac{1}{\sqrt{2\pi}}e^{-\frac{y^2}{2}}dy \\ &= \frac{1}{2\pi}\int_{-\infty}^{+\infty}\int_{-\infty}^{+\infty}e^{-\frac{1}{2}(x^2+y^2)}dxdy. \end{aligned}$$

利用极坐标变换 $x=r\cos\theta, y=r\sin\theta$,得

$$I^2=\frac{1}{2\pi}\int_{0}^{+\infty}\int_{0}^{2\pi}e^{-\frac{1}{2}r^2}rdrd\theta=\int_{0}^{+\infty}re^{-\frac{r^2}{2}}dr=1.$$

由于 $I>0$,故有 $\int_{-\infty}^{+\infty}f(x)dx=1$.

正态分布的 $f(x)$ 的图形如图 2.10 所示,它具有如下性质.

(1)曲线关于直线 $x=\mu$ 对称.

(2)当 $x=\mu$ 时取到最大值 $f(\mu)=\dfrac{1}{\sqrt{2\pi}\sigma}$, x 离 μ 越远, $f(x)$ 的值越小. 这表明对于同样长度的区间, 当区间离 μ 越远, X 落在这个区间上的概率越小.

(3)在 $x=\mu\pm\sigma$ 处曲线有拐点, 并以 x 轴为渐近线.

(4)参数 μ 确定了曲线对称轴的位置, σ 确定了曲线的形状. 其中, σ 越大, 曲线越平坦; σ 越小, 曲线越陡, 如图 2.11 所示.

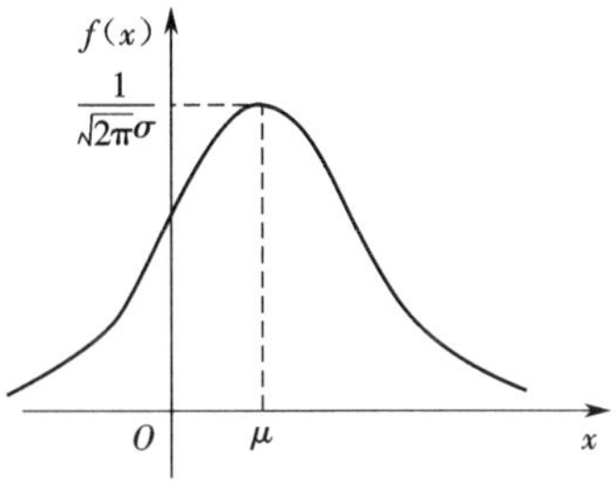

图 2.10

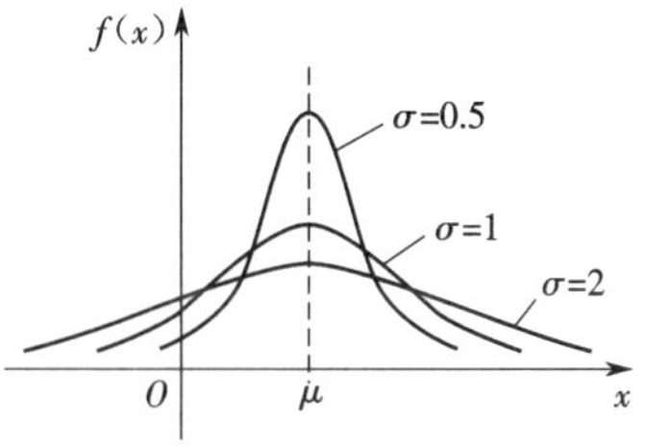

图 2.11

由式(2.21)得 X 的分布函数为

$$F(x)=\frac{1}{\sqrt{2\pi}\sigma}\int_{-\infty}^{x}\mathrm{e}^{-\frac{(t-\mu)^2}{2\sigma^2}}\mathrm{d}t, \tag{2.22}$$

它的图形如图 2.12 所示.

特别地, 当 $\mu=0,\sigma=1$ 时, $X\sim N(0,1)$, 则称 X 服从标准正态分布. 其概率密度和分布函数分别用 $\varphi(x)$ 和 $\Phi(x)$ 表示, 即有

$$\varphi(x)=\frac{1}{\sqrt{2\pi}}\mathrm{e}^{-\frac{x^2}{2}}, \tag{2.23}$$

$$\Phi(x)=\frac{1}{\sqrt{2\pi}}\int_{-\infty}^{x}\mathrm{e}^{-\frac{t^2}{2}}\mathrm{d}t, \tag{2.24}$$

由图 2.13 易知 $\Phi(0)=\dfrac{1}{2}$, 且

$$\Phi(-x)=1-\Phi(x). \tag{2.25}$$

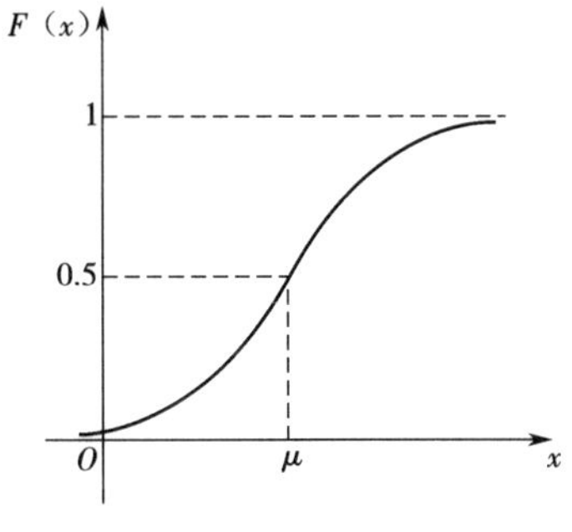

图 2.12

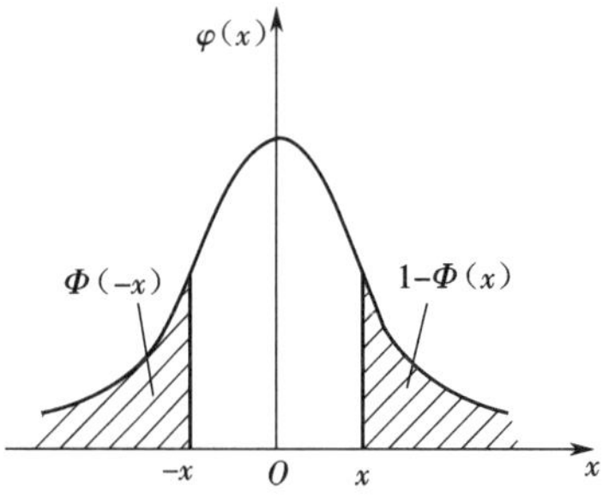

图 2.13

为计算方便,人们已编制了 $\Phi(x)$ 的函数表(见附表 1),可供查用.

由于式(2.22)无法用一般方法求其积分值,因此作线性变换将其转化为标准正态分布 $\Phi(x)$,通过查附表 1 来计算.

定理 2.1 若 $X \sim N(\mu,\sigma^2)$,则 $Z=\dfrac{X-\mu}{\sigma}\sim N(0,1)$.

证明 $Z=\dfrac{X-\mu}{\sigma}$ 的分布函数为

$$P\{Z\leqslant x\}=P\left\{\frac{X-\mu}{\sigma}\leqslant x\right\}=P\{X\leqslant\mu+\sigma x\}=\frac{1}{\sqrt{2\pi}\sigma}\int_{-\infty}^{\mu+\sigma x}\mathrm{e}^{-\frac{(t-\mu)^2}{2\sigma^2}}\mathrm{d}t,$$

令 $y=\dfrac{t-\mu}{\sigma}$,得

$$P\{Z\leqslant x\}=\frac{1}{\sqrt{2\pi}}\int_{-\infty}^{x}\mathrm{e}^{-\frac{y^2}{2}}\mathrm{d}y=\Phi(x).$$

由此知 $Z=\dfrac{X-\mu}{\sigma}\sim N(0,1)$.

这个定理在数理统计中用得很多.

若 $X\sim N(\mu,\sigma^2)$,则它的分布函数可写成

$$F(x)=P\{X\leqslant x\}=P\left\{\frac{X-\mu}{\sigma}\leqslant\frac{x-\mu}{\sigma}\right\}=P\left\{Z\leqslant\frac{x-\mu}{\sigma}\right\}=\Phi\left(\frac{x-\mu}{\sigma}\right). \tag{2.26}$$

因此对任意区间 (x_1,x_2),有

$$P\{x_1<X<x_2\}=F(x_2)-F(x_1)=\Phi\left(\frac{x_2-\mu}{\sigma}\right)-\Phi\left(\frac{x_1-\mu}{\sigma}\right). \tag{2.27}$$

设 $X\sim N(\mu,\sigma^2)$,由式(2.27)及附表 1 可得

$$P\{\mu-\sigma<X<\mu+\sigma\}=\Phi(1)-\Phi(-1)=2\Phi(1)-1=0.682\ 6;$$

$$P\{\mu-2\sigma<X<\mu+2\sigma\}=\Phi(2)-\Phi(-2)=2\Phi(2)-1=0.954\ 4;$$

$$P\{\mu-3\sigma<X<\mu+3\sigma\}=\Phi(3)-\Phi(-3)=2\Phi(3)-1=0.997\ 3.$$

由上述结果可知,随机变量 X 以 99.73% 的概率落入区间 $(\mu-3\sigma,\mu+3\sigma)$ 内,即 X 的值落在区间 $(\mu-3\sigma,\mu+3\sigma)$ 内的概率几乎为 1,这就是所谓的"3σ"法则.

例 2.19 设 $X\sim N(1.5,4)$,求 $P\{X>2\}$,$P\{|X|\leqslant 3\}$.

解 利用式(2.27),并查附表 1 可得

$$P\{X>2\}=1-P\{X\leqslant 2\}=1-\Phi\left(\frac{2-1.5}{2}\right)=1-\Phi(0.25)=1-0.598\ 7=0.401\ 3.$$

$$\begin{aligned}P\{|X|\leqslant 3\}&=P\{-3\leqslant X\leqslant 3\}=\Phi\left(\frac{3-1.5}{2}\right)-\Phi\left(\frac{-3-1.5}{2}\right)\\&=\Phi(0.75)-\Phi(-2.25)=\Phi(0.75)-[1-\Phi(2.25)]\\&=0.773\ 4-(1-0.987\ 8)=0.761\ 2.\end{aligned}$$

例 2.20 公共汽车车门的高度是按成年男子与车门顶碰头的机会在 0.01 以下来设计的.设成年男子身高 X(cm)服从 $\mu=170$ cm,$\sigma=6$ cm 的正态分布,即 $X\sim N(170,6^2)$,应如何确定车门的高度?

解　设车门高度为 h cm. 依题意有 $P\{X\geqslant h\}<0.01$,即

$$P\{X<h\}=\Phi\left(\frac{h-170}{6}\right)>0.99,$$

查附表 1 得 $\Phi(2.33)=0.9901>0.99$,所以$\frac{h-170}{6}>2.33$,得 $h>183.98$. 因此,车门的高度应确定至少为 184 cm.

正态分布是概率论中最重要的一个分布,许多实际问题中的变量,如测量误差, 热力学中理想气体的分子速度, 某地区成年男子的身高、体重, 学生的考试成绩, 海洋波浪的高度等都可以认为服从正态分布. 一般来讲,一个随机变量如果是大量相互独立的偶然因素之和,而且每个因素的个别影响在总的影响中所起的作用都很微小,那么一般认为这样的随机变量服从正态分布,其准确的数学叙述将在第 5 章介绍. 另外,正态分布在数理统计的研究中也起着特别重要的作用.

2.5　随机变量的函数的分布

在很多实际问题中,我们常常对某些随机变量的函数(它当然也是随机变量)感兴趣. 这是因为在一些试验中,我们所关心的量往往不能通过直接观测来得到,而它恰是某个直接观测到的随机变量的函数. 例如,我们能直接测量到圆轴正截面的直径 X,而我们所关心的却是该截面的面积 $Y=\frac{\pi X^2}{4}$. 这里称随机变量 Y 是随机变量 X 的函数,记为 $Y=g(X)$,若随机变量 X 取值为 x 时,随机变量 Y 的取值为 $g(x)$,且 $g(x)$ 是一个已知的函数. 下面我们讨论如何由已知的随机变量 X 的分布来求 X 的函数 $Y=g(X)$ 的分布.

2.5.1　离散型随机变量的情形

设 X 是离散型随机变量, 其分布律为

X	x_1	x_2	$\cdots$	x_k	$\cdots$
p_k	p_1	p_2	$\cdots$	p_k	$\cdots$

则 $Y=g(X)$ 也是一个离散型随机变量,且当 X 取值为 x_k 时, 随机变量 $Y=g(X)$ 取值为 $y_k=g(x_k)$, $k=1,2,\cdots$.

如果各 $g(x_k)$ 的值全不相等, 则 Y 的分布律为

Y	y_1	y_2	$\cdots$	y_k	$\cdots$
p_k	p_1	p_2	$\cdots$	p_k	$\cdots$

如果 $g(x_k)$ 中有相等的值, 则把那些相等的值分别合并起来, 并根据概率可加性把对应的概率相加, 就得到随机变量的函数 $Y=g(X)$ 的分布律.

例 2.21　已知随机变量 X 的分布律为

X	-1	0	1	2	3	4
p_k	0.1	0.2	0.1	0.2	0.3	0.1

求下列随机变量的分布律：(1) $Y=2X+1$；(2) $Z=(X-1)^2$.

解

X	-1	0	1	2	3	4
$Y=2X+1$	-1	1	3	5	7	9
$Z=(X-1)^2$	4	1	0	1	4	9
p_k	0.1	0.2	0.1	0.2	0.3	0.1

(1)当 X 取 $-1,0,1,2,3,4$ 时，Y 分别取 $-1,1,3,5,7,9$，没有重复值，则 Y 的分布律为

Y	-1	1	3	5	7	9
p_k	0.1	0.2	0.1	0.2	0.3	0.1

(2)当 X 取 $-1,0,1,2,3,4$ 时，Z 分别取 $4,1,0,1,4,9$，有重复值，需要合并，则 Z 的分布律为

Z	0	1	4	9
p_k	0.1	0.4	0.4	0.1

2.5.2 连续型随机变量的情形

求连续型随机变量的函数的概率密度主要有两种方法——分布函数法和公式法.

1. 分布函数法

设连续型随机变量 X 的概率密度为 $f_X(x)$（添加下标 X 以示区别），求 X 的函数 $Y=g(X)$ 的概率密度 $f_Y(y)$ 的一般步骤如下.

(1)求 $Y=g(X)$ 的分布函数，有

$$F_Y(y)=P\{Y\leqslant y\}=P\{g(X)\leqslant y\}=P\{X\in I_x\}=\int_{I_x} f_X(x)\,\mathrm{d}x,$$

其中 $I_x=\{x\mid g(x)\leqslant y\}$.

(2)将 $F_Y(y)$ 对 y 求导，即得 Y 的概率密度 $f_Y(y)=F'_Y(y)$.

这种方法称为分布函数法.

例 2.22 设随机变量 X 的概率密度为

$$f_X(x)=\begin{cases}6x(1-x), & 0<x<1,\\ 0, & \text{其他}.\end{cases}$$

求随机变量 $Y=2X+1$ 的概率密度 $f_Y(y)$.

解 因为随机变量 X 在区间(0,1)内取值，所以随机变量 $Y=2X+1$ 在区间(1,3)内随机取值.

当 $y<1$ 时，$F_Y(y)=P\{Y\leqslant y\}=0$，则 $f_Y(y)=0$；

当 $y\geqslant 3$ 时，$F_Y(y)=P\{Y\leqslant y\}=1$，则 $f_Y(y)=0$；

当 $1\leqslant y<3$ 时，有 $0<\dfrac{y-1}{2}<1$，由此得

$$F_Y(y)=P\{Y\leqslant y\}=P\{2X+1\leqslant y\}=P\left\{X\leqslant\frac{y-1}{2}\right\}=\int_{-\infty}^{\frac{y-1}{2}}f_X(x)\,\mathrm{d}x=\int_0^{\frac{y-1}{2}}6x(1-x)\,\mathrm{d}x.$$

将上式两端对 y 求导得

$$f_Y(y)=6\left(\frac{y-1}{2}\right)\left(1-\frac{y-1}{2}\right)\cdot\frac{1}{2}=\frac{3}{4}(y-1)(3-y),1<y<3.$$

所以 Y 的概率密度为

$$f_Y(y)=\begin{cases}\frac{3}{4}(y-1)(3-y), & 1<y<3,\\ 0, & \text{其他}.\end{cases}$$

例 2.23　设随机变量 X 在区间(1,3)上服从均匀分布,求 $Y=2X^2$ 的概率密度 $f_Y(y)$.

解　由题意知 X 的概率密度为

$$f(x)=\begin{cases}\frac{1}{2}, & 1<x<3,\\ 0, & \text{其他}.\end{cases}$$

因为随机变量 X 在区间(1,3)上取值,所以 $Y=2X^2$ 在区间(2,18)上取值.

当 $y<2$ 时,$F_Y(y)=P\{Y\leqslant y\}=0$;

当 $y\geqslant 18$ 时,$F_Y(y)=P\{Y\leqslant y\}=1$.

当 $2\leqslant y<18$ 时,

$$F_Y(y)=P\{Y\leqslant y\}=P\{2X^2\leqslant y\}=P\left\{-\sqrt{\frac{y}{2}}\leqslant X\leqslant\sqrt{\frac{y}{2}}\right\}$$

$$=\int_{-\sqrt{\frac{y}{2}}}^{\sqrt{\frac{y}{2}}}f(x)\,\mathrm{d}x=\int_1^{\sqrt{\frac{y}{2}}}\frac{1}{2}\mathrm{d}x=\frac{\sqrt{\frac{y}{2}}-1}{2}.$$

所以 Y 的概率密度为

$$f_Y(y)=F'_Y(y)=\begin{cases}\frac{1}{4\sqrt{2y}}, & 2<y<18,\\ 0, & \text{其他}.\end{cases}$$

上面介绍的分布函数法是求随机变量的函数 $Y=g(X)$ 的分布的一般方法,它适用范围广泛,对 $g(x)$ 为单调函数和非单调函数均适用. 当 $g(x)$ 为单调函数时,还可用公式法求 $Y=g(X)$ 的概率密度.

2. 公式法

定理 2.2　设随机变量 X 的概率密度为 $f_X(x)$,$-\infty<x<+\infty$,又设函数 $y=g(x)$ 处处可导且恒有 $g'(x)>0$(或恒有 $g'(x)<0$),则 $Y=g(X)$ 是连续型随机变量,其概率密度为

$$f_Y(y)=\begin{cases}f_X[h(y)]\cdot|h'(y)|, & \alpha<y<\beta,\\ 0, & \text{其他}.\end{cases}\tag{2.28}$$

其中 $\alpha=\min\{g(-\infty),g(+\infty)\}$,$\beta=\max\{g(-\infty),g(+\infty)\}$,$x=h(y)$ 是 $y=g(x)$ 的反函数.

证明 对于任意x，由于$g'(x)>0$（或$g'(x)<0$），即$y=g(x)$单调增加（或单调减少），则它的反函数$x=h(y)$存在，并且$x=h(y)$在(α,β)内单调增加（或单调减少）且可导.

因为$Y=g(X)$在(α,β)上取值，故当$y<\alpha$时，$F_Y(y)=P\{Y\leqslant y\}=0$；当$y\geqslant\beta$时，$F_Y(y)=P\{Y\leqslant y\}=1$.

当$\alpha\leqslant y<\beta$时，

（1）若$g(x)$单调增加，则Y的分布函数为

$$F_Y(y)=P\{Y\leqslant y\}=P\{g(X)\leqslant y\}=P\{X\leqslant h(y)\}=\int_{-\infty}^{h(y)}f_X(x)\mathrm{d}x,$$

于是Y的概率密度为

$$f_Y(y)=F'_Y(y)=f_X[h(y)]h'(y);$$

（2）若$g(x)$单调减少，则Y的分布函数为

$$F_Y(y)=P\{Y\leqslant y\}=P\{g(X)\leqslant y\}=P\{X\geqslant h(y)\}=\int_{h(y)}^{+\infty}f_X(x)\mathrm{d}x,$$

于是Y的概率密度为

$$f_Y(y)=F'_Y(y)=-f_X[h(y)]h'(y).$$

综合以上情形有

$$f_Y(y)=\begin{cases}f_X[h(y)]\cdot|h'(y)|, & \alpha<y<\beta,\\ 0, & \text{其他}.\end{cases}$$

注意：若$f_X(x)$在有限区间$[a,b]$以外等于零，则只需设在$[a,b]$上恒有$g'(x)>0$（或恒有$g'(x)<0$），此时$\alpha=\min\{g(a),g(b)\}$，$\beta=\max\{g(a),g(b)\}$.

例2.24（续例2.23） 设随机变量X在区间$(1,3)$上服从均匀分布，用公式法求$Y=2X^2$的概率密度$f_Y(y)$.

解 由题意得X的概率密度为

$$f(x)=\begin{cases}\dfrac{1}{2}, & 1<x<3,\\ 0, & \text{其他}.\end{cases}$$

因为$y=2x^2$在$(1,3)$上单调递增且处处可导，则可以采用公式法，其反函数为$x=h(y)=\dfrac{1}{\sqrt{2}}\sqrt{y}$，$h'(y)=\dfrac{1}{2\sqrt{2y}}$. 又当$x\in(1,3)$时，$y\in(2,18)$，故由式(2.28)得

$$f_Y(y)=f_X[h(y)]\cdot|h'(y)|=\frac{1}{2}\cdot\frac{1}{2\sqrt{2y}}=\frac{1}{4\sqrt{2y}},\quad y\in(2,18).$$

所以Y的概率密度为

$$f_Y(y)=\begin{cases}\dfrac{1}{4\sqrt{2y}}, & 2<y<18,\\ 0, & \text{其他}.\end{cases}$$

由此可见，当$g(x)$为单调函数时，采用公式法求$Y=g(X)$的概率密度较为简便. 但是利用公式法直接求$Y=g(X)$的概率密度时要注意如下两点：

（1）$y=g(x)$是严格单调函数；

(2) $h'(y)$ 要取绝对值.

若不满足严格单调条件,则只能采用分布函数法求解.

下面给出关于正态分布的一个重要性质.

定理 2.3　设 $X \sim N(\mu,\sigma^2)$,则 X 的线性函数 $Y=aX+b(a\neq 0)$ 也服从正态分布,且有 $Y\sim N(a\mu+b,a^2\sigma^2)$.

证　因为 $X\sim N(\mu,\sigma^2)$,则

$$f_X(x)=\frac{1}{\sqrt{2\pi}\sigma}e^{-\frac{(x-\mu)^2}{2\sigma^2}},\quad -\infty<x<+\infty.$$

因为 $y=g(x)=ax+b(-\infty<y<+\infty)$ 严格单调且可导,故可以采用公式法. 求出反函数 $x=h(y)=\frac{y-b}{a}$. 而 $h'(y)=\frac{1}{a}$,由式(2.28)得 Y 的概率密度为

$$f_Y(y)=\frac{1}{|a|}f_X\left(\frac{y-b}{a}\right)=\frac{1}{\sqrt{2\pi}|a|\sigma}e^{-\frac{[y-(a\mu+b)]^2}{2a^2\sigma^2}},\quad -\infty<y<+\infty.$$

因而 $Y\sim N(a\mu+b,a^2\sigma^2)$.

定理 2.3 表明,服从正态分布的随机变量经线性变换后,仍服从正态分布. 特别地,若 $X\sim N(\mu,\sigma^2)$,取 $a=\frac{1}{\sigma}$,$b=-\frac{\mu}{\sigma}$,则由定理 2.3 得 $Y=\frac{X-\mu}{\sigma}\sim N(0,1)$. 此结论在数理统计中用得很多. 这也说明定理 2.1 是定理 2.3 的推论.

例 2.25　设 $X\sim N(0,1)$,其概率密度为 $f_X(x)=\frac{1}{\sqrt{2\pi}}e^{-\frac{x^2}{2}}$,$-\infty<x<+\infty$,求 $Y=X^2$ 的概率密度.

解　由于 $y=x^2$ 不是单调函数,故不能使用定理 2.2 求 $Y=X^2$ 的概率密度,只能用分布函数法.

因为 $Y=X^2\geqslant 0$,所以当 $y\leqslant 0$ 时,$F_Y(y)=P\{Y\leqslant y\}=0$,则 $f_Y(y)=0$.

当 $y>0$ 时,$F_Y(y)=P\{Y\leqslant y\}=P\{X^2\leqslant y\}=P\{-\sqrt{y}\leqslant X\leqslant\sqrt{y}\}=\int_{-\sqrt{y}}^{\sqrt{y}}f_X(x)\,dx$

$$=\int_{-\sqrt{y}}^{\sqrt{y}}\frac{1}{\sqrt{2\pi}}e^{-\frac{x^2}{2}}dx=\int_0^{\sqrt{y}}\frac{2}{\sqrt{2\pi}}e^{-\frac{x^2}{2}}dx.$$

将上式对 y 求导,则有

$$f_Y(y)=F_Y'(y)=\frac{2}{\sqrt{2\pi}}e^{-\frac{y}{2}}\cdot\frac{1}{2\sqrt{y}}=\frac{1}{\sqrt{2\pi y}}e^{-\frac{y}{2}}.$$

所以 $Y=X^2$ 的概率密度为

$$f_Y(y)=\begin{cases}\frac{1}{\sqrt{2\pi y}}e^{-\frac{y}{2}}, & y>0,\\ 0, & y\leqslant 0.\end{cases}$$

这个分布称为自由度为 1 的 χ^2 分布(详见第 6 章的 χ^2 分布).

习题 2

A 组

2.1 下列给出的数列,哪些是随机变量的分布律,并说明理由.

(1)$p_k=\frac{k}{10}$, $k=1,2,3,4$;

(2)$p_k=\frac{7-k^2}{14}$, $k=0,1,2,3$;

(3)$p_k=\frac{2k+1}{30}$, $k=0,1,2,3,4$.

2.2 试确定常数 c,使 $P\{X=k\}=\frac{c}{3^k}(k=0,1,2,3)$ 成为某个随机变量 X 的分布律,并求 $P\{X\leqslant 2\}$ 及 $P\left\{0<X<\frac{7}{3}\right\}$.

2.3 一个箱中装有 6 个产品,其中有 2 个是二等品,现从中随机取出 3 个. 求:

(1)取出二等品个数 X 的分布律;

(2)X 的分布函数.

2.4 某射手的手枪有 3 发子弹,设此射手命中目标的概率为 0.7,先射击 1 次,如果击中目标则停止,如果未击中再射击第 2 次,如果仍未击中再射击第 3 次,求射击次数 X 的分布律和分布函数.

2.5 某办公大楼装有 5 部同类型的电梯,调查表明在任一时刻每个电梯被使用的概率为 0.2,求在同一时刻

(1)恰有 2 部电梯被使用的概率;

(2)至少有 3 部电梯被使用的概率;

(3)至多有 3 部电梯被使用的概率;

(4)至少有 1 部电梯被使用的概率.

2.6 某地每年夏季遭受台风袭击的次数 X 服从参数为 4 的泊松分布. 试求:

(1)台风袭击次数为 6 次的概率;

(2)台风袭击次数不超过 6 次的概率.

2.7 10 名篮球运动员分别穿 4 ~ 13 号球衣,现随机抽 5 人上场. 试求:

(1)抽出的队员中所穿的球衣号码的最小值 X 的分布律;

(2)最小值至少为 8 的概率.

2.8 试说明下列 $F(x)$ 能否是某随机变量的分布函数:

(1)$F(x)=\begin{cases} e^x, & x<0, \\ 0, & x\geqslant 0; \end{cases}$

$$(2)F(x)=\begin{cases}0, & x<0,\\ \sin x, & 0\leqslant x\leqslant\dfrac{\pi}{4},\\ x, & \dfrac{\pi}{4}<x<1\\ 1, & x\geqslant 1.\end{cases}$$

2.9　设连续型随机变量 X 的概率密度函数为

$$f(x)=\begin{cases}Ax^2, & 1\leqslant x\leqslant 2,\\ Ax, & 2<x\leqslant 3,\\ 0, & \text{其他}.\end{cases}$$

试求：(1)常数 A 的值；

(2) X 的分布函数；

(3) $P\left\{1<X\leqslant\dfrac{5}{2}\right\}$.

2.10　设随机变量 X 的分布函数为

$$F(x)=A+B\arctan x,\quad -\infty<x<+\infty.$$

试求：(1)系数 A,B；

(2) X 落在区间 $(-1,1)$ 内的概率；

(3) X 的概率密度函数 $f(x)$.

2.11　设随机变量 X 在 $[1,6]$ 服从均匀分布，求关于 t 的二次方程 $t^2+Xt+1=0$ 有实根的概率.

2.12　设 $X\sim N(0,1)$. 求：

(1) $P\{X>-1.24\}$；

(2) $P\{-1.24<X<2.35\}$；

(3) $P\{|X|>1.54\}$.

2.13　设 $X\sim N(3,2^2)$. 求：

(1) $P\{2<X\leqslant 5\}$；

(2)确定 c 使 $P\{X>c\}=P\{X\leqslant c\}$.

2.14　某厂生产的某种零件的寿命 X(以 h 计)服从正态分布 $N(1\ 600,\sigma^2)$，若要求零件的寿命在 1 200 h 以上的概率不小于 0.96，则允许 σ 最大为多少.

2.15　某人上班所需的时间(单位：min) $X\sim N(50,100)$，已知上班时间为上午 8 时，他每天上午 7 时出门. 求：

(1)此人某天迟到的概率；

(2)某周(以 5 天计)最多迟到一次的概率.

2.16　某种电器元件的使用寿命 X(以 h 计)的概率密度为

$$f(x)=\begin{cases}\dfrac{1\ 000}{x^2}, & x>1\ 000,\\ 0, & \text{其他}.\end{cases}$$

现有一大批这种元件(设各元件损坏与否相互独立),求:

(1)每个元件寿命大于1 500 h的概率;

(2)任取4个元件,其中恰有2个元件寿命大于1 500 h的概率;

(3)任取4个元件,其中至少有2个元件寿命大于1 500 h的概率.

2.17 设顾客在某银行的窗口等待服务的时间X(以min计)服从指数分布,其概率密度为

$$f(x)=\begin{cases}\frac{1}{5}e^{-\frac{x}{5}}, & x>0,\\ 0, & 其他.\end{cases}$$

某顾客在窗口等待服务,若超过10 min他就离开,求:

(1)该顾客某天去银行未等到服务就离开的概率;

(2)设该顾客一个月要去银行5次,则他5次中至少有1次未等到服务就离开的概率.

2.18 设随机变量X的分布律为

X	-1	0	1	2	3
p_k	$\frac{1}{5}$	a	$\frac{1}{10}$	$3a$	$\frac{3}{10}$

试求:(1)常数a;

(2)随机变量$Y=X^2$的分布律.

2.19 设随机变量X的概率密度为

$$f(x)=\begin{cases}2x, & 0<x<1,\\ 0, & 其他.\end{cases}$$

求随机变量$Y=X^2$的概率密度.

2.20 设随机变量$X\sim U(0,1)$,求随机变量$Y=-\ln X$的概率密度.

2.21 设随机变量X的概率密度为$f(x)=\begin{cases}e^{-x}, & x>0,\\ 0, & x\leqslant 0,\end{cases}$ 求随机变量$Y=\sqrt{X}$的概率密度$f_Y(y)$.

B组

一、填空题

2.22 设随机变量X的分布函数为$F(x)=\begin{cases}0, & x<-1,\\ 0.2, & -1\leqslant x<1,\\ 0.7, & 1\leqslant x<3,\\ 1, & x\geqslant 3,\end{cases}$ 则X的分布律为________.

2.23 设随机变量X服从正态分布$N(\mu,\sigma^2)(\sigma>0)$,且二次方程$y^2+4y+X=0$无实根的概率为$\frac{1}{2}$,则$\mu=$________.

2.24 已知随机变量X服从参数为λ的指数分布,则概率$P\left\{\max\left(X,\frac{1}{X}\right)\leqslant 2\right\}=$

______.

二、选择题

2.25　设随机变量 X 的分布函数为 $F(x)$，下列各项正确的是(　　).

A. $P\{a\leqslant X<b\}=F(b)-F(a)$　　B. $P\{a\leqslant X\leqslant b\}=F(b)-F(a)$

C. $P\{a<X\leqslant b\}=F(b)-F(a)$　　D. $P\{a<X<b\}=F(b)-F(a)$

2.26　某人向同一目标独立重复射击，每次射击命中目标的概率为 $p(0<p<1)$，则此人第 4 次射击恰好第 2 次命中目标的概率为(　　).

A. $3p(1-p)^2$　　B. $6p(1-p)^2$　　C. $3p^2(1-p)^2$　　D. $6p^2(1-p)^2$

2.27　设随机变量 X 服从正态分布 $N(\mu_1,\sigma_1^2)$，Y 服从正态分布 $N(\mu_2,\sigma_2^2)$，且 $P\{|X-\mu_1|<1\}>P\{|Y-\mu_2|<1\}$，则(　　).

A. $\sigma_1<\sigma_2$　　B. $\sigma_1>\sigma_2$　　C. $\mu_1<\mu_2$　　D. $\mu_1>\mu_2$

2.28　设 $X\sim N(2,\sigma^2)$，若 $P\{2\leqslant X\leqslant 4\}=0.4$，则 $P\{X\leqslant 0\}=$(　　).

A. 0.1　　B. 0.2　　C. 0.4　　D. 0.6

三、计算题

2.29　设随机变量 X 的分布律为

$$P\{X=k\}=a\frac{\lambda^k}{k!},\quad k=1,2,\cdots,$$

$\lambda>0$ 为常数，求常数 a.

2.30　某人购买彩票，设每次买一张，中奖率为 0.02，共买 400 次，利用泊松定理近似计算这个人至少中奖三次的概率.

2.31　某汽车站有大量汽车通过，每辆汽车在一天的某段时间内出事故的概率为 0.000 1，在某天此汽车站在该段时间内有 1 000 辆汽车通过，利用泊松定理计算事故次数不少于 2 的概率.

2.32　某厂家生产的每台仪器，可以直接出厂的概率是 0.7；需要进一步调试的概率是 0.3，调试后可以出厂的概率是 0.8，定为不合格品不能出厂的概率是 0.2. 现该厂新生产了 $n\ (n\geqslant 2)$ 台仪器（假设各台仪器生产过程相互独立），求：

(1) 全都能出厂的概率；

(2) 其中恰好有两台不能出厂的概率；

(3) 其中至少有两台不能出厂的概率.

2.33　设随机变量 X 的概率密度为 $f(x)=\begin{cases}Ax^2\mathrm{e}^{-x}, & x>0,\\ 0, & x\leqslant 0.\end{cases}$ 求：

(1) 常数 A 的值；

(2) $P\{0<X<1\}$；

(3) X 的分布函数 $F(x)$.

2.34　设随机变量 X 的概率密度为

$$f(x)=\begin{cases}\dfrac{2}{\pi}\sqrt{1-x^2}, & -1\leqslant x\leqslant 1,\\ 0, & \text{其他}.\end{cases}$$

求 X 的分布函数 $F(x)$.

2.35 设随机变量 X 的概率密度为

$$f(x)=\begin{cases}\dfrac{2}{\pi(1+x^2)}, & x>0,\\ 0, & \text{其他}.\end{cases}$$

求随机变量 $Y=\ln X$ 的概率密度.

2.36 设 $X\sim N(0,1)$，求：

(1) $Y=e^{2X}$ 的概率密度；

(2) $Y=|X|$ 的概率密度.

"随机变量及其分布"数学史

概率论中"最"重要的分布——正态分布

正态分布是必须掌握的分布之一，也是概率论与数理统计中"最"重要的分布. 这些在本章中已有详尽的论述，这里不再赘述. 在概率论发展历史上，误差分析是概率论的重要生长点之一，19 世纪初德国数学家高斯(Gauss)在研究测量误差时引进了正态分布，并发展了有广泛应用的最小二乘法(至今仍是概率论与实际生产有广泛联系的领域之一). 从此，概率统计进入了正态分布占统治地位的时代，正态分布将伴随概率论与数理统计的始终. 为了纪念高斯在正态分布研究方面的贡献，人们又把正态分布称为高斯分布.

约翰·卡尔·弗里德里希·高斯(Johann Carl Fried rich Gauss，1777—1855 年)是德国著名数学家、物理学家、天文学家、大地测量学家，也是近代数学的奠基者之一，享有"数学王子"之称. 当时，高斯和阿基米德、牛顿并列为世界三大数学家. 高斯一生取得的成就极为丰硕，以他的名字命名的成果达 110 个. 他在数论、代数、统计、分析、微分几何、大地测量学、地球物理学、力学、静电学、天文学、矩阵理论和光学等方面皆有贡献.

现今德国 10 马克的印有高斯头像的钞票上还印有正态分布的密度曲线. 这传达了一种想法：在高斯的一切科学贡献中，对人类文明影响最大者就是正态分布. 在高斯刚给出这个发现之初，也许人们还只能从其理论的简化上来评价其优越性，其全部影响还不能充分体现出来. 直到 20 世纪正态小样本理论充分发展起来以后，其价值才显露出来.

正态分布启示我们，要用整体的观点来看事物. "系统的整体观念或总体观念是系统概念的精髓." 正态分布曲线及面积分布图由三个区域组成，各区域比重不一样. 用整体来看事物才能看清楚事物的本来面貌，才能得出事物的根本特性. 不能只见树木不见森林，也不能以偏概全. 此外，整体大于部分之和，在分析各部分、各层次的基础上，还要从整体看事物，这是因为整体有不同于各部分的特点. 用整体观来看世界，就是要立足于主要区域，放眼旁侧两个区域；要看到主要方面，还要看到次要方面；要看到事物积极的方面，还要看到消极的方面；要看到事物前进的一面，还要看到落后的一面. 片面看事物看到的必然是偏态或者是变态的事物，不是真实的事物本身. 党的二十大报告指出，必须坚持系统观念. 万事万物是相互联系、相互依存的，只有用普遍联系的、发展变化的观点观察事物，才能把握事物的发展规律.

正态分布的特点还启示我们,事物发展大都是渐进的和累积的,走渐进发展的道路是事物发展的常态. 例如,遗传是常态,变异是非常态. 要认识到事物发展的阶段不同,性质和特征也不同,分析和解决问题的办法要与此相适应,这就是具体问题具体分析,也是解放思想、实事求是、与时俱进的精髓. 党的二十大报告指出,我们要善于通过历史看现实、透过现象看本质,把握好全局和局部、当前和长远、宏观和微观、主要矛盾和次要矛盾、特殊和一般的关系,不断提高战略思维、历史思维、辩证思维、系统思维、创新思维、法治思维、底线思维,为前瞻性思考、全局性谋划、整体性推进党和国家各项事业提供科学的思想和方法.

总之,正态分布论是科学的世界观,也是科学的方法论,是我们认识和改造世界的重要工具之一,对我们的理论和实践有重要的指导意义. 以正态哲学认识世界,能更好地认识和把握世界的本质和规律;以正态哲学改造世界,能更好地尊重和利用客观规律,更有效地改造世界.

本章总结视频

本章测试题

第3章　多维随机变量及其分布

在实际应用中，仅用一维随机变量来讨论随机现象是不够的，有些随机试验的结果必须用两个或两个以上的随机变量来描述. 例如在研究国民经济状况时，要用到国民生产总值（GDP）和人均国民生产总值，这就涉及两个随机变量 X,Y；又如在考察卫星升空后的位置时，要用三个定义在同一样本空间上的随机变量 X,Y,Z 来描述. 一般来说，这些随机变量之间存在某种联系，因而需要把它们作为一个整体来研究，从而寻找这些随机变量的统计规律性、性质及它们之间的关系.

两个或两个以上的随机变量 $X_1,X_2,\cdots,X_n(n\geqslant 2)$，常写成向量形式$(X_1,X_2,\cdots,X_n)$. 本章主要介绍二维随机变量及其概率分布，所得的结论可类似地推广到 $n(n>2)$ 维随机变量的情形.

3.1　二维随机变量

定义 3.1　设 E 为一个随机试验，Ω 为其样本空间. $X(\omega)$ 和 $Y(\omega)$ 都是定义在 Ω 上的随机变量，由 X,Y 构成的向量(X,Y)称为二维随机变量或二维随机向量.

例如，研究国民经济状况就涉及二维随机变量(X,Y)；考察卫星升空后的位置就涉及三维随机变量(X,Y,Z).

如果二维随机变量(X,Y)是基于试验的某一个结果，当随机变量 X,Y 分别取实数值 x，y 时，二维随机变量(X,Y)的取值就是(x,y)，其对应的就是平面上一个点，随着试验结果的不同，二维随机变量(X,Y)在平面上的位置随机变化，故也将二维随机变量(X,Y)称为二维随机点.

类似于一维随机变量，我们借助联合分布函数来研究二维随机变量.

3.1.1　二维随机变量的联合分布函数

定义 3.2　设(X,Y)为二维随机变量，对于任意实数 x,y，称二元函数

$$F(x,y)=P\{X\leqslant x,Y\leqslant y\} \tag{3.1}$$

为(X,Y)的联合分布函数，简称为(X,Y)的分布函数.

联合分布函数 $F(x,y)$ 表示事件“$X\leqslant x$”和事件“$Y\leqslant y$”同时发生的概率，伴随着(x,y)取值的变化，联合分布函数的取值也相应发生变化. 联合分布函数包含随机变量(X,Y)的所有信息.

$F(x_0,y_0)$的几何意义为二维随机变量(X,Y)落在点(x_0,y_0)左下方的无穷矩形区域（图3.1）内的概率.

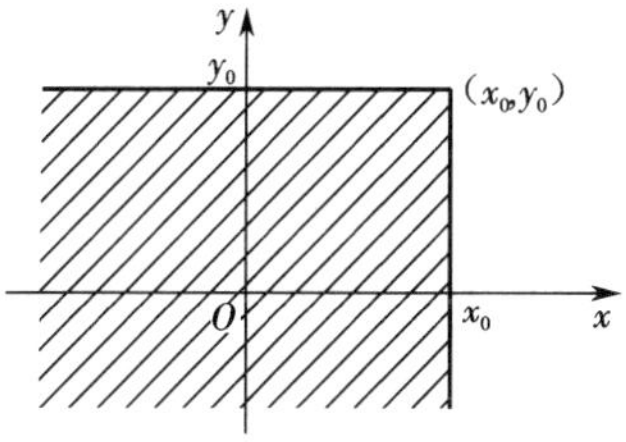

图3.1

联合分布函数 $F(x,y)$ 具有以下基本性质.

(1)单调性. $F(x,y)$ 对 x 和 y 均是单调不减的函数,即

①对于任意固定的 y,当 $x_1<x_2$ 时,$F(x_1,y)\leqslant F(x_2,y)$;

②对于任意固定的 x,当 $y_1<y_2$ 时,$F(x,y_1)\leqslant F(x,y_2)$.

(2)有界性. 对一切 x,y,都有 $0\leqslant F(x,y)\leqslant 1$;且

①对于固定的 x,$F(x,-\infty)=\lim\limits_{y\to-\infty}F(x,y)=0$;

②对于固定的 y,$F(-\infty,y)=\lim\limits_{x\to-\infty}F(x,y)=0$;

③$F(-\infty,-\infty)=\lim\limits_{\substack{x\to-\infty\\y\to-\infty}}F(x,y)=0,\ F(+\infty,+\infty)=\lim\limits_{\substack{x\to+\infty\\y\to+\infty}}F(x,y)=1$.

(3)右连续性. $F(x,y)$ 关于 x 和 y 均右连续,即

$$F(x+0,y)=F(x,y),F(x,y+0)=F(x,y).$$

(4)非负性. 对于平面上的任意点 (x_1,y_1),(x_2,y_2),若 $x_1<x_2$,$y_1<y_2$,都有

$$F(x_2,y_2)-F(x_1,y_2)-F(x_2,y_1)+F(x_1,y_1)\geqslant 0.$$

从几何角度来看,$P\{x_1<X\leqslant x_2,y_1<Y\leqslant y_2\}$ 表示随机变量 (X,Y) 落在矩形区域 $D=\{(X,Y)\mid x_1<X\leqslant x_2,y_1<Y\leqslant y_2\}$(图3.2)中的概率,此概率可以由联合分布函数表示为

$$P\{x_1<X\leqslant x_2,y_1<Y\leqslant y_2\}=F(x_2,y_2)-F(x_1,y_2)-F(x_2,y_1)+F(x_1,y_1) \tag{3.2}$$

由于概率值非负,因此联合分布函数 $F(x,y)$ 的性质(4)成立.

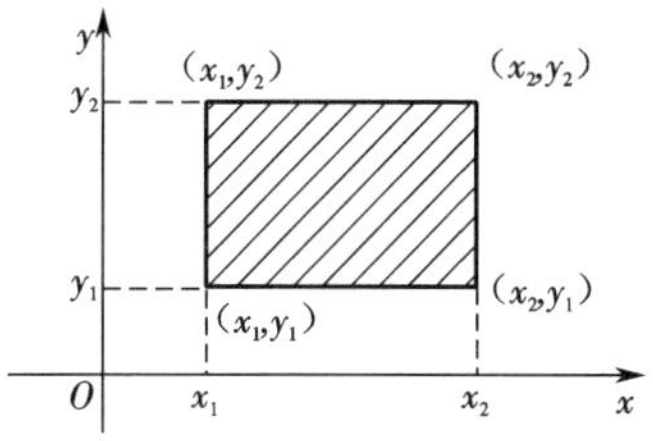

图3.2

如果一个二元函数具有上述四个基本性质,则该二元函数必是某个二维随机变量 (X,Y) 的联合分布函数.

需要注意,对于二维随机变量 (X,Y),由于事件 $\{X>a,Y>b\}$ 与事件 $\{X\leqslant a,Y\leqslant b\}$ 不是对立事件(图3.3),因此 $P\{X>a,Y>b\}\neq 1-P\{X\leqslant a,Y\leqslant b\}$. 利用德 · 摩根律 $\overline{AB}=\bar{A}\cup\bar{B}$,正确的等式应该是 $P\{X>a,Y>b\}=1-P\{X\leqslant a$ 或 $Y\leqslant b\}$.

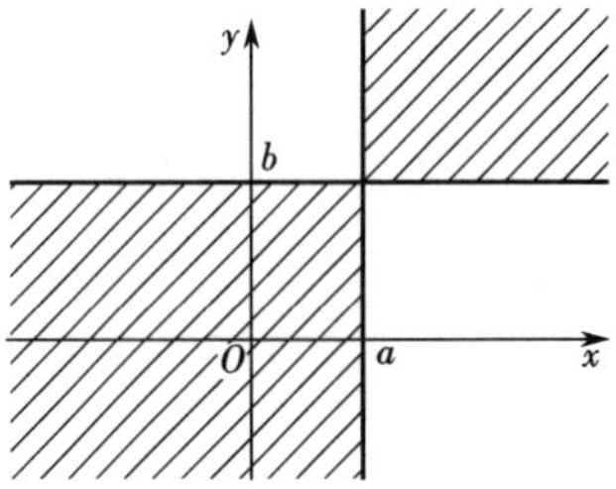

图 3.3

例 3.1　二维随机变量(X,Y)的分布函数为

$$F(x,y)=A\left(B+\arctan\frac{x}{2}\right)\left(C+\arctan\frac{y}{3}\right),$$

试求常数A,B,C.

解　由分布函数$F(x,y)$的性质,有

$$F(+\infty,+\infty)=\lim_{\substack{x\to+\infty\\ y\to+\infty}}F(x,y)=A\left(B+\frac{\pi}{2}\right)\left(C+\frac{\pi}{2}\right)=1,$$

$$F(x,-\infty)=\lim_{y\to-\infty}F(x,y)=A\left(B+\arctan\frac{x}{2}\right)\left(C-\frac{\pi}{2}\right)=0,$$

$$F(-\infty,y)=\lim_{x\to-\infty}F(x,y)=A\left(B-\frac{\pi}{2}\right)\left(C+\arctan\frac{y}{3}\right)=0,$$

联立上述三式解得

$$A=\frac{1}{\pi^2},B=\frac{\pi}{2},C=\frac{\pi}{2}.$$

3.1.2　二维离散型随机变量

定义 3.3　若二维随机变量(X,Y)的所有可能取值为有限对或可列对,则称(X,Y)为二维离散型随机变量. 设(X,Y)的所有可能取值为(x_i,y_j),$i,j=1,2,\cdots$,称

$$P\{(X,Y)=(x_i,y_j)\}=P\{X=x_i,Y=y_j\}=p_{ij},\quad i,j=1,2,\cdots \tag{3.3}$$

为二维离散型随机变量的联合分布律.

二维离散型随机变量的联合分布律也可以用表格形式表示如下.

X \ Y	y_1	y_2	$\cdots$	y_j	$\cdots$
x_1	p_{11}	p_{12}	$\cdots$	p_{1j}	$\cdots$
x_2	p_{21}	p_{22}	$\cdots$	p_{2j}	$\cdots$
$\vdots$	$\vdots$	$\vdots$		$\vdots$	
x_i	p_{i1}	p_{i2}	$\cdots$	p_{ij}	$\cdots$
$\vdots$	$\vdots$	$\vdots$		$\vdots$	

联合分布律具有以下性质.

(1)非负性:

$$0\leqslant p_{ij}\leqslant 1(i,j=1,2,\cdots). \tag{3.4}$$

(2)规范性:

$$\sum_{i=1}^{+\infty}\sum_{j=1}^{+\infty}p_{ij}=1. \tag{3.5}$$

满足性质(1)、(2)的 $p_{ij}(i,j=1,2,\cdots)$ 都可以作为某个二维离散型随机变量的联合分布律.

显然,(X,Y)为二维离散型随机变量的充分必要条件是 X,Y 分别为一维离散型随机变量.

对于平面上任意的一个区域 D,由概率可加性易得

$$P\{(X,Y)\in D\}=\sum_{(x_i,y_j)\in D}P\{X=x_i,Y=y_j\}=\sum_{(x_i,y_j)\in D}p_{ij}. \tag{3.6}$$

例 3.2　一个袋中有 3 个球,它们依次标有数字 1,2,2. 现从这个袋中任取一球后不放回袋中,再从袋中任取一球,设每次取球时袋中各个球被取到的可能性相同,用 X, Y 分别表示第一次和第二次取得的球上标有的数字. 求:

(1)二维随机变量(X,Y)的联合分布律;

(2)$P\{X\geqslant Y\}$.

解　(1) (X,Y)的所有可能取值为(1,1),(1,2),(2,1),(2,2). 依次计算(X,Y)取各组值的概率为

$$P\{X=1,Y=1\}=P\{X=1\}\cdot P\{Y=1|X=1\}=\frac{1}{3}\times 0=0,$$

$$P\{X=1,Y=2\}=P\{X=1\}\cdot P\{Y=2|X=1\}=\frac{1}{3}\times 1=\frac{1}{3},$$

$$P\{X=2,Y=1\}=P\{X=2\}\cdot P\{Y=1|X=2\}=\frac{2}{3}\times\frac{1}{2}=\frac{1}{3},$$

$$P\{X=2,Y=2\}=P\{X=2\}\cdot P\{Y=2|X=2\}=\frac{2}{3}\times\frac{1}{2}=\frac{1}{3},$$

所以(X,Y)的联合分布律也可以用表格表示为

X \ Y	1	2
1	0	$\frac{1}{3}$
2	$\frac{1}{3}$	$\frac{1}{3}$

(2)由于事件$\{X\geqslant Y\}=\{X=1,Y=1\}\cup\{X=2,Y=1\}\cup\{X=2,Y=2\}$,且这三个事件两两互斥,因此

$$P\{X\geqslant Y\}=P\{X=1,Y=1\}+P\{X=2,Y=1\}+P\{X=2,Y=2\}$$
$$=0+\frac{1}{3}+\frac{1}{3}=\frac{2}{3}.$$

若在例 3.2 中采用放回抽样,也就是第一次任取一球观察其数字后,再放回袋中,试求(X,Y)的联合分布律.

显然(X,Y)的所有可能取值为(1,1),(1,2),(2,1),(2,2). 依次计算(X,Y)取各组值

的概率为

$$P\{X=1,Y=1\}=\frac{1}{3}\times\frac{1}{3}=\frac{1}{9},$$

$$P\{X=1,Y=2\}=\frac{1}{3}\times\frac{2}{3}=\frac{2}{9},$$

$$P\{X=2,Y=1\}=\frac{2}{3}\times\frac{1}{3}=\frac{2}{9},$$

$$P\{X=2,Y=2\}=\frac{2}{3}\times\frac{2}{3}=\frac{4}{9},$$

所以(X,Y)的联合分布律也可以用表格表示为

$X \backslash Y$	1	2
1	$\frac{1}{9}$	$\frac{2}{9}$
2	$\frac{2}{9}$	$\frac{4}{9}$

例 3.3 设随机变量 X 服从区间$(-3,4)$上的均匀分布，即 $X\sim U(-3,4)$，定义随机变量如下：

$$Y=\begin{cases}1, & X<1,\\ -1, & X\geqslant 1;\end{cases}\qquad Z=\begin{cases}1, & X\geqslant 3,\\ -1, & X<3.\end{cases}$$

求(Y,Z)的联合分布律.

解 二维随机变量(Y,Z)共有$(-1,-1)$，$(-1,1)$，$(1,-1)$，$(1,1)$4 种可能取值，依次计算(Y,Z)取各组值的概率为

$$P\{Y=-1,Z=-1\}=P\{X\geqslant 1,X<3\}=P\{1\leqslant X<3\}=\frac{2}{7},$$

$$P\{Y=-1,Z=1\}=P\{X\geqslant 1,X\geqslant 3\}=P\{X\geqslant 3\}=\frac{1}{7},$$

$$P\{Y=1,Z=-1\}=P\{X<1,X<3\}=P\{X<1\}=\frac{4}{7},$$

$$P\{Y=1,Z=1\}=P\{X<1,X\geqslant 3\}=0,$$

所以(X,Y)的联合分布律也可以用表格表示为

$Y \backslash Z$	-1	1
-1	$\frac{2}{7}$	$\frac{1}{7}$
1	$\frac{4}{7}$	0

3.1.3 二维连续型随机向量

定义 3.4 对于二维随机变量(X,Y)的联合分布函数 $F(x,y)$，若存在非负可积的二元函数$f(x,y)$，使得对于任意实数 x,y，有

$$F(x,y)=\int_{-\infty}^{x}\mathrm{d}u\int_{-\infty}^{y}f(u,v)\mathrm{d}v, \tag{3.7}$$

则称(X,Y)是二维连续型随机变量，且称$f(x,y)$为二维连续型随机变量(X,Y)的联合概率密度函数，简称为联合概率密度.

联合概率密度$f(x,y)$具有如下性质.

(1)非负性：

$$f(x,y)\geqslant 0\ (-\infty<x,y<+\infty); \tag{3.8}$$

(2)规范性：

$$\int_{-\infty}^{+\infty}\int_{-\infty}^{+\infty}f(x,y)\,\mathrm{d}x\mathrm{d}y=1. \tag{3.9}$$

可以证明，任意满足上述两条性质的二元函数$f(x,y)$都可以作为某个二维连续型随机变量(X,Y)的联合概率密度.

由定义 3.4 可知，如果$f(x,y)$在点(x,y)处连续，则有

$$\frac{\partial^2 F(x,y)}{\partial x\partial y}=f(x,y). \tag{3.10}$$

利用联合概率密度$f(x,y)$，可求出二维连续型随机变量(X,Y)落在平面上的任意区域D内的概率等于它的联合概率密度$f(x,y)$在区域D上的二重积分，即

$$P\{(X,Y)\in D\}=\iint_D f(x,y)\,\mathrm{d}x\mathrm{d}y. \tag{3.11}$$

特别地，若$D=\{(x,y):a\leqslant x\leqslant b,c\leqslant y\leqslant d\}$是一个矩形区域，则

$$P\{a\leqslant X\leqslant b,c\leqslant Y\leqslant d\}=\int_a^b\int_c^d f(x,y)\,\mathrm{d}x\mathrm{d}y. \tag{3.12}$$

例 3.4　设(X,Y)的联合概率密度为

$$f(x,y)=\begin{cases}kxy, & x^2\leqslant y\leqslant 1,0<x<1,\\ 0, & \text{其他}.\end{cases}$$

试求：(1)常数k；

(2)$P\{Y\leqslant X\}$.

解　(1) 根据联合概率密度的性质(2)，可得

$$\begin{aligned}1&=\int_{-\infty}^{+\infty}\int_{-\infty}^{+\infty}f(x,y)\,\mathrm{d}x\mathrm{d}y=k\int_0^1\int_{x^2}^1 xy\,\mathrm{d}x\mathrm{d}y\\&=k\int_0^1 x\,\mathrm{d}x\int_{x^2}^1 y\,\mathrm{d}y=\frac{k}{6},\end{aligned}$$

解得$k=6$.

(2) 区域$D=\{(x,y):y\leqslant x\}$(图 3.4)，则

$$\begin{aligned}P\{Y\leqslant X\}&=\iint_{y\leqslant x}f(x,y)\,\mathrm{d}x\mathrm{d}y=6\int_0^1 x\,\mathrm{d}x\int_{x^2}^x y\,\mathrm{d}y\\&=3\int_0^1(x^3-x^5)\,\mathrm{d}y=\frac{1}{4}.\end{aligned}$$

3.1.4　两种常见的二维连续型随机变量的分布

1.(二维)均匀分布

定义 3.5　设G为平面上的有界区域，若(X,Y)的联合概率密度为

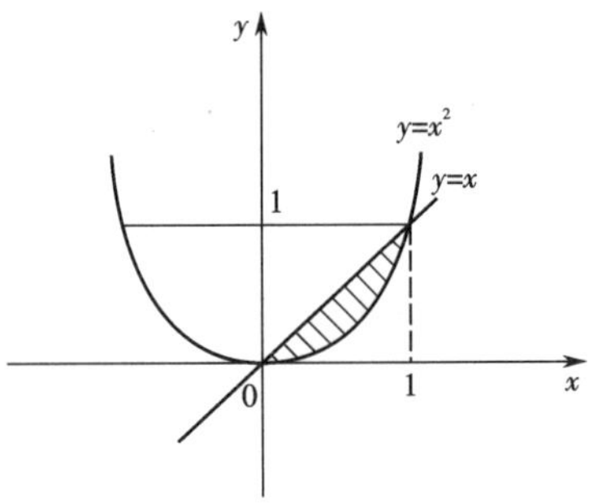

图 3.4

$$f(x,y)=\begin{cases}\dfrac{1}{S_G}, & (x,y)\in G,\\ 0, & \text{其他},\end{cases}\tag{3.13}$$

其中 $S_G=\iint\limits_G \mathrm{d}x\mathrm{d}y$ 为区域 G 的面积，则称二维连续型随机变量 (X,Y) 在 G 上服从均匀分布.

若二维连续型随机变量 (X,Y) 在 G 上服从均匀分布，且 $D\subset G$，D 的面积为 S_D，则

$$P\{(X,Y)\in D\}=\iint\limits_D f(x,y)\mathrm{d}x\mathrm{d}y=\iint\limits_D \frac{1}{S_G}\mathrm{d}x\mathrm{d}y=\frac{S_D}{S_G},\tag{3.14}$$

即 (X,Y) 落在 G 的子区域 D 中的概率只与 D 的面积有关（成正比），而与 D 的位置和形状无关，这正说明了均匀分布中“均匀”的含义.

例 3.5 设二维连续型随机变量 (X,Y) 在区域 G 上服从均匀分布，其中 $G=\{(x,y):0\leqslant x\leqslant 1,0\leqslant y\leqslant x\}$，求概率 $P\{X+Y\leqslant 1\}$.

解 区域 G 的面积 $S_G=\dfrac{1}{2}$，所以 (X,Y) 的联合概率密度为

$$f(x,y)=\begin{cases}2, & (x,y)\in D,\\ 0, & \text{其他}.\end{cases}$$

设区域 $D=\{(x,y):x+y\leqslant 1\}$，区域 $D\cap G$ 为图 3.5 中阴影部分，则由式(3.14)可得

$$P\{X+Y\leqslant 1\}=\frac{S_{D\cap G}}{S_G}=\frac{\frac{1}{2}\times 1\times\frac{1}{2}}{\frac{1}{2}}=\frac{1}{2}.$$

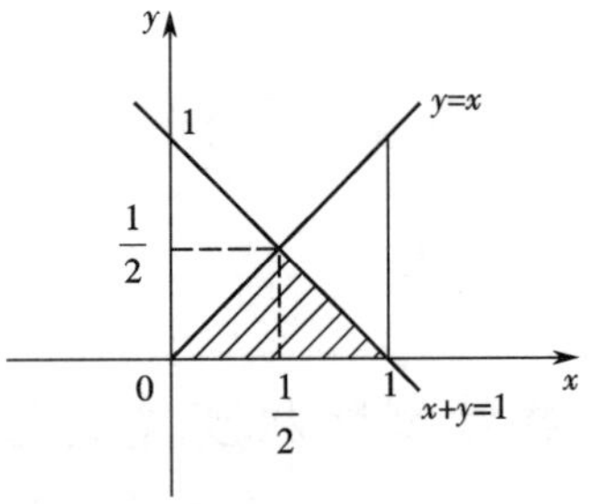

图 3.5

2. 二维正态分布

定义 3.6　若二维连续型随机变量(X,Y)的联合概率密度为

$$f(x,y)=\frac{1}{2\pi\sigma_1\sigma_2\sqrt{1-\rho^2}}\exp\left\{-\frac{1}{2(1-\rho^2)}\left[\left(\frac{x-\mu_1}{\sigma_1}\right)^2-\frac{2\rho(x-\mu_1)(y-\mu_2)}{\sigma_1\sigma_2}+\left(\frac{y-\mu_2}{\sigma_2}\right)^2\right]\right\}\quad -\infty<x<+\infty,-\infty<y<+\infty,\tag{3.15}$$

其中$\sigma_1>0,\sigma_2>0,|\rho|<1$,则称$(X,Y)$服从参数为$\mu_1,\sigma_1^2,\mu_2,\sigma_2^2,\rho$的二维正态分布,记作

$$(X,Y)\sim N(\mu_1,\mu_2,\sigma_1^2,\sigma_2^2,\rho).$$

二维正态分布具有很多独特的性质,将在后面的章节中讨论.

3.2　边缘分布

对于二维随机变量(X,Y),有时需要对某一个随机变量X或Y讨论其分布. 二维随机变量(X,Y)有联合分布,而X,Y都是一维随机变量,自然也都有自己的分布,这样得到的X,Y各自的分布称为边缘分布. 本节讨论二维随机变量的边缘分布,X,Y各自的分布函数$F_X(x)$,$F_Y(y)$分别称为X,Y的边缘分布函数;相应地,离散型随机变量X,Y各自的分布律称为边缘分布律;连续型随机变量X,Y各自的概率密度$f_X(x)$, $f_Y(y)$称为边缘概率密度.

3.2.1　边缘分布函数

设二维随机变量(X,Y)的联合分布函数为$F(x,y)$,X和Y的边缘分布函数分别为$F_X(x)$和$F_Y(y)$,则X的边缘分布函数为

$$F_X(x)=P\{X\leqslant x\}=P\{X\leqslant x,Y<+\infty\}=F(x,+\infty),$$

即

$$F_X(x)=F(x,+\infty)=\lim_{y\to+\infty}F(x,y).\tag{3.16}$$

同理,Y的边缘分布函数为

$$F_Y(y)=F(+\infty,y)=\lim_{x\to+\infty}F(x,y).\tag{3.17}$$

显然,X,Y的边缘分布函数可以由联合分布函数$F(x,y)$确定.

例 3.6　一个仪器由两个部件组成,分别用X,Y表示这两个部件的寿命(单位:h),已知(X,Y)的联合分布函数为

$$F(x,y)=\begin{cases}1-e^{-0.01x}-e^{-0.01y}+e^{-0.01(x+y)}, & x>0,y>0,\\ 0, & \text{其他}.\end{cases}$$

试求X和Y的边缘分布函数$F_X(x)$和$F_Y(y)$.

解　由式(3.16)得X的边缘分布函数为

$$F_X(x)=F(x,+\infty)=\begin{cases}0, & x\leqslant 0,\\ 1-e^{-0.01x}, & x>0.\end{cases}$$

由式(3.17)得Y的边缘分布函数为

$$F_Y(y)=F(+\infty,y)=\begin{cases}0, & y\leqslant 0,\\ 1-e^{-0.01y}, & y>0.\end{cases}$$

3.2.2 边缘分布律

设二维离散型随机变量(X,Y)的联合分布律为

$$P\{X=x_i,Y=y_j\}=p_{ij}\quad i,j=1,2,\cdots,$$

则$P\{X=x_i\}(i=1,2,\cdots)$为X的边缘分布律,$P\{Y=y_j\}(j=1,2,\cdots)$为Y的边缘分布律. 边缘分布律可以由联合分布律$P\{X=x_i,Y=y_j\}=p_{ij}(i,j=1,2,\cdots)$确定.

$$P\{X=x_i\}=P\{X=x_i,Y<+\infty\}=P\{X=x_i,\bigcup_{j=1}^{+\infty}(Y=y_j)\}=P\{\bigcup_{j=1}^{+\infty}(X=x_i,Y=y_j)\}$$
$$=\sum_{j=1}^{+\infty}P\{X=x_i,Y=y_j\}=\sum_{j=1}^{+\infty}p_{ij}\triangleq p_{i\cdot}\quad i=1,2,\cdots.$$

即随机变量X的边缘分布律为

$$P\{X=x_i\}=\sum_{j=1}^{+\infty}p_{ij}=p_{i\cdot}\quad i=1,2,\cdots.\tag{3.18}$$

同理,随机变量Y的边缘分布律为

$$P\{Y=y_j\}=\sum_{i=1}^{+\infty}p_{ij}=p_{\cdot j}\quad j=1,2,\cdots.\tag{3.19}$$

(X,Y)的联合分布律和边缘分布律可以用表格表示,且将边缘分布律写在联合分布律表格的边缘上,这也是“边缘分布律”这个名词的由来.

X \ Y	y_1	y_2	$\cdots$	y_j	$\cdots$	$P\{X=x_i\}$
x_1	p_{11}	p_{12}	$\cdots$	p_{1j}	$\cdots$	$p_{1\cdot}$
x_2	p_{21}	p_{22}	$\cdots$	p_{2j}	$\cdots$	$p_{2\cdot}$
$\vdots$	$\vdots$	$\vdots$		$\vdots$		$\vdots$
x_i	p_{i1}	p_{i2}	$\cdots$	p_{ij}	$\cdots$	$p_{i\cdot}$
$\vdots$	$\vdots$	$\vdots$		$\vdots$		$\vdots$
$P\{Y=y_j\}$	$p_{\cdot 1}$	$p_{\cdot 2}$	$\cdots$	$p_{\cdot j}$	$\cdots$	1

可以看出,$p_{i\cdot}$就是表格上第i行的概率之和,$p_{\cdot j}$就是表格上第j列的概率之和.

例 3.7 设一个袋中有 5 个球,其中有 2 个球上标有数字“1”,3 个球上标有数字“0”,考虑两种试验:(1)有放回地摸两次球;(2)无放回地摸两次球. 用X表示第一次摸到的球上标有的数字,用Y表示第二次摸到的球上标有的数字. 试求(X,Y)的联合分布律及其边缘分布律.

解 (1)(X,Y)的所有可能取值为$(0,0),(0,1),(1,0),(1,1)$,则

$$P\{X=0,Y=0\}=P\{X=0\}P\{Y=0|X=0\}=\frac{3}{5}\cdot\frac{3}{5}=\frac{9}{25},$$

$$P\{X=0,Y=1\}=P\{X=0\}P\{Y=1|X=0\}=\frac{3}{5}\cdot\frac{2}{5}=\frac{6}{25},$$

$$P\{X=1,Y=0\}=P\{X=1\}P\{Y=0|X=1\}=\frac{2}{5}\cdot\frac{3}{5}=\frac{6}{25},$$

$$P\{X=1,Y=1\}=P\{X=1\}P\{Y=1|X=1\}=\frac{2}{5}\cdot\frac{2}{5}=\frac{4}{25}.$$

(X,Y)的联合分布律和边缘分布律用表格表示如下：

（有放回抽样情形）

X \ Y	0	1	$p_{i\cdot}$
0	$\frac{9}{25}$	$\frac{6}{25}$	$\frac{3}{5}$
1	$\frac{6}{25}$	$\frac{4}{25}$	$\frac{2}{5}$
$p_{\cdot j}$	$\frac{3}{5}$	$\frac{2}{5}$	1

即 X 的边缘分布律为

X	0	1
p_k	$\frac{3}{5}$	$\frac{2}{5}$

Y 的边缘分布律为

Y	0	1
p_k	$\frac{3}{5}$	$\frac{2}{5}$

(2) (X,Y)的所有可能取值仍然为$(0,0)$，$(0,1)$，$(1,0)$，$(1,1)$，则

$$P\{X=0,Y=0\}=P\{X=0\}P\{Y=0|X=0\}=\frac{3}{5}\cdot\frac{2}{4}=\frac{3}{10},$$

$$P\{X=0,Y=1\}=P\{X=0\}P\{Y=1|X=0\}=\frac{3}{5}\cdot\frac{2}{4}=\frac{3}{10},$$

$$P\{X=1,Y=0\}=P\{X=1\}P\{Y=0|X=1\}=\frac{2}{5}\cdot\frac{3}{4}=\frac{3}{10},$$

$$P\{X=1,Y=1\}=P\{X=1\}P\{Y=1|X=1\}=\frac{2}{5}\cdot\frac{1}{4}=\frac{1}{10}.$$

(X,Y)的联合分布律和边缘分布律用表格表示如下：

（不放回抽样情形）

X \ Y	0	1	$p_{i\cdot}$
0	$\frac{3}{10}$	$\frac{3}{10}$	$\frac{3}{5}$
1	$\frac{3}{10}$	$\frac{1}{10}$	$\frac{2}{5}$
$p_{\cdot j}$	$\frac{3}{5}$	$\frac{2}{5}$	1

即 X 的边缘分布律为

X	0	1
p_k	$\frac{3}{5}$	$\frac{2}{5}$

Y 的边缘分布律为

Y	0	1
p_k	$\frac{3}{5}$	$\frac{2}{5}$

从例 3.7 可以看出，在两种不同情形下，X,Y 的边缘分布律相同，但(X,Y)的联合分布律不同，这说明联合分布律可以确定边缘分布律，但边缘分布律却不一定能确定联合分布律.

3.2.3 边缘概率密度

设二维连续型随机变量(X,Y)的联合分布函数为 $F(x,y)$，联合概率密度为$f(x,y)$，X、Y 的边缘分布函数分别为 $F_X(x)$，$F_Y(y)$，则

$$F_X(x)=F(x,+\infty)=\int_{-\infty}^{x}\mathrm{d}u\int_{-\infty}^{+\infty}f(u,v)\,\mathrm{d}v=\int_{-\infty}^{x}\left[\int_{-\infty}^{+\infty}f(u,y)\,\mathrm{d}y\right]\mathrm{d}u,$$

$$F_Y(y)=F(+\infty,y)=\int_{-\infty}^{y}\mathrm{d}v\int_{-\infty}^{+\infty}f(u,v)\,\mathrm{d}u=\int_{-\infty}^{y}\left[\int_{-\infty}^{+\infty}f(x,v)\,\mathrm{d}x\right]\mathrm{d}v.$$

若记$f_X(x)$，$f_Y(y)$分别为 X,Y 的边缘概率密度，则边缘概率密度可以由联合概率密度$f(x,y)$来确定. 从而，X 的边缘概率密度为

$$f_X(x)=F'_X(x)=\int_{-\infty}^{+\infty}f(x,y)\,\mathrm{d}y. \tag{3.20}$$

同理，Y 的边缘概率密度为

$$f_Y(y)=F'_Y(y)=\int_{-\infty}^{+\infty}f(x,y)\,\mathrm{d}x. \tag{3.21}$$

注意：用式(3.20)求$f_X(x)$时，在积分中视 x 为参数；而用式(3.21)求$f_Y(y)$时，视 y 为参数.

综合求边缘分布的情形可知，联合概率密度决定边缘概率密度，反之不然.

例 3.8 设二维连续型随机变量(X,Y)的联合概率密度为

$$f(x,y)=\begin{cases}6x, & 0\leqslant x\leqslant 1,0\leqslant y\leqslant 1-x,\\ 0, & \text{其他},\end{cases}$$

求边缘概率密度$f_X(x)$，$f_Y(y)$.

解 令 $G=\{(x,y):0\leqslant x\leqslant 1,0\leqslant y\leqslant 1-x\}$，结合图 3.6 中的阴影部分. 由式(3.20)，得

$$f_X(x)=\int_{-\infty}^{+\infty}f(x,y)\,\mathrm{d}y=\begin{cases}\int_0^{1-x}6x\mathrm{d}y=6x(1-x), & 0\leqslant x\leqslant 1,\\ 0, & \text{其他}.\end{cases}$$

结合图 3.7 中的阴影部分，由式(3.21)，得

$$f_Y(y)=\int_{-\infty}^{+\infty}f(x,y)\,\mathrm{d}x=\begin{cases}\int_0^{1-y}6x\mathrm{d}x=3\,(1-y)^2, & 0\leqslant y\leqslant 1,\\ 0, & \text{其他}.\end{cases}$$

例 3.9 设二维连续型随机变量$(X,Y)\sim N(\mu_1,\mu_2,\sigma_1^2,\sigma_2^2,\rho)$，证明

$X\sim N(\mu_1,\sigma_1^2)$，$Y\sim N(\mu_2,\sigma_2^2)$.

证明 根据(X,Y)的联合分布密度式(3.15)，可求得 X 的边缘概率密度为

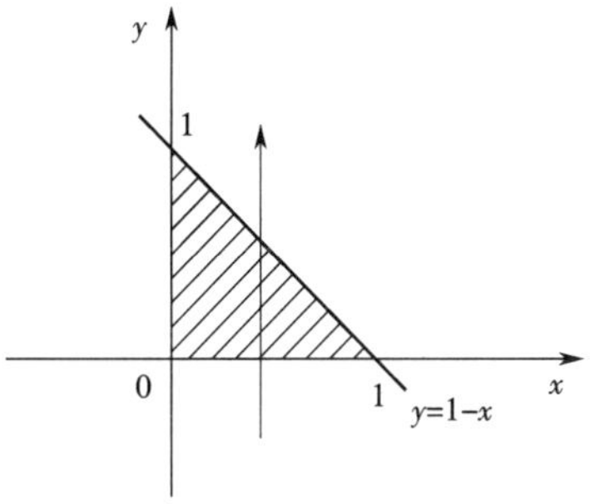

图 3.6

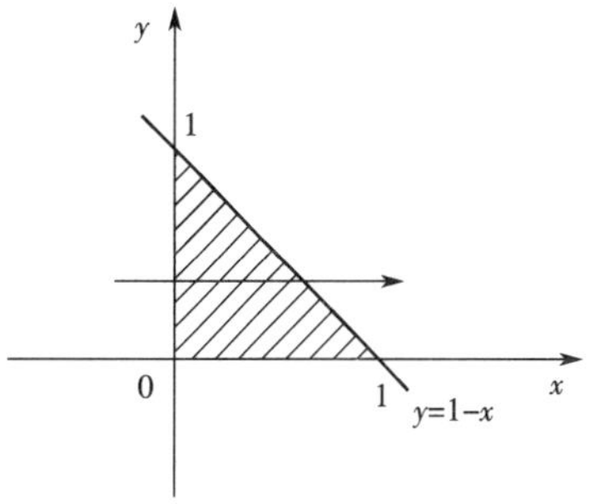

图 3.7

$$f_X(x) = \int_{-\infty}^{+\infty} f(x,y)\,\mathrm{d}y$$

$$= \frac{1}{2\pi\sigma_1\sigma_2\sqrt{1-\rho^2}}\int_{-\infty}^{+\infty} \mathrm{e}^{-\frac{1}{2(1-\rho^2)}\left[\left(\frac{x-\mu_1}{\sigma_1}\right)^2-\frac{2\rho(x-\mu_1)(y-\mu_2)}{\sigma_1\sigma_2}+\left(\frac{y-\mu_2}{\sigma_2}\right)^2\right]}\mathrm{d}y$$

作变量替换 $t = \frac{1}{\sqrt{1-\rho^2}}\left(\frac{y-\mu_2}{\sigma_2}-\rho\frac{x-\mu_1}{\sigma_1}\right), \mathrm{d}t = \frac{1}{\sigma_2\sqrt{1-\rho^2}}\mathrm{d}y$,则

$$f_X(x) = \frac{1}{2\pi\sigma_1}\mathrm{e}^{-\frac{(x-\mu_1)^2}{2\sigma_1^2}}\int_{-\infty}^{+\infty}\mathrm{e}^{-\frac{t^2}{2}}\mathrm{d}t.$$

利用 $\int_{-\infty}^{+\infty}\frac{1}{\sqrt{2\pi}}\mathrm{e}^{-\frac{t^2}{2}}\mathrm{d}t = 1$,得 $\int_{-\infty}^{+\infty}\mathrm{e}^{-\frac{t^2}{2}}\mathrm{d}t = \sqrt{2\pi}$,于是

$$f_X(x) = \frac{1}{\sqrt{2\pi}\sigma_1}\mathrm{e}^{-\frac{(x-\mu_1)^2}{2\sigma_1^2}} \quad -\infty < x < +\infty,$$

即 $X \sim N(\mu_1, \sigma_1^2)$. 同理可证 $Y \sim N(\mu_2, \sigma_2^2)$.

例 3.9 表明:二维正态分布的边缘分布仍是一维正态分布,并且与参数 ρ 无关,故在参数 $\mu_1, \mu_2, \sigma_1^2, \sigma_2^2$ 相同的条件下,不同的 ρ 值对应不同的二维正态分布,但是 X 和 Y 的边缘分布却相同. 这是因为边缘分布是 X 和 Y 各自的分布,而参数 ρ 反映的是 X 与 Y 之间的相依关系. 由此可以看出,边缘分布可由联合分布唯一确定;反之,由边缘分布不一定能确定二维随机变量的联合分布.

* 3.3　条件分布

本节借助随机事件的条件概率讨论离散型随机变量和连续型随机变量的条件分布.

3.3.1　离散型随机变量的条件分布律

设 (X,Y) 为二维离散型随机变量,其联合分布律为

$$P\{X = x_i, Y = y_j\} = p_{ij} \quad i,j = 1,2,\cdots;$$

X 和 Y 的边缘分布律分别为

$$P\{X = x_i\} = \sum_{j=1}^{+\infty} p_{ij} = p_{i\cdot} \quad i = 1,2,\cdots;$$

$$P\{Y=y_j\}=\sum_{i=1}^{+\infty}p_{ij}=p_{\cdot j}\quad j=1,2,\cdots.$$

在事件 $Y=y_j$ 已发生的条件下,事件 $X=x_i$ 发生的条件概率可由条件概率计算公式得到,即

$$P\{X=x_i|Y=y_j\}=\frac{P\{X=x_i,Y=y_j\}}{P\{Y=y_j\}}=\frac{p_{ij}}{p_{\cdot j}}\quad i=1,2,\cdots.$$

注意到

(1)$0\leqslant P\{X=x_i|Y=y_j\}\leqslant 1$;

(2)$\sum\limits_{i=1}^{+\infty}P\{X=x_i|Y=y_j\}=\sum\limits_{i=1}^{+\infty}\dfrac{P\{X=x_i,Y=y_j\}}{P\{Y=y_j\}}=\sum\limits_{i=1}^{+\infty}\dfrac{p_{ij}}{p_{\cdot j}}=\dfrac{1}{p_{\cdot j}}\sum\limits_{i=1}^{+\infty}p_{ij}=\dfrac{p_{\cdot j}}{p_{\cdot j}}=1$;

也就是说上述条件概率满足分布律的两条基本性质,因此引入下面的定义.

定义 3.7 对固定的 y_j,若 $P\{Y=y_j\}>0$,则称

$$P\{X=x_i|Y=y_j\}=\frac{p_{ij}}{p_{\cdot j}}\quad i=1,2,\cdots \tag{3.22}$$

为在 $Y=y_j$ 条件下,随机变量 X 的条件分布律.

同理,对固定的 x_i,若 $P\{X=x_i\}>0$,则称

$$P\{Y=y_j|X=x_i\}=\frac{p_{ij}}{p_{i\cdot}}\quad j=1,2,\cdots \tag{3.23}$$

为在 $X=x_i$ 条件下,随机变量 Y 的条件分布律.

由此可见,离散型随机变量的条件分布律其实就是第 1 章中条件概率公式的推广.

例 3.10 设二维离散型随机变量(X,Y)的联合分布律如下表所示.

X \ Y	0	1	2
0	$\frac{1}{5}$	$\frac{2}{5}$	$\frac{1}{15}$
1	$\frac{1}{5}$	$\frac{2}{15}$	0

试求:(1)X 的边缘分布律;

(2)在 $Y=1$ 的条件下,随机变量 X 的条件分布律;

(3)判别 X 和 Y 是否相互独立.

解 (1)由(X,Y)的联合分布律,可以求得 X 的边缘分布律为

X	0	1
p_k	$\frac{2}{3}$	$\frac{1}{3}$

(2)在 $Y=1$ 的条件下,随机变量 X 的条件分布律为

$$P\{X=0|Y=1\}=\frac{P\{X=0,Y=1\}}{P\{Y=1\}}=\frac{\frac{2}{5}}{\frac{8}{15}}=\frac{3}{4},$$

$$P\{X=1\mid Y=1\}=\frac{P\{X=1,Y=1\}}{P\{Y=1\}}=\frac{\frac{2}{15}}{\frac{8}{15}}=\frac{1}{4}.$$

或利用

$$P\{X=1\mid Y=1\}=1-P\{X=0\mid Y=1\}=1-\frac{3}{4}=\frac{1}{4}.$$

在 $Y=1$ 的条件下，随机变量 X 的条件分布律也可以表示为

$X\mid Y=1$	0	1
p_k	$\frac{3}{4}$	$\frac{1}{4}$

(3)由于在 $Y=1$ 的条件下，X 的条件分布律与 X 的边缘分布律不同，所以 X 和 Y 不独立(也可由随机变量的独立性的定义来判别).

3.3.2　连续型随机变量的条件概率密度

设(X,Y)为二维连续型随机变量，其联合概率密度为$f(x,y)$. 因为对于任意实数 x,y，都有 $P\{X=x\}=P\{Y=y\}=0$，故此时若考虑以随机变量取固定值作为条件是没有意义的. 因此考虑先用极限的方法来定义和推导连续型随机变量的条件分布函数.

定义 3.8　给定 y，设对于任意给定的正数 ε，$P\{y-\varepsilon<Y\leqslant y+\varepsilon\}>0$，且对于任意实数 x，极限 $\lim\limits_{\varepsilon\to0^+}P\{X\leqslant x\mid y-\varepsilon<Y\leqslant y+\varepsilon\}$ 存在，则称此极限为在 $Y=y$ 的条件下，随机变量 X 的条件分布函数，记为 $F_{X\mid Y}(x\mid y)$ 或 $P\{X\leqslant x\mid Y=y\}$，即

$$F_{X\mid Y}(x\mid y)=P\{X\leqslant x\mid Y=y\}=\lim_{\varepsilon\to0^+}P\{X\leqslant x\mid y-\varepsilon<Y\leqslant y+\varepsilon\}. \tag{3.24}$$

类似地，可以定义在 $X=x$ 的条件下，随机变量 Y 的条件分布函数为

$$F_{Y\mid X}(y\mid x)=P\{Y\leqslant y\mid X=x\}=\lim_{\varepsilon\to0^+}P\{Y\leqslant y\mid x-\varepsilon<X\leqslant x+\varepsilon\}. \tag{3.25}$$

下面只推导式(3.24)，有

$$\begin{aligned}F_{X\mid Y}(x\mid y)&=\lim_{\varepsilon\to0^+}P\{X\leqslant x\mid y-\varepsilon<Y\leqslant y+\varepsilon\}\\&=\lim_{\varepsilon\to0^+}\frac{P\{X\leqslant x,y-\varepsilon<Y\leqslant y+\varepsilon\}}{P\{y-\varepsilon<Y\leqslant y+\varepsilon\}}\\&=\lim_{\varepsilon\to0^+}\frac{\int_{-\infty}^{x}\mathrm{d}u\int_{y-\varepsilon}^{y+\varepsilon}f(u,v)\,\mathrm{d}v}{\int_{y-\varepsilon}^{y+\varepsilon}f_Y(y)\,\mathrm{d}y}=\frac{\lim\limits_{\varepsilon\to0^+}\int_{y-\varepsilon}^{y+\varepsilon}\left[\int_{-\infty}^{x}f(u,v)\,\mathrm{d}u\right]\mathrm{d}v}{\lim\limits_{\varepsilon\to0^+}\int_{y-\varepsilon}^{y+\varepsilon}f_Y(y)\,\mathrm{d}y}\\&=\frac{\int_{-\infty}^{x}f(u,y)\,\mathrm{d}u}{f_Y(y)}=\int_{-\infty}^{x}\frac{f(u,y)}{f_Y(y)}\mathrm{d}u.\end{aligned} \tag{3.26}$$

与一维随机变量概率密度定义比较，我们给出以下定义.

定义 3.9　设二维连续型随机变量(X,Y)的联合概率密度为$f(x,y)$，Y 的边缘概率密度为$f_Y(y)$，若对于固定的 y，$f_Y(y)>0$，则称$\dfrac{f(x,y)}{f_Y(y)}$为在 $Y=y$ 的条件下，随机变量 X 的条件概

率密度，记为$f_{X|Y}(x|y)$，即

$$f_{X|Y}(x|y)=\frac{f(x,y)}{f_Y(y)}. \tag{3.27}$$

同理，若对于固定的x，$f_X(x)>0$，则称$\frac{f(x,y)}{f_X(x)}$为在$X=x$的条件下，随机变量Y的条件概率密度，记为$f_{Y|X}(y|x)$，即

$$f_{Y|X}(y|x)=\frac{f(x,y)}{f_X(x)}. \tag{3.28}$$

由式(3.26)和式(3.27)，可以得到

$$F_{X|Y}(x|y)=\int_{-\infty}^{x}f_{X|Y}(u|y)\mathrm{d}u. \tag{3.29}$$

同理可以得到

$$F_{Y|X}(y|x)=\int_{-\infty}^{y}f_{Y|X}(v|x)\mathrm{d}v. \tag{3.30}$$

例 3.11 设二维连续型随机变量(X,Y)的联合概率密度为

$$f(x,y)=\begin{cases}\frac{21}{4}x^2y, & x^2\leqslant y\leqslant 1,\\ 0, & \text{其他}.\end{cases}$$

试求：(1)条件概率密度$f_{X|Y}(x|y)$，并写出$Y=\frac{1}{2}$时X的条件概率密度；

(2)$P\left\{X\geqslant 0|Y=\frac{1}{2}\right\}$.

解 结合图3.8，可得Y的边缘概率密度为

$$f_Y(y)=\int_{-\infty}^{+\infty}f(x,y)\mathrm{d}x=\begin{cases}\int_{-\sqrt{y}}^{\sqrt{y}}\frac{21}{4}x^2y\mathrm{d}x=\frac{7}{2}y^{\frac{5}{2}}, & 0<y\leqslant 1,\\ 0, & \text{其他}.\end{cases}$$

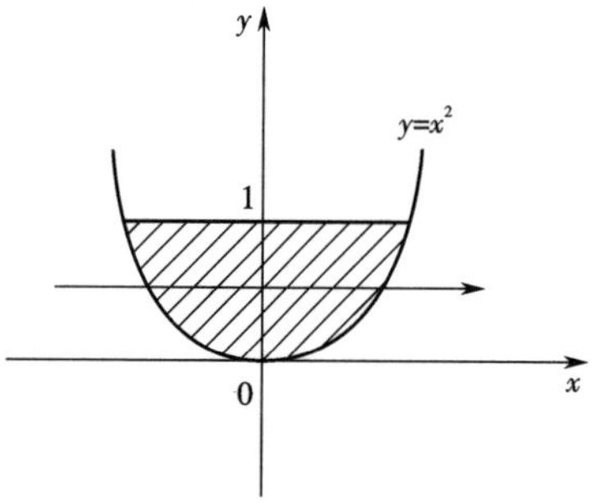

图 3.8

所以，当$0<y\leqslant 1$时，

$$f_{X|Y}(x|y)=\frac{f(x,y)}{f_Y(y)}=\frac{f(x,y)}{\frac{7}{2}y^{\frac{5}{2}}}=\begin{cases}\dfrac{\frac{21}{4}x^2y}{\frac{7}{2}y^{\frac{5}{2}}}=\dfrac{3}{2}x^2y^{-\frac{3}{2}}, & -\sqrt{y}\leqslant x\leqslant\sqrt{y},\\ 0, & \text{其他}.\end{cases}$$

当 $y\leqslant 0$ 或 $y>1$ 时，由于 $f_Y(y)=0$，因此 $f_{X|Y}(x|y)$ 不存在.

又由于

$$f_{X|Y}\left(x\,\middle|\,\frac{1}{2}\right)=\begin{cases}\dfrac{3}{2}x^2\left(\dfrac{1}{2}\right)^{-\frac{3}{2}}, & -\dfrac{\sqrt{2}}{2}\leqslant x\leqslant\dfrac{\sqrt{2}}{2},\\ 0, & \text{其他}.\end{cases}$$

从而有

$$P\left\{X\geqslant 0\,|\,Y=\frac{1}{2}\right\}=\int_0^{+\infty}f_{X|Y}\left(x\,\middle|\,\frac{1}{2}\right)dx=\int_0^{\frac{\sqrt{2}}{2}}\frac{3}{2}x^2\left(\frac{1}{2}\right)^{-\frac{3}{2}}dx=\frac{1}{2}.$$

例 3.12　设随机变量 X 的边缘概率密度为

$$f_X(x)=\begin{cases}3x^2, & 0<x<1,\\ 0, & \text{其他}.\end{cases}$$

在给定 $X=x\in(0,1)$ 的条件下，随机变量 Y 的条件概率密度为

$$f_{Y|X}(y|x)=\begin{cases}\dfrac{2y}{x^2}, & 0<y<x<1,\\ 0, & \text{其他}.\end{cases}$$

求 Y 的边缘概率密度 $f_Y(y)$.

解　(X,Y) 的联合概率密度为

$$f(x,y)=f_X(x)f_{Y|X}(y|x)=\begin{cases}6y, & 0<y<x<1,\\ 0, & \text{其他}.\end{cases}$$

结合图 3.9 可得 Y 的边缘概率密度为

$$f_Y(y)=\int_{-\infty}^{+\infty}f(x,y)\,dx=\begin{cases}\displaystyle\int_y^1 6y\,dx=6y(1-y), & 0<y<1,\\ 0, & \text{其他}.\end{cases}$$

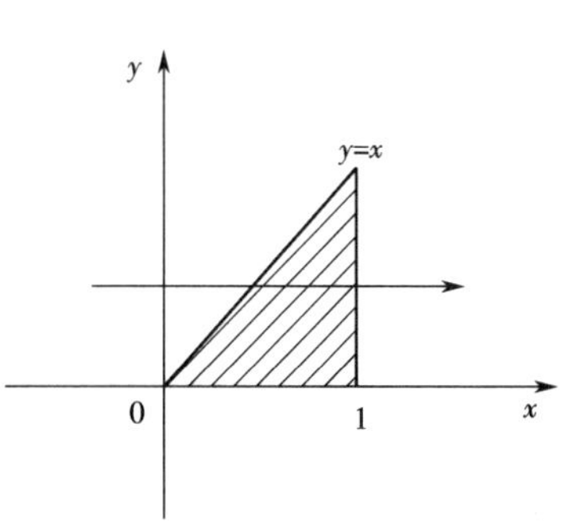

图 3.9

3.4 随机变量的独立性

随机变量的独立性是概率论和数理统计中的一个非常重要的概念，它是由第1章中两个随机事件A,B相互独立的概念$P(AB)=P(A)P(B)$引申出来的，下面给出两个随机变量相互独立的概念.

定义 3.10 设二维随机变量(X,Y)的联合分布函数为$F(x,y)$，X和Y的边缘分布函数分别为$F_X(x)$和$F_Y(y)$. 若对于任意实数x,y，都有

$$P\{X\leqslant x,Y\leqslant y\}=P\{X\leqslant x\}P\{Y\leqslant y\}, \tag{3.31}$$

即

$$F(x,y)=F_X(x)F_Y(y), \tag{3.32}$$

则称随机变量X与Y相互独立.

若随机变量X与Y相互独立，且具有相同的分布，则称X与Y独立同分布.

因此，随机变量X与Y相互独立等价于对于任意实数x,y，事件"$X\leqslant x$"与事件"$Y\leqslant y$"相互独立.

类似地，对于n维随机变量$(X_1,X_2,\cdots,X_n)$，若有

$$F(x_1,x_2,\cdots,x_n)=F_{X_1}(x_1)F_{X_2}(x_2)\cdots F_{X_n}(x_n),$$

则称$X_1,X_2,\cdots,X_n$相互独立.

对于离散型随机变量与连续型随机变量的独立性，可分别用分布律与概率密度描述.

(1)离散型随机变量的独立性.

设(X,Y)为二维离散型随机变量，若对于(X,Y)的所有可能取值(x_i,y_j)，都有

$$P\{X=x_i,Y=y_j\}=P\{X=x_i\}P\{Y=y_j\}, \tag{3.33}$$

即$p_{ij}=p_{i\cdot}p_{\cdot j}$，则称随机变量$X$与$Y$是相互独立的.

由定义3.7可知，式(3.33)等价于

$$P\{X=x_i|Y=y_j\}=P\{X=x_i\},P\{Y=y_j|X=x_i\}=P\{Y=y_j\}. \tag{3.34}$$

(2)连续型随机变量的独立性.

设(X,Y)为二维连续型随机变量，(X,Y)的联合概率密度为$f(x,y)$，X,Y的边缘概率密度分别为$f_X(x)$，$f_Y(y)$. 若对于任意实数x,y，都有

$$f(x,y)=f_X(x)f_Y(y) \tag{3.35}$$

在平面上几乎处处成立①，则称随机变量X与Y是相互独立的.

由式(3.27)与式(3.28)可以得到，式(3.35)等价于

$$f_{X|Y}(x|y)=f_X(x),f_{Y|X}(y|x)=f_Y(y). \tag{3.36}$$

由式(3.35)和式(3.36)可以看出，在随机变量X与Y相互独立的情况下，边缘分布可以确定联合分布，这样就可以将多维随机变量的问题化为一维随机变量来解决，因此独立性是非常值得重视的概念之一.

---

① 此处"在平面上几乎处处成立"的含义是指允许在一面积为零的集合上不成立.

例 3.13 判断例 3.7 中的两个离散型随机变量 X 与 Y 是否相互独立.

解 例 3.7 中分别求出了两种不同情形下二维离散型随机变量 (X,Y) 的联合分布律和边缘分布律.

对于有放回抽样情形,四个联合概率值都等于相应边缘概率值相乘,即联合分布律等于边缘分布律的乘积,所以 X 与 Y 相互独立.

对于不放回抽样情形,由于

$$P\{X=0,Y=0\}=\frac{3}{10}\quad P\{X=0\}=P\{Y=0\}=\frac{3}{5},$$

显然

$$P\{X=0,Y=0\}\neq P\{X=0\}P\{Y=0\},$$

所以 X 与 Y 不相互独立.

例 3.14 判断例 3.8 中的两个连续型随机变量 X 与 Y 是否相互独立.

解 例 3.8 中已经由联合概率密度求出了边缘概率密度 $f_X(x)$, $f_Y(y)$.

$$f_X(x)=\begin{cases}6x(1-x), & 0\leqslant x\leqslant 1,\\ 0, & \text{其他};\end{cases}$$

$$f_Y(y)=\begin{cases}(1-y)^2, & 0\leqslant y\leqslant 1,\\ 0, & \text{其他};\end{cases}$$

而 (X,Y) 的联合概率密度为

$$f(x,y)=\begin{cases}6x, & 0\leqslant x\leqslant 1,0\leqslant y\leqslant 1-x,\\ 0, & \text{其他}.\end{cases}$$

显然 $f(x,y)\neq f_X(x)f_Y(y)$,所以 X 与 Y 不相互独立.

例 3.15 判断例 3.6 中的随机变量 X 与 Y 是否相互独立.

解 例 3.6 中已经求出了 X 和 Y 的边缘分布函数 $F_X(x)$ 和 $F_Y(y)$.

$$F_X(x)=\begin{cases}0, & x\leqslant 0,\\ 1-\mathrm{e}^{-0.01x}, & x>0;\end{cases}$$

$$F_Y(y)=\begin{cases}0, & y\leqslant 0,\\ 1-\mathrm{e}^{-0.01y}, & y>0.\end{cases}$$

而 (X,Y) 的联合分布函数为

$$F(x,y)=\begin{cases}1-\mathrm{e}^{-0.01x}-\mathrm{e}^{-0.01y}+\mathrm{e}^{-0.01(x+y)}, & x>0,y>0,\\ 0, & \text{其他}.\end{cases}$$

显然 $F(x,y)=F_X(x)F_Y(y)$,所以 X 与 Y 相互独立.

由此可以看出,选择哪种方式判断独立性是根据随机变量的类型来确定的.

例 3.16 设 $(X,Y)\sim N(\mu_1,\mu_2,\sigma_1^2,\sigma_2^2,\rho)$,证明 X 与 Y 相互独立的充分必要条件是 $\rho=0$.

证明 由于 $(X,Y)\sim N(\mu_1,\mu_2,\sigma_1^2,\sigma_2^2,\rho)$,故其关于 X 与 Y 的边缘概率密度分别为

$$f_X(x)=\frac{1}{\sqrt{2\pi}\sigma_1}\mathrm{e}^{-\frac{(x-\mu_1)^2}{2\sigma_1^2}}\quad -\infty<x<+\infty;$$

$$f_Y(y)=\frac{1}{\sqrt{2\pi}\sigma_2}e^{-\frac{(y-\mu_2)^2}{2\sigma_2^2}}\quad -\infty<y<+\infty.$$

因此,当$\rho=0$时必有

$$f(x,y)=\frac{1}{2\pi\sigma_1\sigma_2}e^{-\frac{1}{2}\left[\left(\frac{x-\mu_1}{\sigma_1}\right)^2+\left(\frac{y-\mu_2}{\sigma_2}\right)^2\right]}=f_X(x)f_Y(y),\quad -\infty<x,y<+\infty.$$

所以X与Y相互独立.

反之,若X与Y相互独立,则有

$$f(x,y)=f_X(x)f_Y(y),\quad -\infty<x,y<+\infty.$$

令$x=\mu_1,y=\mu_2$,得

$$\frac{1}{2\pi\sigma_1\sigma_2\sqrt{1-\rho^2}}=\frac{1}{\sqrt{2\pi}\sigma_1}\cdot\frac{1}{\sqrt{2\pi}\sigma_2},$$

从而$\rho=0$.

由此可以得到二维正态分布的如下结论:

(1)若$(X,Y)\sim N(\mu_1,\mu_2,\sigma_1^2,\sigma_2^2,\rho)$,则$X\sim N(\mu_1,\sigma_1^2)$,$Y\sim N(\mu_2,\sigma_2^2)$;

(2)若$(X,Y)\sim N(\mu_1,\mu_2,\sigma_1^2,\sigma_2^2,\rho)$,$X$与$Y$相互独立的充分必要条件是$\rho=0$(特例).

例3.17 已知二维离散型随机变量(X,Y)的联合分布律为

$X \backslash Y$	1	2	3
1	$\frac{1}{15}$	α	$\frac{1}{5}$
2	β	$\frac{1}{5}$	$\frac{3}{10}$

若X与Y相互独立,求α与β的值.

解 利用联合分布律和边缘分布律的关系,按行、列求和得到

$X \backslash Y$	1	2	3	$p_{i\cdot}$
1	$\frac{1}{15}$	α	$\frac{1}{5}$	$\frac{4}{15}+\alpha$
2	β	$\frac{1}{5}$	$\frac{3}{10}$	$\beta+\frac{1}{2}$
$p_{\cdot j}$	$\frac{1}{15}+\beta$	$\frac{1}{5}+\alpha$	$\frac{1}{2}$	1

因为X与Y相互独立,所以$p_{13}=p_{1\cdot}p_{\cdot 3}$,即$\frac{1}{5}=\frac{1}{2}\left(\frac{4}{15}+\alpha\right)$,可得$\alpha=\frac{2}{15}$.

同理,由于$p_{23}=p_{2\cdot}p_{\cdot 3}$,即$\frac{3}{10}=\frac{1}{2}\left(\frac{1}{2}+\beta\right)$,可得$\beta=\frac{1}{10}$.

例3.18 某旅客到达火车站的时间X均匀分布在早上7:55—8:00,而火车这段时间开出的时间Y(记初始时刻为7:55)的概率密度为

$$f_Y(y)=\begin{cases}\frac{2(5-y)}{25}, & 0\leqslant y\leqslant 5,\\ 0, & \text{其他}.\end{cases}$$

求此旅客能及时赶上火车的概率.

解　由题意知，X 的概率密度为

$$f_X(x)=\begin{cases}\dfrac{1}{5}, & 0\leqslant x\leqslant 5,\\ 0, & \text{其他}.\end{cases}$$

因为 X 与 Y 相互独立，所以 X 和 Y 的联合概率密度为

$$f(x,y)=f_X(x)f_Y(y)=\begin{cases}\dfrac{2(5-y)}{125}, & 0\leqslant x\leqslant 5,0\leqslant y\leqslant 5,\\ 0, & \text{其他}.\end{cases}$$

此旅客能及时赶上火车的概率为 $P\{Y>X\}$，设 G 为图 3.10 中的阴影部分，则

$$P\{Y>X\}=\iint\limits_G f(x,y)\,\mathrm{d}x\mathrm{d}y=\int_0^5\mathrm{d}y\int_0^y\frac{2(5-y)}{125}\mathrm{d}x=\frac{1}{3}.$$

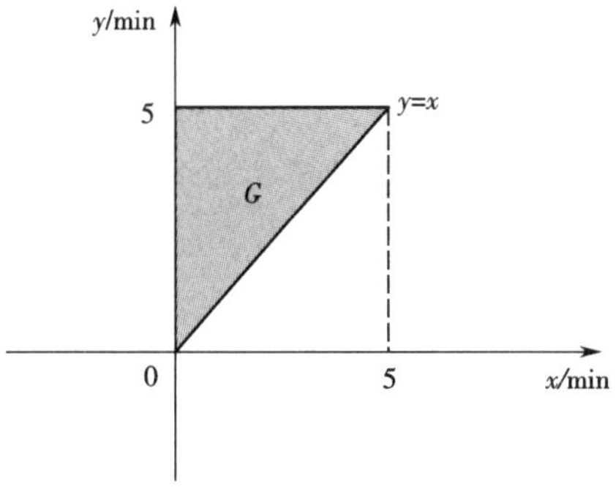

图 3.10

例 3.19　设随机变量 $(X,Y)\sim N(1,0,1,1,0)$，求 $P\{XY-Y<0\}$.

解　由于 $(X,Y)\sim N(1,0,1,1,0)$，且由于 $\rho=0$，所以 $X\sim N(1,1)$，$Y\sim N(0,1)$，且 X 与 Y 相互独立. 故

$$\begin{aligned}P\{XY-Y<0\}&=P\{(X-1)Y<0\}=P\{X-1>0,Y<0\}+P\{X-1<0,Y\geqslant 0\}\\&=P\{X>1\}P\{Y<0\}+P\{X<1\}P\{Y\geqslant 0\}\\&=\frac{1}{2}\cdot\frac{1}{2}+\frac{1}{2}\cdot\frac{1}{2}=\frac{1}{2}.\end{aligned}$$

3.5　二维随机变量的函数的分布

设 (X,Y) 为二维随机变量，随机变量 $Z=g(X,Y)$ 为二维随机变量 X 和 Y 的函数，类似于一维随机变量的函数的分布，可以由 (X,Y) 的分布确定 Z 的分布.

本节重点讨论以下两种常见情形：

(1) $Z=X+Y$；

(2) $M=\max\{X,Y\}$ 和 $N=\min\{X,Y\}$，其中 X 与 Y 相互独立.

3.5.1　二维离散型随机变量的函数的分布

当 (X,Y) 为二维离散型随机变量时，$Z=g(X,Y)$ 为一维离散型随机变量. 当求 Z 的分布

律时，首先确定 Z 的所有可能取值，然后根据 Z 的含义依次求出 Z 取每个值的概率. 若 Z 的取值都不相同，则直接列出 Z 的分布律；若 $Z=z_0$ 对应多个 (X,Y) 的取值，则将 (X,Y) 取这些值的概率相加，就是 Z 取值 z_0 的概率，从而得到随机变量 Z 的分布律.

例 3.20 设二维离散型随机变量 (X,Y) 的联合分布律为

X \ Y	−1	0	1	2
−1	0.1	0.1	0.1	0.2
2	0	0.2	0.2	0.1

求下列随机变量的分布律：(1) $Z=X+Y$；(2) $M=\max\{X,Y\}$；(3) $V=XY$.

解 (1) 随机变量 $Z=X+Y$ 的所有可能取值为 $-2,-1,0,1,2,3,4$，故 $Z=X+Y$ 的分布律为

$$P\{Z=-2\}=P\{X+Y=-2\}=P\{X=-1,Y=-1\}=0.1,$$
$$P\{Z=-1\}=P\{X+Y=-1\}=P\{X=-1,Y=0\}=0.1,$$
$$P\{Z=0\}=P\{X+Y=0\}=P\{X=-1,Y=1\}=0.1,$$
$$P\{Z=1\}=P\{X+Y=1\}=P\{X=-1,Y=2\}+P\{X=2,Y=-1\}=0.2,$$
$$P\{Z=2\}=P\{X+Y=2\}=P\{X=2,Y=0\}=0.2,$$
$$P\{Z=3\}=P\{X+Y=3\}=P\{X=2,Y=1\}=0.2,$$
$$P\{Z=4\}=P\{X+Y=4\}=P\{X=2,Y=2\}=0.1.$$

$Z=X+Y$ 的分布律用表格表示为

Z	−2	−1	0	1	2	3	4
p_k	0.1	0.1	0.1	0.2	0.2	0.2	0.1

(2) 随机变量 $M=\max\{X,Y\}$ 的所有可能取值为 $-1,0,1,2$，故 $M=\max\{X,Y\}$ 的分布律为

$$P\{M=-1\}=P\{\max(X,Y)=-1\}=P\{X=-1,Y=-1\}=0.1,$$
$$P\{M=0\}=P\{\max(X,Y)=0\}=P\{X=-1,Y=0\}=0.1,$$
$$P\{M=1\}=P\{\max(X,Y)=1\}=P\{X=-1,Y=1\}=0.1,$$
$$\begin{aligned}P\{M=2\}&=P\{\max(X,Y)=2\}\\&=P\{X=-1,Y=2\}+P\{X=2,Y=-1\}+P\{X=2,Y=0\}+\\&\quad P\{X=2,Y=1\}+P\{X=2,Y=2\}\\&=0.7.\end{aligned}$$

$M=\max\{X,Y\}$ 的分布律用表格表示为

M	−1	0	1	2
p_k	0.1	0.1	0.1	0.7

(3) 随机变量 $V=XY$ 的所有可能取值为 $-2,-1,0,1,2,4$，故 $V=XY$ 的分布律为

$$P\{V=-2\}=P\{XY=-2\}=P\{X=-1,Y=2\}+P\{X=2,Y=-1\}=0.2,$$
$$P\{V=-1\}=P\{XY=-1\}=P\{X=-1,Y=1\}=0.1,$$

$$P\{V=0\}=P\{XY=0\}=P\{X=-1,Y=0\}+P\{X=2,Y=0\}=0.3,$$
$$P\{V=1\}=P\{XY=1\}=P\{X=-1,Y=-1\}=0.1,$$
$$P\{V=2\}=P\{XY=2\}=P\{X=2,Y=1\}=0.2,$$
$$P\{V=4\}=P\{XY=4\}=P\{X=2,Y=2\}=0.1.$$

$V=XY$ 的分布律用表格表示为

V	-2	-1	0	1	2	4
p_k	0.2	0.1	0.3	0.1	0.2	0.1

根据已知,也可以将(X,Y)的所有取值、取这些值的概率,以及要计算的三个随机变量的函数的取值都列在一个表中,从而很容易得到和上面用解析方法相同的分布律.

(X,Y)	$(-1,-1)$	$(-1,0)$	$(-1,1)$	$(-1,2)$	$(2,-1)$	$(2,0)$	$(2,1)$	$(2,2)$
P	0.1	0.1	0.1	0.2	0	0.2	0.2	0.1
$Z=X+Y$	-2	-1	0	1	1	2	3	4
$M=\max\{X,Y\}$	-1	0	1	2	2	2	2	2
$V=XY$	1	0	-1	-2	-2	0	2	4

3.5.2　二维连续型随机变量的函数的分布

设(X,Y)为二维连续型随机变量,其联合概率密度为$f(x,y)$,且设$Z=g(X,Y)$也为连续型随机变量,为求出$Z=g(X,Y)$的概率密度,一般的方法是先求随机变量Z的分布函数,即

$$F_Z(z)=P\{Z\leqslant z\}=P\{g(X,Y)\leqslant z\}=\iint\limits_{g(x,y)\leqslant z}f(x,y)\,\mathrm{d}x\mathrm{d}y,$$

然后求导得到Z的概率密度$f_Z(z)=F'_Z(z)$. 这种方法称为分布函数法.

下面利用分布函数法推导两类在实际应用中有很大用途的随机变量的函数的分布.

1. $Z=X+Y$ 的分布

设二维连续型随机变量(X,Y)的联合概率密度为$f(x,y)$,结合图 3.11,可得$Z=X+Y$的分布函数为

$$F_Z(z)=P\{Z\leqslant z\}=P\{X+Y\leqslant z\}=\iint\limits_{x+y\leqslant z}f(x,y)\,\mathrm{d}x\mathrm{d}y=\int_{-\infty}^{+\infty}\mathrm{d}x\int_{-\infty}^{z-x}f(x,y)\,\mathrm{d}y.$$

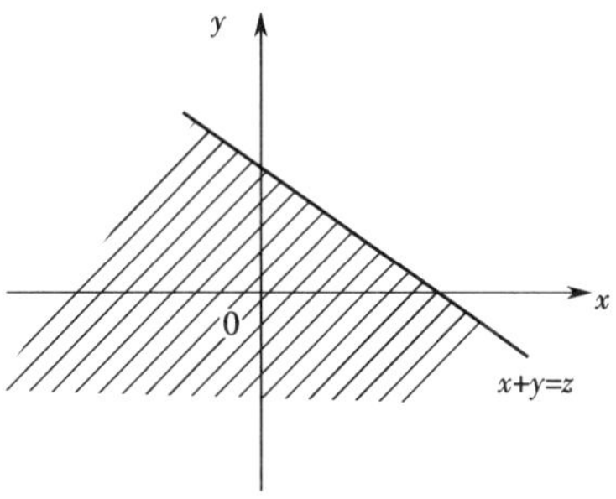

图 3.11

在内层积分中，令 $y=t-x,\mathrm{d}y=\mathrm{d}t$，则

$$\int_{-\infty}^{z-x}f(x,y)\,\mathrm{d}y=\int_{-\infty}^{z}f(x,t-x)\,\mathrm{d}t,$$

于是

$$F_Z(z)=\int_{-\infty}^{+\infty}\mathrm{d}x\int_{-\infty}^{z}f(x,t-x)\,\mathrm{d}t=\int_{-\infty}^{z}\left[\int_{-\infty}^{+\infty}f(x,t-x)\,\mathrm{d}x\right]\mathrm{d}t,$$

从而可得 $Z=X+Y$ 的概率密度函数为

$$f_Z(z)=\int_{-\infty}^{+\infty}f(x,z-x)\,\mathrm{d}x. \tag{3.37}$$

在式(3.37)中，令 $z-x=y,\mathrm{d}x=-\mathrm{d}y$，则又有

$$f_Z(z)=\int_{-\infty}^{+\infty}f(z-y,y)\,\mathrm{d}y. \tag{3.38}$$

式(3.37)和式(3.38)是完全等价的，可以相互转化，计算时采用任何一个公式均可.

特别地，当 X 与 Y 相互独立时，由于 $f(x,y)=f_X(x)f_Y(y)$，其中 $f_X(x)$，$f_Y(y)$ 分别为 X，Y 的边缘概率密度，在这种条件下，式(3.37)和式(3.38)可以变为

$$f_Z(z)=\int_{-\infty}^{+\infty}f_X(x)f_Y(z-x)\,\mathrm{d}x, \tag{3.39}$$

或

$$f_Z(z)=\int_{-\infty}^{+\infty}f_X(z-y)f_Y(y)\,\mathrm{d}y. \tag{3.40}$$

当 X 与 Y 相互独立时，$Z=X+Y$ 的概率密度 $f_Z(z)$ 称为 $f_X(x)$ 和 $f_Y(y)$ 的卷积，记为 $f_Z=f_X*f_Y$.

例 3.21 设 (X,Y) 的联合概率密度为

$$f(x,y)=\begin{cases}3x, & 0<x<1,0<y<x,\\ 0, & \text{其他},\end{cases}$$

求 $Z=X+Y$ 的概率密度函数 $f_Z(z)$.

解 方法一 由式(3.37)，可得 $Z=X+Y$ 的概率密度函数为

$$f_Z(z)=\int_{-\infty}^{+\infty}f(x,z-x)\,\mathrm{d}x,$$

则

$$f(x,z-x)=\begin{cases}3x, & 0<x<1,x<z<2x,\\ 0, & \text{其他}.\end{cases}$$

结合图 3.12，当 $z<0$ 或 $z\geqslant 2$(如图 3.12)时，

$$f_Z(z)=0;$$

当 $0\leqslant z<1$ 时，有 $\frac{z}{2}<x<z$，

$$f_Z(z)=\int_{\frac{z}{2}}^{z}3x\,\mathrm{d}x=\frac{9}{8}z^2;$$

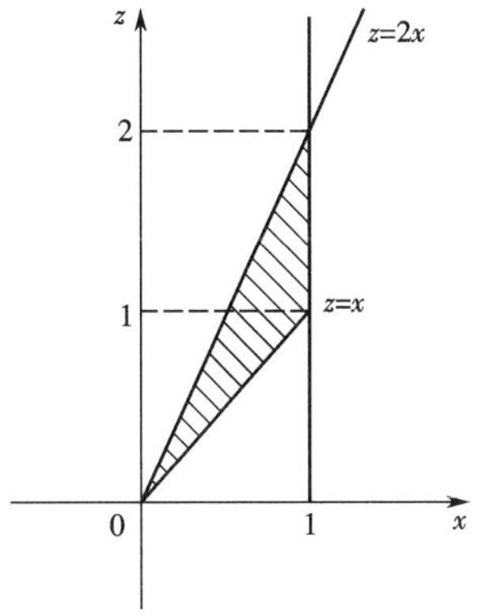

图 3.12

当 $1\leqslant z<2$ 时,有 $\frac{z}{2}<x<1$,

$$f_Z(z)=\int_{\frac{z}{2}}^{1}3x\mathrm{d}x=\frac{3}{2}\left(1-\frac{z^2}{4}\right).$$

所以

$$f_Z(z)=\begin{cases}\frac{9}{8}z^2, & 0<z<1,\\ \frac{3}{2}-\frac{3}{8}z^2, & 1<z<2,\\ 0, & \text{其他}.\end{cases}$$

方法二　分布函数法.

$Z=X+Y$ 的概率分布函数为

$$F_Z(z)=P\{X+Y\leqslant z\}=\iint\limits_{x+y\leqslant z}f(x,y)\mathrm{d}x\mathrm{d}y.$$

(X,Y) 联合概率密度的非零区域如图 3.13 阴影部分所示.

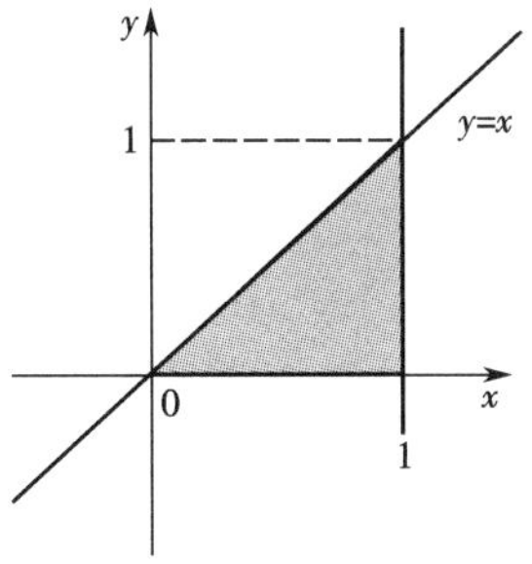

图 3.13

当 $z<0$ 时,如图 3.14 所示,

$$F_Z(z)=0;$$

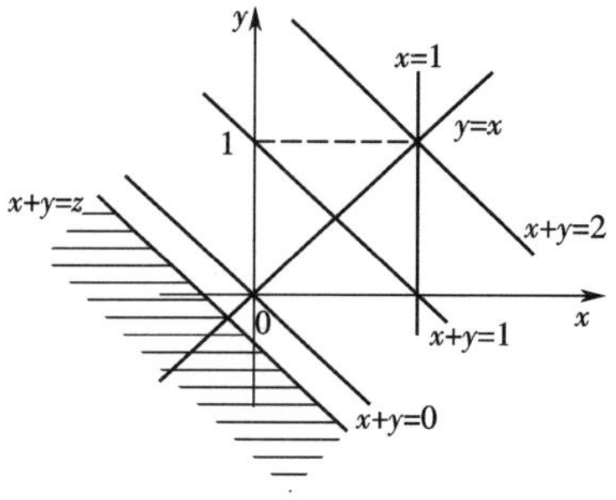

图 3.14

当 $0\leqslant z<1$ 时,如图 3.15 所示,

$$F_Z(z)=\iint\limits_{x+y\leqslant z}f(x,y)\mathrm{d}x\mathrm{d}y=\int_0^{\frac{z}{2}}\mathrm{d}y\int_y^{z-y}3x\mathrm{d}x=\frac{3z^3}{8}.$$

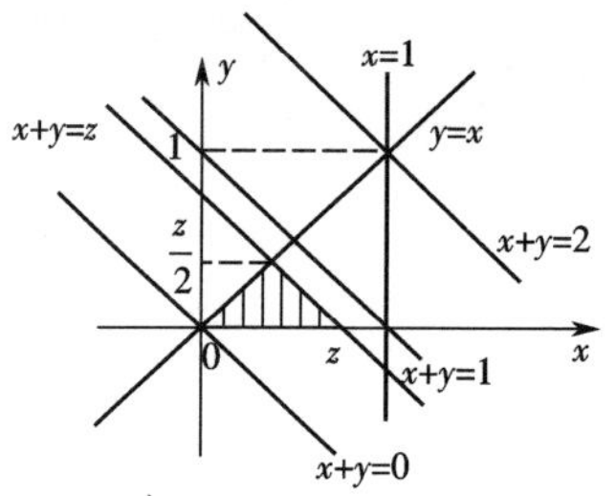

图 3.15

当 $1\leqslant z<2$ 时,如图 3.16,

$$F_Z(z)=\iint\limits_{x+y\leqslant z}f(x,y)\mathrm{d}x\mathrm{d}y=1-\int_{\frac{z}{2}}^{1}\mathrm{d}x\int_{z-x}^{x}3x\mathrm{d}y=\frac{3}{2}z-\frac{z^3}{8}-1.$$

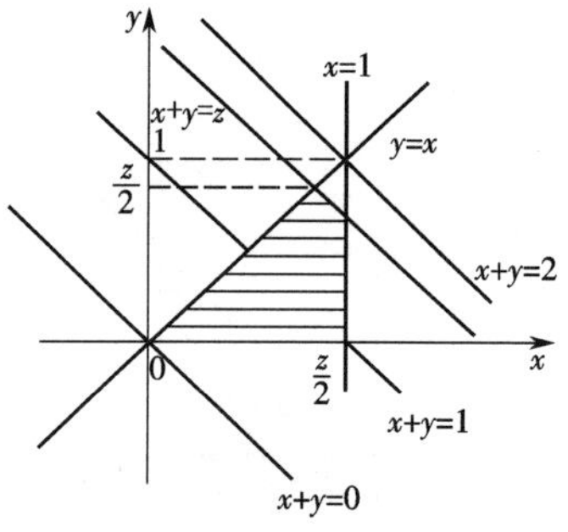

图 3.16

当 $z>2$ 时,如图 3.17 所示,

$$F_Z(z)=1$$

综合可得

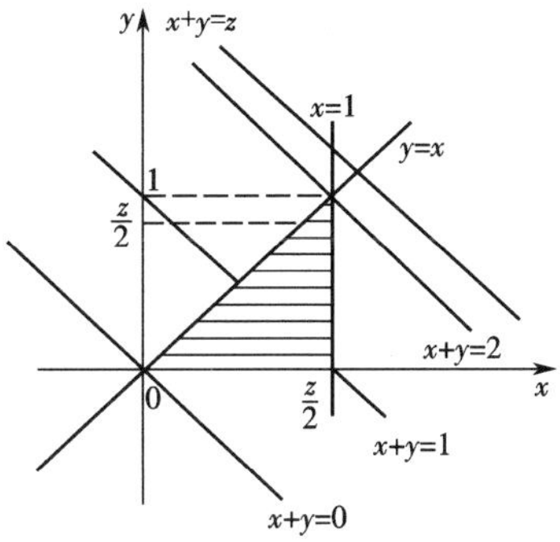

图3.17

$$F_Z(z)=\begin{cases}0, & z<0,\\ \dfrac{3}{8}z^3, & 0\leqslant z<1,\\ \dfrac{3}{2}z-\dfrac{1}{8}z^3-1, & 1\leqslant z<2,\\ 1, & z\geqslant 2.\end{cases}$$

所以

$$f_Z(z)=\begin{cases}\dfrac{9}{8}z^2, & 0<z<1,\\ \dfrac{3}{2}-\dfrac{3}{8}z^2, & 1<z<2,\\ 0, & \text{其他}.\end{cases}$$

例3.22　设随机变量 X 与 Y 相互独立,且都服从(0,1)上的均匀分布,求随机变量 $Z=X+Y$ 的概率密度 $f_Z(z)$.

解　由均匀分布的定义,可得

$$f_X(x)=\begin{cases}1, & 0<x<1,\\ 0, & \text{其他};\end{cases}$$

$$f_Y(y)=\begin{cases}1, & 0<y<1,\\ 0, & \text{其他},\end{cases}$$

本题采用分布函数法,得

$$F_Z(z)=P\{Z\leqslant z\}=P\{X+Y\leqslant z\}=\iint\limits_{x+y\leqslant z}f(x,y)\,\mathrm{d}x\mathrm{d}y,$$

其中

$$f(x,y)=\begin{cases}1, & 0<x<1,0<y<1,\\ 0, & \text{其他},\end{cases}$$

$$f_Z(z)=\int_{-\infty}^{+\infty}f_X(z-y)f_Y(y)\,\mathrm{d}y=\int_0^1 f_X(z-y)\,\mathrm{d}y.$$

令 $t=z-y$,上式变为

$$f_Z(z)=\int_{z-1}^{z}f_X(t)\,\mathrm{d}t$$

当 $z<0$ 或 $z\geqslant 2$ 时，

$$f_Z(z)=0.$$

当 $0\leqslant z<1$ 时，

$$f_Z(z)=\int_{z-1}^{z}f_X(t)\,\mathrm{d}t=\int_{z-1}^{0}0\,\mathrm{d}t+\int_{0}^{z}1\,\mathrm{d}t=z.$$

当 $1\leqslant z<2$ 时，

$$f_Z(z)=\int_{z-1}^{z}f_X(t)\,\mathrm{d}t=\int_{z-1}^{1}1\,\mathrm{d}t+\int_{1}^{z}0\,\mathrm{d}t=2-z.$$

所以

$$f_Z(z)=\begin{cases}z, & 0<z<1,\\ 2-z, & 1<z<2,\\ 0, & 其他.\end{cases}$$

例 3.23 设随机变量 X 与 Y 相互独立，且均服从标准正态分布 $N(0,1)$，证明 $Z=X+Y\sim N(0,2)$.

证明 由题意知

$$f_X(x)=\frac{1}{\sqrt{2\pi}}\mathrm{e}^{-\frac{x^2}{2}}\quad -\infty<x<+\infty;$$

$$f_Y(x)=\frac{1}{\sqrt{2\pi}}\mathrm{e}^{-\frac{y^2}{2}}\quad -\infty<y<+\infty.$$

又因为 X 与 Y 相互独立，故由卷积公式可得 $Z=X+Y$ 的概率密度为

$$f_Z(z)=\int_{-\infty}^{+\infty}f_X(x)f_Y(z-x)\,\mathrm{d}x=\int_{-\infty}^{+\infty}\frac{1}{\sqrt{2\pi}}\mathrm{e}^{-\frac{x^2}{2}}\cdot\frac{1}{\sqrt{2\pi}}\mathrm{e}^{-\frac{(z-x)^2}{2}}\mathrm{d}x$$

$$=\frac{1}{2\pi}\mathrm{e}^{-\frac{z^2}{4}}\int_{-\infty}^{+\infty}\mathrm{e}^{-\left(x-\frac{z}{2}\right)^2}\mathrm{d}x.$$

令 $t=x-\dfrac{z}{2}$ 得

$$f_Z(z)=\frac{1}{2\pi}\mathrm{e}^{-\frac{z^2}{4}}\int_{-\infty}^{+\infty}\mathrm{e}^{-t^2}\mathrm{d}t=\frac{1}{2\pi}\mathrm{e}^{-\frac{z^2}{4}}\cdot\sqrt{\pi}$$

$$=\frac{1}{\sqrt{2\pi}\sqrt{2}}\mathrm{e}^{-\frac{z^2}{2(\sqrt{2})^2}}\quad -\infty<z<+\infty.$$

即 $Z\sim N(0,2)$.

例 3.23 说明，两个相互独立的正态随机变量之和仍为正态随机变量，且其两个参数恰好为原来两个正态随机变量相应参数之和，即若 X 与 Y 相互独立，且 $X\sim N(\mu_1,\sigma_1^2)$，$Y\sim N(\mu_2,\sigma_2^2)$，则 $Z=X+Y$ 仍服从正态分布，且 $Z\sim N(\mu_1+\mu_2,\sigma_1^2+\sigma_2^2)$. 这说明正态分布具有可加性.

2. X 与 Y 相互独立时，求 $M=\max\{X,Y\}$ 和 $N=\min\{X,Y\}$ 的分布

求最大值和最小值的分布在可靠性问题中有重要的应用.

设随机变量 X,Y 相互独立,它们的分布函数分别为 $F_X(x)$ 和 $F_Y(y)$,则 $M=\max\{X,Y\}$ 的分布函数为

$$\begin{aligned}F_M(z)&=P\{M\leqslant z\}=P\{\max\{X,Y\}\leqslant z\}=P\{X\leqslant z,Y\leqslant z\}\\&=P\{X\leqslant z\}P\{Y\leqslant z\}=F_X(z)F_Y(z).\end{aligned}$$

类似地,$N=\min\{X,Y\}$ 的分布函数为

$$\begin{aligned}F_N(z)&=P\{N\leqslant z\}=1-P\{N>z\}=1-P\{\min\{X,Y\}>z\}=1-P\{X>z,Y>z\}\\&=1-P\{X>z\}P\{Y>z\}=1-[1-P\{X\leqslant z\}][1-P\{Y\leqslant z\}]\\&=1-[1-F_X(z)][1-F_Y(z)].\end{aligned}$$

即

$$F_M(z)=F_X(z)F_Y(z),\tag{3.41}$$

$$F_N(z)=1-[1-F_X(z)][1-F_Y(z)].\tag{3.42}$$

特别地,若 X 与 Y 相互独立且有相同的分布,$F(x)$ 是其共同的分布函数,由式(3.41)和式(3.42),可以得到 $M=\max\{X,Y\}$,$N=\min\{X,Y\}$ 的分布函数分别为

$$F_M(z)=[F(z)]^2,\tag{3.43}$$

$$F_N(z)=1-[1-F(z)]^2.\tag{3.44}$$

例 3.24　设某一个电路由两个同类电子元件串联而成,两个元件工作状态相互独立,且其无故障工作的时间服从参数为 $\lambda(\lambda>0)$ 的指数分布,当两个元件都无故障时,电路正常工作,否则整个电路不能正常工作,求电路正常工作时间 T 的分布函数及概率密度.

解　分别用 X,Y 表示第 1,2 个电子元件无故障工作时间,则 X,Y 相互独立且同分布,其分布函数均为

$$F(x)=\begin{cases}1-\mathrm{e}^{-\lambda x}, & x>0,\\ 0, & x\leqslant 0.\end{cases}$$

因为两个电子元件串联,所以当两个元件中有一个有故障时,电路即不能正常工作,电路正常工作时间 $T=\min\{X,Y\}$. 由式(3.44)得到 $T=\min\{X,Y\}$ 的分布函数为

$$F_T(z)=1-[1-F(z)]^2=\begin{cases}1-[1-(1-\mathrm{e}^{-\lambda x})]^2=1-\mathrm{e}^{-2\lambda x}, & z>0,\\ 0, & z\leqslant 0,\end{cases}$$

也即 $T\sim \mathrm{e}(2\lambda)$. 所以,电路正常工作时间 $T=\min\{X,Y\}$ 的概率密度为

$$f_T(z)=\begin{cases}2\lambda\mathrm{e}^{-2\lambda z}, & z>0,\\ 0, & z\leqslant 0.\end{cases}$$

由例 3.24 可知,对于相互独立且同分布的指数分布,其最小值的分布仍服从指数分布.

3.6　n 维随机变量

在前面系统地讨论二维随机变量的基础上,本节简要介绍 n 维随机变量及其分布的基本概念和性质.

3.6.1 n 维随机变量及其分布函数

定义 3.11 设 E 为一个随机试验,Ω 为其样本空间. $X_i = X_i(\omega)\ (i=1,2,\cdots,n)$ 是定义在 Ω 上的 n 个随机变量,则称

$$(X_1,X_2,\cdots,X_n) = (X_1(\omega),X_2(\omega),\cdots,X_n(\omega)),\quad \omega\in\Omega \tag{3.45}$$

为 Ω 上的 n 维随机变量.

定义 3.12 设$(X_1,X_2,\cdots,X_n)$为 n 维随机变量,对任意实数 $x_1,x_2,\cdots,x_n$,称

$$F(x_1,x_2,\cdots,x_n) = P\{X_1\leqslant x_1,X_2\leqslant x_2,\cdots,X_n\leqslant x_n\} \tag{3.46}$$

为 n 维随机变量$(X_1,X_2,\cdots,X_n)$的联合分布函数.

根据$(X_1,X_2,\cdots,X_n)$的联合分布函数 $F(x_1,x_2,\cdots,x_n)$,可以确定每个随机变量 X_i 各自的分布函数,

$$\begin{aligned} F_{X_i}(x_i) &= P\{X_i\leqslant x_i\} \\ &= P\{X_1<+\infty,\cdots,X_{i-1}<+\infty,X_i\leqslant x_i,X_{i+1}<+\infty,\cdots,X_n<+\infty,\} \\ &= F(+\infty,\cdots,+\infty,x_i,+\infty,\cdots,+\infty) \end{aligned} \tag{3.47}$$

分别称为 $X_i(i=1,2,\cdots,n)$的边缘分布函数.

3.6.2 n 维离散型随机变量及其分布律

定义 3.13 若 n 维随机变量$(X_1,X_2,\cdots,X_n)$的可能取值为有限组或可列组值$(x_1,x_2,\cdots,x_n)$,则称$(X_1,X_2,\cdots,X_n)$为 n 维离散型随机变量,并称$(X_1,X_2,\cdots,X_n)$的取值$(x_1,x_2,\cdots,x_n)$的概率

$$P\{X_1=x_1,X_2=x_2,\cdots,X_n=x_n\} \tag{3.48}$$

为 n 维随机变量$(X_1,X_2,\cdots,X_n)$的联合分布律.

根据$(X_1,X_2,\cdots,X_n)$的联合分布律,可以确定每个 $X_i(i=1,2,\cdots,n)$各自的分布律,

$$\begin{aligned} &P\{X_i=x_i\} \\ &= \sum_{t_1,\cdots,t_{i-1},t_{i+1},\cdots t_n} P\{X_1=t_1,\cdots,X_{i-1}=t_{i-1},X_i=x_i,X_{i+1}=t_{i+1},\cdots,X_n=t_n\} \end{aligned} \tag{3.49}$$

分别称为 $X_i(i=1,2,\cdots,n)$的边缘分布律.

3.6.3 n 维连续型随机变量及其概率密度

定义 3.14 若 n 维随机变量$(X_1,X_2,\cdots,X_n)$的联合分布函数为 $F(x_1,x_2,\cdots,x_n)$,存在非负函数$f(x_1,x_2,\cdots,x_n)$,使得对于任意实数 $x_1,x_2,\cdots,x_n$,都有

$$F(x_1,x_2,\cdots,x_n) = \int_{-\infty}^{x_1}\int_{-\infty}^{x_2}\cdots\int_{-\infty}^{x_n} f(u_1,u_2,\cdots,u_n)\,\mathrm{d}u_1\mathrm{d}u_2\cdots\mathrm{d}u_n, \tag{3.50}$$

则称$(X_1,X_2,\cdots,X_n)$为 n 维连续型随机变量,并称$f(x_1,x_2,\cdots,x_n)$为$(X_1,X_2,\cdots,X_n)$的联合概率密度.

根据$(X_1,X_2,\cdots,X_n)$的联合概率密度,可以确定每个 $X_i(i=1,2,\cdots,n)$各自的密度函数,

$$f_{X_i}(x_i)=\int_{-\infty}^{+\infty}\int_{-\infty}^{+\infty}\cdots\int_{-\infty}^{+\infty}f(u_1,\cdots u_{i-1},x_i,u_{i+1},\cdots,u_n)\mathrm{d}u_1\cdots\mathrm{d}u_{i-1}\mathrm{d}u_{i+1}\cdots\mathrm{d}u_n \tag{3.51}$$

分别称为 $X_i(i=1,2,\cdots,n)$ 的边缘概率密度.

3.6.4　n 维随机变量的独立性

定义 3.15　设 n 维随机变量 $(X_1,X_2,\cdots,X_n)$ 的联合分布函数为 $F(x_1,x_2,\cdots,x_n)$，若 X_i 对于所有的 $(x_1,x_2,\cdots,x_n)$ 都有

$$F(x_1,x_2,\cdots,x_n)=F_{X_1}(x_1)F_{X_2}(x_2)\cdots F_{X_n}(x_n), \tag{3.52}$$

则称 $X_1,X_2,\cdots,X_n$ 相互独立.

关于 n 维随机变量的独立性，有如下基本结论.

(1) n 维随机变量 $(X_1,X_2,\cdots,X_n)$ 相互独立的充分必要条件是对于任意的实数集合 D_1，$D_2,\cdots,D_n$，有

$$P\{X_1\in D_1,X_2\in D_2,\cdots,X_n\in D_n\}=P\{X_1\in D_1\}P\{X_2\in D_2\}\cdots P\{X_n\in D_n\}. \tag{3.53}$$

(2) n 维离散型随机变量 $(X_1,X_2,\cdots,X_n)$ 相互独立的充分必要条件是联合分布律等于边缘分布律的乘积，即

$$P\{X_1=x_1,X_2=x_2,\cdots,X_n=x_n\}=P\{X_1=x_1\}P\{X_2=x_2\}\cdots P\{X_n=x_n\}. \tag{3.54}$$

(3) n 维连续型随机变量 $(X_1,X_2,\cdots,X_n)$ 相互独立的充分必要条件是联合概率密度等于边缘概率密度的乘积，即对于任意的 $x_1,x_2,\cdots,x_n$，都有

$$f(x_1,x_2,\cdots,x_n)=f_{X_1}(x_1)f_{X_2}(x_2)\cdots f_{X_n}(x_n). \tag{3.55}$$

(4) 若 $X_1,X_2,\cdots,X_n$ 相互独立，则其中任意 $k(2\leqslant k\leqslant n)$ 个随机变量也相互独立.

(5) 若 $X_1,X_2,\cdots,X_n$ 相互独立，则它们的函数 $Y_i=g_i(X_i)(i=1,2,\cdots,n)$ 也相互独立，其中 $g_i(i=1,2,\cdots,n)$ 为 n 个一元连续函数. 例如，若 X 与 Y 相互独立，则 X^2 与 Y^3，$\cos X$ 与 $\sin Y$ 等分别独立.

(6) 若 $(X_1,X_2,\cdots,X_n)$ 与 $(Y_1,Y_2,\cdots,Y_m)$ 相互独立，则 $g(X_1,X_2,\cdots,X_n)$ 与 $h(Y_1,Y_2,\cdots,Y_m)$ 也相互独立，其中 g 为 n 元连续函数，h 为 m 元连续函数.

3.6.5　n 维随机变量的函数的分布

基于前面关于二维随机变量结果的推广，以下两种重要的在特殊情况下的结论，在后面的数理统计中会多次用到，需要熟练掌握.

(1) 若 $X_i\sim N(\mu_i,\sigma_i^2)(i=1,2,\cdots,n)$，且 $X_1,X_2,\cdots,X_n$ 相互独立，则 $Z=\sum\limits_{i=1}^{n}a_iX_i+b$（其中 $a_1,a_2,\cdots,a_n,b$ 都为常数）仍服从正态分布，且 $Z\sim N\left(\sum\limits_{i=1}^{n}a_i\mu_i+b,\sum\limits_{i=1}^{n}a_i^2\sigma_i^2\right)$. 即有限个相互独立的正态分布的随机变量的线性组合仍然服从正态分布. 特别地，若 $X_1,X_2,\cdots,X_n$ 相互独立，且 $X_i\sim N(\mu,\sigma^2)(i=1,2,\cdots,n)$，则 $\bar{X}=\dfrac{1}{n}\sum\limits_{i=1}^{n}X_i\sim N\left(\mu,\dfrac{\sigma^2}{n}\right)$.

(2)设 $X_1,X_2,\cdots,X_n$ 是 n 个相互独立的随机变量,它们的分布函数分别为 $F_{X_i}(x_i)(i=1,2,\cdots,n)$,则 $M=\max(X_1,X_2,\cdots,X_n)$ 及 $N=\min(X_1,X_2,\cdots,X_n)$ 的分布函数分别为

$$F_M(z)=F_{X_1}(z)F_{X_2}(z)\cdots F_{X_n}(z),\tag{3.56}$$

$$F_N(z)=1-[1-F_{X_1}(z)][1-F_{X_2}(z)]\cdots[1-F_{X_n}(z)].\tag{3.57}$$

若 $X_1,X_2,\cdots,X_n$ 相互独立且具有相同的分布函数 $F(x)$,则

$$F_M(z)=[F(z)]^n,\tag{3.58}$$

$$F_N(z)=1-[1-F(z)]^n.\tag{3.59}$$

习题 3

A 组

3.1 设二维离散型随机变量 (X,Y) 的联合分布律为

X \ Y	-2	0	1
-1	0.3	0.1	0.1
1	0.05	A	0
2	0.2	0	0.05

求常数 A 及 $P\{X+Y\geqslant 1\}$.

3.2 将两封信随机投放到 3 个邮筒内,每封信被投进这 3 个邮筒的可能性相同. 用 X 和 Y 分别表示投入第一个和第二个邮筒内信的数目,试求:

(1) (X,Y) 的联合分布律;

(2) $P\{X\leqslant Y\}$.

3.3 设随机变量 U 服从区间 $[-2,2]$ 上的均匀分布,令随机变量

$$X=\begin{cases}-1, & U\leqslant -1,\\ 1, & U>-1,\end{cases}\qquad Y=\begin{cases}-1, & U\leqslant 1,\\ 1, & U>1,\end{cases}$$

求 (X,Y) 的联合分布律.

3.4 设二维随机变量 (X,Y) 的联合概率密度为

$$f(x,y)=\begin{cases}Ae^{-2(x+y)}, & x>0,y>0,\\ 0, & \text{其他}.\end{cases}$$

试求:(1) 常数 A;

(2) $P\{X\leqslant 1,Y\leqslant 2\}$;

(3) $P\{X+Y\leqslant 1\}$.

3.5 设 X 与 Y 是两个相互独立的随机变量,X 在 $[0,1]$ 上服从均匀分布,Y 的概率密度为

$$f_Y(y)=\begin{cases}\dfrac{1}{2}e^{-\frac{y}{2}}, & y>0,\\ 0, & \text{其他}.\end{cases}$$

试求:(1) (X,Y) 的联合概率密度;

(2)设关于 t 的一元二次方程为 $t^2+2Xt+Y=0$，t 有实根的概率.

3.6　一个箱子中有 10 件产品，其中一等品、二等品、三等品分别为 7 件、2 件、1 件，现从中随机地抽取一件，记

$$X_i=\begin{cases}1, & \text{抽到第 } i \text{ 等品}(i=1,2,3),\\ 0, & \text{其他}.\end{cases}$$

试求：(1)(X_1,X_2)的联合分布律；

(2)X_1 和 X_2 的边缘分布律.

3.7　某射手在射击中每次击中目标的概率为 $p(0<p<1)$，射击进行到第二次击中目标为止. 用 X,Y 分别表示第一、二次击中目标时所进行的射击次数，求(X,Y)的联合分布律及 X,Y 的边缘分布律.

3.8　设二维随机变量(X,Y)在矩形区域 $G=\{(x,y):1<x<3,2<y<4\}$ 内服从均匀分布，求(X,Y)的联合概率密度和 X,Y 的边缘概率密度.

3.9　设二维随机变量(X,Y)的联合概率密度为

$$(1)f(x,y)=\begin{cases}1, & 0\leqslant x\leqslant 1,0\leqslant y\leqslant 2x,\\ 0, & \text{其他};\end{cases}$$

$$(2)f(x,y)=\begin{cases}e^{-x}, & 0<y<x,\\ 0, & \text{其他}.\end{cases}$$

求随机变量 X 和 Y 的边缘概率密度 $f_X(x)$ 和 $f_Y(y)$.

3.10　一个盒子里装有 3 个黑球、2 个红球、2 个白球，在其中任取 4 个球，用 X,Y 分别表示取到的黑球个数和红球个数，求：

(1)X 和 Y 的联合分布律及 X,Y 的边缘分布律；

(2)在 $Y=1$ 条件下，X 的条件分布律.

3.11　设二维随机变量(X,Y)的联合概率密度为

$$f(x,y)=\begin{cases}4xy, & 0<x<1,0<y<1,\\ 0, & \text{其他}.\end{cases}$$

试求：(1)X 和 Y 的边缘概率密度 $f_X(x)$ 和 $f_Y(y)$；

(2)条件概率密度 $f_{Y|X}(y|x)$；

(3)判断 X 与 Y 是否相互独立.

3.12　设二维随机变量(X,Y)的联合概率密度为

$$f(x,y)=\begin{cases}kxy^2, & 0\leqslant x\leqslant 1,0\leqslant y\leqslant 1,\\ 0, & \text{其他}.\end{cases}$$

试求：(1)常数 k；

(2)判断 X 与 Y 是否相互独立；

(3)$P\{X\leqslant Y\}$.

3.13　已知(X,Y)的联合分布函数为

$$F(x,y)=\begin{cases}1-e^{-x}-e^{-y}+e^{-(x+y)}, & x\geqslant 0,y\geqslant 0,\\ 0, & \text{其他}.\end{cases}$$

试求:(1)判断 X 和 Y 是否相互独立:

(2)$P\{X>1,Y>1\}$.

3.14 设(X,Y)的联合概率密度为

$$f(x,y)=\begin{cases}\dfrac{1}{2x^2y}, & x>1,\dfrac{1}{x}<y<x,\\ 0, & 其他.\end{cases}$$

讨论 X 和 Y 的独立性.

3.15 已知(X,Y)的联合分布律为

X \ Y	0	1
-1	0.05	0.15
0	0.2	0.35
1	0.25	0

求下列随机变量的分布律:

(1)$Z=X+Y$;

(2)$M=\max(X,Y)$;

(3)$N=\min(X,Y)$;

(4)$W=XY$.

3.16 设随机变量 X 与 Y 相互独立,且 X 与 Y 的分布律相同,X 的分布律为

X	0	1	2	3
p_k	$\frac{1}{2}$	$\frac{1}{4}$	$\frac{1}{8}$	$\frac{1}{8}$

求下列随机变量的分布律:

(1)$Z=X+Y$;

(2)$M=\max(X,Y)$;

(3)$N=\min(X,Y)$.

3.17 设二维随机变量(X,Y)的联合概率密度为

$$f(x,y)=\begin{cases}x+y, & 0<x<1,0<y<1,\\ 0, & 其他.\end{cases}$$

求随机变量 $Z=X+Y$ 的概率密度 $f_Z(z)$.

3.18 设随机变量 X 与 Y 相互独立,其概率密度分别为

$$f(x)=\begin{cases}1, & 0<x<1,\\ 0, & 其他;\end{cases}$$

$$f(y)=\begin{cases}2y, & 0<y<1,\\ 0, & 其他.\end{cases}$$

求随机变量 $Z=X+Y$ 的概率密度 $f_Z(z)$.

B 组

一、填空题

3.19 设随机变量 X 与 Y 相互独立,二维随机变量(X,Y)的联合分布律及 X,Y 的边缘

分布律的部分数值如下,试将其余数值填入表中的空白处.

$X \backslash Y$	y_1	y_2	y_3	$p_{i\cdot}$
x_1		$\frac{1}{8}$		
x_2	$\frac{1}{8}$			
$p_{\cdot j}$	$\frac{1}{6}$			1

3.20　设随机变量(X,Y)的联合分布律为

$X \backslash Y$	0	1
0	0.4	a
1	b	0.1

且已知事件$\{X=0\}$与$\{X+Y=1\}$相互独立,则$a=$______,$b=$______.

3.21　设随机变量X与Y相互独立,且都服从区间$[0,3]$上的均匀分布,则$P\{\max(X,Y)\leqslant 1\}=$______.

3.22　设X与Y相互独立,且服从同一分布,即$P\{X=-1\}=\frac{1}{3}$,$P\{X=1\}=\frac{2}{3}$,则$Z=X+Y$的分布律为__________________.

二、选择题

3.23　设随机变量X与Y相互独立,且分别服从参数为1与参数为4的指数分布,则$P(X<Y)=$(　　).

A. $\frac{1}{5}$　　B. $\frac{1}{3}$　　C. $\frac{2}{5}$　　D. $\frac{4}{5}$

3.24　设随机变量$X_i \sim \begin{bmatrix} -1 & 0 & 1 \\ \frac{1}{4} & \frac{1}{2} & \frac{1}{4} \end{bmatrix}(i=1,2)$,且满足$P\{X_1X_2=0\}=1$,则$P\{X_1=X_2\}=$(　　).

A. 0　　B. $\frac{1}{4}$　　C. $\frac{1}{2}$　　D. 1

3.25　设随机变量X,Y独立同分布且X分布函数为$F(x)$,则$Z=\max\{X,Y\}$的分布函数为(　　).

A. $F^2(z)$　　B. $F(x)F(y)$

C. $1-[1-F(x)]^2$　　D. $1-[1-F(x)][1-F(y)]$

3.26　设随机变量X与Y相互独立,且都服从$U(0,1)$,则$P\{X^2+Y^2\leqslant 1\}=$(　　).

A. $\frac{\pi}{8}$　　B. $\frac{1}{4}$　　C. $\frac{1}{2}$　　D. $\frac{\pi}{4}$

三、计算题

3.27　一个袋中有1个红球、2个黑球、3个白球,现有放回地从袋中取两次球,每次取1个球,用X,Y,Z分别表示两次取球的红球、黑球、白球的个数. 试求:

(1) $P\{X=1|Z=0\}$;

(2)二维随机变量(X,Y)的联合分布律.

3.28 设随机变量X,Y独立同分布且X的概率分布为

$$P\{X=1\}=\frac{1}{3},P\{X=2\}=\frac{2}{3},$$

记$M=\max\{X,Y\},N=\min\{X,Y\}$. 求$(M,N)$的概率分布.

3.29 设二维随机变量(X,Y)服从区域G上的均匀分布,其中G是由$x-y=0,x+y=2$与$y=0$围成的三角形区域,求:

(1) X的概率密度$f_X(x)$;

(2)条件概率密度$f_{X|Y}(x|y)$.

3.30 设二维随机变量(X,Y)的联合概率密度为

$$f(x,y)=\begin{cases}6x, & 0<x<1,0<y<1-x,\\0, & \text{其他}.\end{cases}$$

试求:(1) X与Y的边缘概率密度$f_X(x)$和$f_Y(y)$;

(2)条件概率密度$f_{X|Y}(x|y)$和$f_{Y|X}(y|x)$;

(3)条件概率$P\left\{Y\leqslant\frac{1}{3}|X=\frac{1}{2}\right\}$.

3.31 设二维随机变量(X,Y)的概率密度为

$$f_X(x,y)=\begin{cases}2-x-y, & 0<x<1,0<y<1\\0, & \text{其他}.\end{cases}$$

试求:(1) $P\{X>2Y\}$;

(2)随机变量$Z=X+Y$的概率密度$f_Z(z)$.

3.32 设随机变量X和Y相互独立,且

$$f_X(x)=\begin{cases}1, & 0\leqslant x\leqslant 1,\\0, & \text{其他};\end{cases}$$

$$f_Y(y)=\begin{cases}e^{-y}, & y>0,\\0, & y\leqslant 0.\end{cases}$$

求随机变量$Z=2X+Y$的概率密度$f_Z(z)$.

3.33 设随机变量X与Y相互独立,X的概率分布为$P\{X=i\}=\frac{1}{3}(i=-1,0,1)$,$Y$的概率密度为$f_Y(y)=\begin{cases}1, & 0\leqslant y\leqslant 1,\\0, & \text{其他},\end{cases}$并记$Z=X+Y$. 试求:

(1) $P\left\{Z\leqslant\frac{1}{2}\middle|X=0\right\}$;

(2) Z的概率密度.

3.34 设随机变量X,Y相互独立,X服从参数为1的指数分布,Y的概率分布为$P\{Y=-1\}=p,P\{Y=1\}=1-p(0<p<1)$,令$Z=XY$. 求$Z$的概率密度$f_Z(z)$.

3.35 设二维随机变量(X,Y)在区域$D=\{(x,y):0<x<1,x^2<y<\sqrt{x}\}$上服从均匀分

布,令 $U=\begin{cases}1, & X\leqslant Y,\\ 0, & X>Y.\end{cases}$ 试求:

(1)(X,Y)的联合概率密度;

(2)U 与 X 是否相互独立,并说明理由;

(3)$Z=U+X$ 的分布函数 $F_Z(z)$.

3.36　在区间(0,2)上随机取一点,将该区间分成两段,较短的一段长度记为 X,较长的一段长度记为 Y,令 $Z=\dfrac{Y}{X}$. 试求:

(1)X 的概率密度;

(2)Z 的概率密度.

本章总结视频

本章测试题

第 4 章　随机变量的数字特征

本书第 2 章讨论了随机变量的分布函数. 分布函数能够完整地描述随机变量的分布规律. 而在实际问题中,有时并不需要知道随机变量的概率分布,我们感兴趣的是其某些特征或性质. 用来刻画随机变量特征或性质的量,称作随机变量的数字特征.

例如,评价学生某门课程的考试成绩,虽然可以得到全体学生的成绩,但需要对这些数据进行加工整理,如需要计算出学生的平均成绩,需要求出全体学生的成绩分布相对于平均成绩的集中程度等. 这些统计特征,各自从一定角度,更具体、准确和突出地刻画出随机变量的性质和特征.

本章重点介绍随机变量的几个常用的数字特征:数学期望、方差、标准差、协方差、相关系数、矩和协方差矩阵.

4.1　随机变量的数学期望

随机变量的数学期望是刻画随机变量平均值的数字特征,是最重要和应用最广泛的数字特征,而且许多数字特征都是和数学期望有关系的. 本节主要研究离散型随机变量的数学期望、连续型随机变量的数学期望、随机变量的函数的数学期望及数学期望的性质.

4.1.1　离散型随机变量的数学期望

先分析下面一个简单的例子.

某运动员进行打靶练习,所得分数用随机变量 X 表示,X 的分布律为

X	1	2	3
p_k	0.2	0.3	0.5

求该运动员打靶成绩的平均值.

设共打靶 100 次,在 100 次打靶中,设有 m_1 个 1 分,m_2 个 2 分,m_3 个 3 分,则随机变量 X 的平均值的近似值为

$$\bar{x}=\frac{1}{100}(m_1\cdot 1+m_2\cdot 2+m_3\cdot 3)=1\cdot\frac{m_1}{100}+2\cdot\frac{m_2}{100}+3\cdot\frac{m_3}{100},\tag{4.1}$$

可以概括为公式 $\bar{x}=\sum\limits_{k=1}^{3}x_kf_k$,其中$\{x_k\}$为随机变量 X 的所有可能的取值,上例 $x_k=1,2,3$. $\{f_k\}$为取值为 x_k 的频率. 显然这是一个加权平均,在第 5 章我们会看到,当试验次数 n 很大时,频率 f_k 应稳定于概率 $p_k=P\{X=x_k\}(k=1,2,3)$.

因此,式(4.1)应稳定于 $\sum\limits_{k=1}^{3}x_kp_k=1\times0.2+2\times0.3+3\times0.5=2.3$,这是随机变量 X 的

平均值,将其称为 X 的数学期望. 由此引出离散型随机变量数学期望的定义.

定义 4.1　设离散型随机变量 X 的分布律为

$$P\{X=x_k\}=p_k \quad k=1,2,\cdots.$$

若级数 $\sum_{k=1}^{+\infty} x_k p_k$ 绝对收敛,即 $\sum_{k=1}^{+\infty} |x_k| p_k$ 收敛,则称 $\sum_{k=1}^{+\infty} x_k p_k$ 为离散型随机变量 X 的数学期望,简称期望,又称为均值,记为 $E(X)$ 或 EX,即

$$E(X)=\sum_{k=1}^{+\infty} x_k p_k. \tag{4.2}$$

若 $\sum_{k=1}^{+\infty} |x_k| p_k$ 发散,则称期望 $E(X)$ 不存在.

离散型随机变量的数学期望由它的分布律唯一确定.

在定义 4.1 中,要求级数 $\sum_{k=1}^{+\infty} x_k p_k$ 绝对收敛,这是为了使级数的和与其各项的排列次序无关,这个要求是自然的,也是合理的. 因为各 x_i 的次序对随机变量分布律的影响并不是本质的,在数学期望的定义中应该允许任意改变 x_i 的次序,而不改变级数的收敛性及其和值,所以要求绝对收敛.

当 X 取值为 n 个时,$E(X)$ 一定存在,且 $E(X)=\sum_{k=1}^{n} x_k p_k$. 特别地,当 X 的分布律为 $P\{X=x_k\}=\frac{1}{n}(k=1,2,\cdots,n)$ 时,$E(X)=\frac{1}{n}\sum_{k=1}^{n} x_k$,即为 n 个实数 $x_1,x_2,\cdots,x_n$ 的算术平均值,由此可以看出数学期望是平均值的推广.

例 4.1　设随机变量 X 服从参数为 p 的 $(0-1)$ 分布,求 $E(X)$.

解　X 的分布律为

X	0	1
p_k	$1-p$	p

则

$$E(X)=0\cdot(1-p)+1\cdot p=p.$$

例 4.2　设某专业 1,2 两个班学生的英语考试成绩 X_1 与 X_2 的分布律分别为

X_1	60	70	80
p_k	0.2	0.7	0.1

X_2	40	50	60	70	80	90	100
p_k	0.1	0.2	0.15	0.1	0.2	0.2	0.05

求 $E(X_1)$ 和 $E(X_2)$.

解　按照式(4.2)很容易算出 $E(X_1)=E(X_2)=69$.

例 4.2 说明两个班的平均成绩相同. 但是可以看出,实际上两个班的学习情况差别很大. 2 班学生的成绩相对平均值很分散,偏离程度较大,而 1 班学生的成绩要相对稳定得多.

这个例题我们在4.2节还将继续讨论.

例 4.3 一个盒子中有10个球,其中6个白球、4个红球,从盒子中任意取出3个球,用随机变量 X 表示取出的红球个数,求 X 的数学期望 $E(X)$.

解 根据题意,随机变量 X 的所有可能取值为0,1,2,3,并且

$$P\{X=0\}=\frac{C_6^3}{C_{10}^3}=\frac{1}{6},$$

$$P\{X=1\}=\frac{C_6^2C_4^1}{C_{10}^3}=\frac{1}{2},$$

$$P\{X=2\}=\frac{C_6^1C_4^2}{C_{10}^3}=\frac{3}{10},$$

$$P\{X=3\}=\frac{C_4^3}{C_{10}^3}=\frac{1}{30}.$$

因此随机变量 X 的分布律为

X	0	1	2	3
p_k	$\frac{1}{6}$	$\frac{1}{2}$	$\frac{3}{10}$	$\frac{1}{30}$

从而

$$E(X)=0\times\frac{1}{6}+1\times\frac{1}{2}+2\times\frac{3}{10}+3\times\frac{1}{30}=\frac{6}{5}.$$

例 4.4 设随机变量 X 服从二项分布 $B(n,p)$,求 $E(X)$.

解 X 的分布律为

$$P\{X=k\}=C_n^kp^kq^{n-k}\quad k=0,1,2,\cdots,n,$$

其中 $q=1-p$,所以

$$E(X)=\sum_{k=0}^{n}kC_n^kp^kq^{n-k}=np\sum_{k=1}^{n}C_{n-1}^{k-1}p^{k-1}q^{n-k}$$

$$=np\sum_{k=1}^{n}C_{n-1}^{k-1}p^{k-1}q^{(n-1)-(k-1)}=np\ (p+q)^{n-1}=np.$$

4.1.2 连续型随机变量的数学期望

对于连续型随机变量的数学期望,类似于离散型随机变量的情形,我们给出如下定义.

定义 4.2 设连续型随机变量 X 的概率密度为 $f(x)$,若积分 $\int_{-\infty}^{+\infty}xf(x)\mathrm{d}x$ 绝对收敛,即 $\int_{-\infty}^{+\infty}|x|f(x)\mathrm{d}x$ 收敛,则称积分 $\int_{-\infty}^{+\infty}xf(x)\mathrm{d}x$ 为随机变量 X 的数学期望,记为 $E(X)$,即

$$E(X)=\int_{-\infty}^{+\infty}xf(x)\mathrm{d}x. \tag{4.3}$$

若 $\int_{-\infty}^{+\infty}|x|f(x)\mathrm{d}x$ 发散,则称 $E(X)$ 不存在.

例 4.5 设随机变量 X 在区间 $[a,b]$ 上服从均匀分布,即 $X\sim U(a,b)$,求 X 的数学期望

$E(X)$.

解　随机变量 X 的概率密度为

$$f(x)=\begin{cases}\dfrac{1}{b-a}, & a\leqslant x\leqslant b,\\ 0, & \text{其他}.\end{cases}$$

因此得到

$$E(X)=\int_{-\infty}^{+\infty}xf(x)\,\mathrm{d}x=\int_a^b x\cdot\frac{1}{b-a}\mathrm{d}x=\frac{1}{b-a}\cdot\frac{x^2}{2}\Big|_a^b=\frac{a+b}{2},$$

即均匀分布的数学期望为区间 $[a,b]$ 的中点.

例 4.6　设随机变量 X 的概率密度为

$$f(x)=\begin{cases}\dfrac{1}{4}(x+1), & 0<x<2,\\ 0, & \text{其他}.\end{cases}$$

求 $E(X)$.

解　$E(X)=\int_{-\infty}^{+\infty}xf(x)\,\mathrm{d}x=\int_0^2\frac{1}{4}x(x+1)\,\mathrm{d}x=\frac{7}{6}$.

例 4.7　设随机变量 X 服从参数为 λ 的指数分布，即 $X\sim \mathrm{e}(\lambda)$，求 $E(X)$.

解　随机变量 X 的概率密度为

$$f(x)=\begin{cases}\lambda \mathrm{e}^{-\lambda x}, & x\geqslant 0,\\ 0, & x<0.\end{cases}$$

因此得到

$$\begin{aligned}E(X)&=\int_{-\infty}^{+\infty}xf(x)\,\mathrm{d}x=\int_0^{+\infty}x\cdot\lambda \mathrm{e}^{-\lambda x}\mathrm{d}x=-\int_0^{+\infty}x\,\mathrm{d}\mathrm{e}^{-\lambda x}\\&=-(x\mathrm{e}^{-\lambda x})\Big|_0^{+\infty}+\int_0^{+\infty}\mathrm{e}^{-\lambda x}\mathrm{d}x=0-\frac{1}{\lambda}\mathrm{e}^{-\lambda x}\Big|_0^{+\infty}=\frac{1}{\lambda},\end{aligned}$$

即指数分布 $\mathrm{e}(\lambda)$ 的数学期望为参数 λ 的倒数.

例 4.8　设随机变量 X 服从正态分布，即 $X\sim N(\mu,\sigma^2)$，求 $E(X)$.

解　随机变量 X 的概率密度为

$$f(x)=\frac{1}{\sqrt{2\pi}\sigma}\mathrm{e}^{-\frac{(x-\mu)^2}{2\sigma^2}},\quad x\in(-\infty,+\infty).$$

因此得到

$$E(X)=\int_{-\infty}^{+\infty}xf(x)\,\mathrm{d}x=\int_{-\infty}^{+\infty}x\cdot\frac{1}{\sqrt{2\pi}\sigma}\mathrm{e}^{-\frac{(x-\mu)^2}{2\sigma^2}}\mathrm{d}x.$$

令 $\dfrac{x-\mu}{\sigma}=t$，则 $\mathrm{d}t=\dfrac{1}{\sigma}\mathrm{d}x$，

$$\begin{aligned}E(X)&=\int_{-\infty}^{+\infty}(\mu+\sigma t)\cdot\frac{1}{\sqrt{2\pi}}\mathrm{e}^{-\frac{t^2}{2}}\mathrm{d}t\\&=\mu\int_{-\infty}^{+\infty}\frac{1}{\sqrt{2\pi}}\mathrm{e}^{-\frac{t^2}{2}}\mathrm{d}t+\frac{\sigma}{\sqrt{2\pi}}\int_{-\infty}^{+\infty}t\mathrm{e}^{-\frac{t^2}{2}}\mathrm{d}t=\mu.\end{aligned}$$

最后一步计算中用到了标准正态分布的概率密度的性质和$\int_{-\infty}^{+\infty} t\mathrm{e}^{-\frac{t^2}{2}}\mathrm{d}t=0$.

由此例可以看出,正态分布$N(\mu,\sigma^2)$中的第一个参数μ就是它的数学期望.

4.1.3 随机变量的函数的数学期望

在许多实际问题中,已知随机变量X的概率分布,需要求随机变量的函数$Y=g(X)$的数学期望. 当然可以先求出Y的概率分布,再根据数学期望的定义求出$E(Y)$. 可以证明在不必求出Y的概率分布的情况下,由随机变量X的概率分布可以直接求$E(Y)=E[g(X)]$,下面给出的定理保证了这一点,但定理的证明超出本书范围,此处从略.

定理4.1 设随机变量Y是随机变量X的函数,即$Y=g(X)$,且$y=g(x)$为连续函数.

(1)若X为离散型随机变量,其分布律为

$$P\{X=x_k\}=p_k \quad k=1,2,\cdots,$$

且级数$\sum_{k=1}^{+\infty}|g(x_k)|p_k$收敛,则有

$$E(Y)=E[g(X)]=\sum_{k=1}^{+\infty}g(x_k)p_k. \tag{4.4}$$

(2)若X为连续型随机变量,其概率密度为$f_X(x)$,且$\int_{-\infty}^{+\infty}|g(x)|f_X(x)\mathrm{d}x$收敛,则有

$$E(Y)=E[g(X)]=\int_{-\infty}^{+\infty}g(x)f_X(x)\mathrm{d}x. \tag{4.5}$$

例4.9 设离散型随机变量X的分布律为

X	0	1	2	3	4
p_k	$\frac{1}{12}$	$\frac{1}{2}$	$\frac{1}{12}$	$\frac{1}{6}$	$\frac{1}{6}$

求$E[(X-2)^2]$.

解 由定理4.1可得

$$\begin{aligned}E[(X-2)^2]&=\sum_{k=1}^{5}(x_k-2)^2p_k\\&=(0-2)^2\times\frac{1}{12}+(1-2)^2\times\frac{1}{2}+(2-2)^2\times\frac{1}{12}+(3-2)^2\times\frac{1}{6}+\\&\quad(4-2)^2\times\frac{1}{6}\\&=\frac{5}{3}.\end{aligned}$$

本例题也可以先求出$(X-2)^2$的分布律,再根据数学期望的定义求$E[(X-2)^2]$.

例4.10 设随机变量X在区间$[-\pi,\pi]$上服从均匀分布,求随机变量$Y=\sin X$的数学期望.

解 根据题意可得,X的概率密度为

$$f_X(x)=\begin{cases}\dfrac{1}{2\pi}, & -\pi\leqslant x\leqslant\pi,\\ 0, & \text{其他}.\end{cases}$$

由定理 4.1 可得

$$E(Y)=E(\sin X)=\int_{-\infty}^{+\infty}\sin x\cdot f_X(x)\,\mathrm{d}x=\int_{-\pi}^{\pi}\frac{\sin x}{2\pi}\mathrm{d}x=0.$$

例 4.11　据预测，国际市场上每年对我国某种商品的需求量 X（单位：t）服从区间[2 000,4 000]上的均匀分布．该商品每销售 1 t，可赚外汇 3 万元；销售不出去，每吨需花费库存费 1 万元．试确定应组织多少货源，才能使收益期望最大．

解　需求量 X 的概率密度为

$$f_X(x)=\begin{cases}\dfrac{1}{2\ 000}, & 2\ 000\leqslant x\leqslant 4\ 000,\\ 0, & \text{其他}.\end{cases}$$

设随机变量 Y 为商品收益（单位：万元），组织的货源为 t（单位：t），则

$$Y=g(X)=\begin{cases}3t, & X\geqslant t,\\ 3X-(t-X)\cdot 1, & X<t,\end{cases}$$
$$=\begin{cases}3t, & X\geqslant t,\\ 4X-t, & X<t.\end{cases}$$

因此得到

$$E(Y)=\int_{-\infty}^{+\infty}g(x)f_X(x)\,\mathrm{d}x=\frac{1}{2\ 000}\int_{2\ 000}^{4\ 000}g(x)\,\mathrm{d}x$$
$$=\frac{1}{2\ 000}\left(\int_{2\ 000}^{t}(4x-t)\,\mathrm{d}x+\int_{t}^{4\ 000}3t\mathrm{d}x\right)$$
$$=-\frac{1}{1\ 000}(t^2-7\ 000t+4\ 000\ 000),$$

所以当 $t=3\ 500$ 时，$E(Y)$ 最大．

定理 4.1 给出了求一维随机变量的函数的数学期望的计算公式，对于二维随机变量而言，也有类似的结论．

定理 4.2　设 (X,Y) 为二维随机变量，$g(x,y)$ 为二元连续函数．

(1) 若 (X,Y) 为二维离散型随机变量，其联合分布律为

$$P\{X=x_i,Y=y_j\}=p_{ij},\quad i=1,2,\cdots,j=1,2,\cdots,$$

且级数 $\sum\limits_{i=1}^{+\infty}\sum\limits_{j=1}^{+\infty}g(x_i,y_j)p_{ij}$ 绝对收敛，则有

$$E[g(X,Y)]=\sum_{i=1}^{+\infty}\sum_{j=1}^{+\infty}g(x_i,y_j)p_{ij}.\tag{4.6}$$

(2) 若 (X,Y) 为二维连续型随机变量，其联合概率密度为 $f(x,y)$，且广义积分 $\int_{-\infty}^{+\infty}\int_{-\infty}^{+\infty}g(x,y)f(x,y)\,\mathrm{d}x\mathrm{d}y$ 绝对收敛，则有

$$E[g(X,Y)]=\int_{-\infty}^{+\infty}\int_{-\infty}^{+\infty}g(x,y)f(x,y)\,\mathrm{d}x\mathrm{d}y.\tag{4.7}$$

注意,由式(4.7),有

$$E[g(X)]=\int_{-\infty}^{+\infty}\int_{-\infty}^{+\infty}g(x)f(x,y)\,\mathrm{d}x\mathrm{d}y \tag{4.8}$$

$$=\int_{-\infty}^{+\infty}\left[g(x)\int_{-\infty}^{+\infty}f(x,y)\,\mathrm{d}y\right]\mathrm{d}x$$

$$=\int_{-\infty}^{+\infty}g(x)f_X(x)\,\mathrm{d}x.$$

与式(4.5)一致. 因此,对于二维连续型随机变量,计算 $E[g(X)]$ 可用式(4.8),也可用式(4.5). 但如果用式(4.5)进行计算,必须先算出随机变量 X 的边缘概率密度 $f_X(x)$,不如用式(4.8)方便. 此时建议还是用式(4.8)计算 $E[g(X)]$.

例 4.12 设二维离散型随机变量 (X,Y) 只能取下列数值 $(0,-1)$,$(-2,1)$,$(0,1)$,$(2,-1)$,并且取这些值的概率依次为 0.3,0.1,0.2,0.4,求:(1) $E(XY)$;(2) $E(Y^2)$.

解 根据题意,(X,Y) 的联合分布律及边缘分布律为

X \\ Y	-1	1	$p_{i\cdot}$
-2	0	0.1	0.1
0	0.3	0.2	0.5
2	0.4	0	0.4
$p_{\cdot j}$	0.7	0.3	1

(1)由式(4.6)可得

$$E(XY)=\sum_i\sum_j x_iy_jp_{ij}$$

$$=(-2)\times(-1)\times0+(-2)\times1\times0.1+0\times(-1)\times0.3+0\times1\times0.2+2\times(-1)\times0.4+2\times1\times0$$

$$=-1.$$

(2) Y 的边缘分布律为

Y	-1	1
p_k	0.7	0.3

因此得到

$$E(Y^2)=(-1)^2\times0.7+1^2\times0.3=1.$$

例 4.13 设二维连续型随机变量 (X,Y) 的联合概率密度为

$$f(x,y)=\begin{cases}\dfrac{1}{2}xy, & 0<x<2,0<y<x,\\ 0, & \text{其他}.\end{cases}$$

求:(1) $E(X)$; (2) $E(Y)$;(3) $E(XY)$.

解 由式(4.7)可得

(1) $E(X)=\int_{-\infty}^{+\infty}\int_{-\infty}^{+\infty}xf(x,y)\,\mathrm{d}x\mathrm{d}y=\int_0^2\mathrm{d}x\int_0^x x\cdot\dfrac{1}{2}xy\mathrm{d}y=\dfrac{1}{4}\int_0^2x^4\mathrm{d}x=\dfrac{8}{5}$;

(2) $E(Y)=\int_{-\infty}^{+\infty}\int_{-\infty}^{+\infty}yf(x,y)\,\mathrm{d}x\mathrm{d}y=\int_0^2\mathrm{d}x\int_0^x y\cdot\dfrac{1}{2}xy\mathrm{d}y=\dfrac{1}{6}\int_0^2x^4\mathrm{d}x=\dfrac{16}{15}$;

(3) $E(XY)=\int_{-\infty}^{+\infty}\int_{-\infty}^{+\infty}xyf(x,y)\,dxdy=\int_0^2 dx\int_0^x \frac{1}{2}x^2y^2\,dy=\frac{1}{6}\int_0^2 x^5\,dx=\frac{16}{9}$.

在例4.13中也可以先分别计算出随机变量 X 与 Y 的边缘概率密度 $f_X(x)$ 和 $f_Y(y)$，然后用式(4.5)计算(1)和(2)，但这样比较麻烦，易出错. 请读者自行完成，并加以比较.

4.1.4　数学期望的性质

下面证明数学期望的几个重要性质. 假设所涉及的随机变量的数学期望都存在，且仅对连续型随机变量的情形加以证明. 读者只需要将证明过程中的“积分”用“和式”来代替，就可以得到离散型随机变量情形的证明.

性质1　设 C 是常数，则有 $E(C)=C$.

显然成立.

性质2　设 X 是一个随机变量，C 是常数，则有 $E(CX)=CE(X)$.

证明　$E(CX)=\int_{-\infty}^{+\infty}Cxf(x)\,dx=C\int_{-\infty}^{+\infty}xf(x)\,dx=CE(X)$.

性质3　设 X,Y 是两个随机变量，则有 $E(X+Y)=E(X)+E(Y)$.

证明

$$\begin{aligned}E(X+Y)&=\int_{-\infty}^{+\infty}\int_{-\infty}^{+\infty}(x+y)f(x,y)\,dxdy\\&=\int_{-\infty}^{+\infty}\int_{-\infty}^{+\infty}xf(x,y)\,dxdy+\int_{-\infty}^{+\infty}\int_{-\infty}^{+\infty}yf(x,y)\,dxdy\\&=E(X)+E(Y).\end{aligned}$$

这一性质可以推广到任意有限个随机变量之和的情形.

推论　$E(\sum_{i=1}^{n}a_iX_i+b)=\sum_{i=1}^{n}a_iE(X_i)+b$，　其中 $a_1,a_2,\cdots,a_n,b$ 为常数.

性质4　设 X,Y 是两个相互独立的随机变量，则有 $E(XY)=E(X)E(Y)$.

证明　设二维随机变量 (X,Y) 的联合概率密度为 $f(x,y)$，其边缘概率密度分别为 $f_X(x)$ 和 $f_Y(y)$. 若 X 和 Y 相互独立，则由式(4.7)可得

$$\begin{aligned}E(XY)&=\int_{-\infty}^{+\infty}\int_{-\infty}^{+\infty}xyf(x,y)\,dxdy\\&=\int_{-\infty}^{+\infty}\int_{-\infty}^{+\infty}xyf_X(x)f_Y(y)\,dxdy\\&=\left[\int_{-\infty}^{+\infty}xf_X(x)\,dx\right]\left[\int_{-\infty}^{+\infty}yf_Y(y)\,dy\right]\\&=E(X)E(Y).\end{aligned}$$

这一性质可以推广到任意有限个相互独立的随机变量之积的情形.

推论　设随机变量 $X_1,X_2,\cdots,X_n$ 相互独立，则有 $E(\prod_{i=1}^{n}X_i)=\prod_{i=1}^{n}E(X_i)$.

例4.14　假设电流 X 和电阻 Y 是两个相互独立的随机变量，并且其概率密度分别为

$$f_X(x)=\begin{cases}\frac{1}{2}x, & 0\leqslant x\leqslant 2,\\ 0, & \text{其他};\end{cases}\qquad f_Y(y)=\begin{cases}3y^2, & 0\leqslant y\leqslant 1,\\ 0, & \text{其他}.\end{cases}$$

求电路的电压 V 的数学期望.

解 由欧姆定律得 $V=XY$. 由于 X 和 Y 相互独立,由性质 4,得

$$E(V)=E(XY)=E(X)E(Y)$$
$$=\int_0^2 xf_X(x)\mathrm{d}x\cdot\int_0^1 yf_Y(y)\mathrm{d}y=\int_0^2\frac{1}{2}x^2\mathrm{d}x\cdot\int_0^1 3y^3\mathrm{d}y=1.$$

4.2 随机变量的方差与标准差

上一节介绍的随机变量的数学期望刻画的是随机变量的平均值. 但是,在许多实际问题中,仅考虑数学期望不能满足需要,还需要了解随机变量相对其平均值(数学期望)的偏离程度. 例如,检查一批灯泡的寿命,如果波动太大,就说明生产不够稳定;体检时人的身体的某项特征(如血压、白细胞数)的波动大小,能反映人的健康情况. 随机变量的取值相对其平均值(数学期望)的偏离程度,也是很重要的数字特征,我们用方差或标准差来刻画.

4.2.1 方差与标准差定义

定义 4.3 设 X 是一个随机变量,若 $E\{[X-E(X)]^2\}$ 存在,则称 $E\{[X-E(X)]^2\}$ 为随机变量 X 的方差,记为 $D(X)$ 或 $\mathrm{Var}(X)$,即

$$D(X)=E\{[X-E(X)]^2\}. \tag{4.9}$$

称 $\sqrt{D(X)}$ 为 X 的标准差或均方差,记为 $\sigma(X)$,即

$$\sigma(X)=\sqrt{D(X)}. \tag{4.10}$$

由定义可知,随机变量 X 的方差是一个非负实数,反映了 X 的取值与数学期望的偏离程度. 若 X 的取值比较集中,则 $D(X)$ 较小;若 X 的取值比较分散,则 $D(X)$ 较大.

由定义 4.3 可知,方差 $D(X)$ 实际上就是随机变量 X 的函数 $g(X)=[X-E(X)]^2$ 的数学期望. 利用定理 4.1,就可以算出方差.

(1)对于离散型随机变量 X,设其分布律为

$$P\{X=x_k\}=p_k,\quad k=1,2,\cdots,$$

则有

$$D(X)=\sum_{k=1}^{+\infty}[x_k-E(X)]^2p_k. \tag{4.11}$$

(2)对于连续型随机变量 X,设其概率密度为 $f(x)$,则有

$$D(X)=\int_{-\infty}^{+\infty}[x-E(X)]^2f(x)\mathrm{d}x. \tag{4.12}$$

上面是按定义 4.3 直接计算的方差. 实际上,计算方差 $D(X)$ 常用以下计算公式:

$$D(X)=E(X^2)-[E(X)]^2. \tag{4.13}$$

下面加以证明.

利用数学期望的性质,得到

$$D(X)=E\{[X-E(X)]^2\}$$

$$=E\{X^2-2XE(X)+[E(X)]^2\}$$
$$=E(X^2)-2E(X)E(X)+[E(X)]^2$$
$$=E(X^2)-[E(X)]^2.$$

这样由式(4.13),要计算方差 $D(X)$,我们只需要分别算出 $E(X)$ 和 $E(X^2)$ 这两个数学期望即可.

例 4.15　对于例 4.2 中的随机变量 X_1 和 X_2,计算方差 $D(X_1)$,$D(X_2)$.

解　在例 4.2 中,已经算出 $E(X_1)=E(X_2)=69$,又可以算出

$$E(X_1^2)=60^2\times0.2+70^2\times0.7+80^2\times0.1=4\ 790.$$

由式(4.13)可得

$$D(X_1)=E(X_1^2)-[E(X_1)]^2=4\ 790-69^2=29.$$

同理可得

$$E(X_2^2)=5\ 090\quad D(X_2)=329.$$

$D(X_2)$ 约为 $D(X_1)$ 的 11 倍,说明 2 班学生的成绩较分散,不如 1 班学生的成绩稳定.

例 4.16　设连续型随机变量 X 的概率密度为

$$f(x)=\begin{cases}\dfrac{4}{3}(1-x^3), & 0\leqslant x\leqslant 1,\\ 0, & \text{其他}.\end{cases}$$

求方差 $D(X)$.

解　$E(X)=\int_{-\infty}^{+\infty}xf(x)\,\mathrm{d}x=\int_0^1 x\cdot\dfrac{4}{3}(1-x^3)\,\mathrm{d}x=\dfrac{2}{5}.$

$$E(X^2)=\int_{-\infty}^{+\infty}x^2f(x)\,\mathrm{d}x=\int_0^1 x^2\cdot\frac{4}{3}(1-x^3)\,\mathrm{d}x=\frac{2}{9}.$$

由式(4.13)可得

$$D(X)=E(X^2)-[E(X)]^2=\frac{2}{9}-\left(\frac{2}{5}\right)^2=\frac{14}{225}.$$

例 4.17　设随机变量 X 服从正态分布 $N(\mu,\sigma^2)$,求 X 的方差 $D(X)$ 及标准差 $\sigma(X)$.

解　在例 4.8 中已经计算出 $E(X)=\mu$, 对于正态分布用式(4.12)计算方差 $D(X)$ 稍简单些.

$$D(X)=\int_{-\infty}^{+\infty}[x-E(X)]^2f(x)\,\mathrm{d}x=\int_{-\infty}^{+\infty}(x-\mu)^2\cdot\frac{1}{\sqrt{2\pi}\sigma}\mathrm{e}^{-\frac{(x-\mu)^2}{2\sigma^2}}\mathrm{d}x.$$

令 $\dfrac{x-\mu}{\sigma}=t$,则 $\mathrm{d}x=\sigma\mathrm{d}t$,由分部积分公式可得

$$D(X)=\int_{-\infty}^{+\infty}\sigma^2t^2\cdot\frac{1}{\sqrt{2\pi}}\mathrm{e}^{-\frac{t^2}{2}}\mathrm{d}t=\frac{\sigma^2}{\sqrt{2\pi}}\int_{-\infty}^{+\infty}(-t)\,\mathrm{d}\mathrm{e}^{-\frac{t^2}{2}}$$
$$=\frac{\sigma^2}{\sqrt{2\pi}}\left[-t\mathrm{e}^{-\frac{t^2}{2}}\Big|_{-\infty}^{+\infty}+\int_{-\infty}^{+\infty}\mathrm{e}^{-\frac{t^2}{2}}\mathrm{d}t\right]=\sigma^2,$$

$$\sigma(X)=\sqrt{D(X)}=\sigma.$$

4.2.2 方差的性质

假设以下随机变量的方差都存在,下面介绍随机变量的方差的性质.

性质1 $D(C)=0$,其中 C 为常数.

证明 $D(C)=E\{[C-E(C)]^2\}=E[(C-C)^2]=0.$

性质2 $D(aX+b)=a^2D(X)$,其中 a,b 为常数.

证明

$$\begin{aligned}D(aX+b)&=E\{[aX+b-E(aX+b)]^2\}\\&=E\{[aX+b-aE(X)-b]^2\}\\&=a^2E\{[X-E(X)]^2\}=a^2D(X).\end{aligned}$$

推论1 $D(X+b)=D(X)$,其中 b 为常数.

推论2 $D(aX)=a^2D(X)$,其中 a 为常数.

性质3 设 X,Y 是两个随机变量,则有

$$D(X+Y)=D(X)+D(Y)+2E\{[X-E(X)][Y-E(Y)]\}. \tag{4.14}$$

特别地,如果随机变量 X,Y 相互独立,则有

$$D(X+Y)=D(X)+D(Y).$$

证明

$$\begin{aligned}D(X+Y)&=E\{[(X+Y)-E(X+Y)]^2\}\\&=E\{[(X-E(X))+(Y-E(Y))]^2\}\\&=E\{[X-E(X)]^2\}+E\{[Y-E(Y)]^2\}+2E\{[X-E(X)][Y-E(Y)]\}\\&=D(X)+D(Y)+2E\{[X-E(X)][Y-E(Y)]\}.\end{aligned}$$

上式右端第三项

$$\begin{aligned}&2E\{[X-E(X)][Y-E(Y)]\}\\&=2E[XY-XE(Y)-YE(X)+E(X)E(Y)]\\&=2[E(XY)-E(X)E(Y)-E(Y)E(X)+E(X)E(Y)]\\&=2[E(XY)-E(X)E(Y)].\end{aligned}$$

若 X,Y 相互独立,则由数学期望的性质4得知上式右端为0,于是有

$$D(X+Y)=D(X)+D(Y).$$

这一性质可以推广到任意有限个相互独立的随机变量的情形.

推论1 若随机变量 X,Y 相互独立,则有

$$D(aX+bY)=a^2D(X)+b^2D(Y),$$

其中 a,b 为常数.

推论2 设随机变量 $X_1,X_2,\cdots,X_n$ 相互独立,则

$$D\left(\sum_{i=1}^{n}X_i\right)=\sum_{i=1}^{n}D(X_i).$$

进一步地,如果随机变量 $X_1,X_2,\cdots,X_n$ 相互独立,则

$$D\left(\sum_{i=1}^{n} a_iX_i + b\right) = \sum_{i=1}^{n} a_i^2 D(X_i),$$

其中 $a_1, a_2, \cdots, a_n, b$ 均为常数.

性质 4　$D(X) = 0$ 的充分必要条件是 X 以概率 1 取常数 $E(X)$,即 $P\{X = E(X)\} = 1$(证明从略).

例 4.18　设连续型随机变量 X 的数学期望 $E(X)$ 和方差 $D(X)$ 都存在,且 $D(X) > 0$. 对于随机变量 $X^* = \dfrac{X - E(X)}{\sqrt{D(X)}}$,证明 $E(X^*) = 0, D(X^*) = 1$.

证明　由数学期望和方差的性质可得

$$E(X^*) = E\left[\frac{X - E(X)}{\sqrt{D(X)}}\right] = \frac{E[X - E(X)]}{\sqrt{D(X)}} = \frac{E(X) - E(X)}{\sqrt{D(X)}} = 0,$$

$$D(X^*) = D\left[\frac{X - E(X)}{\sqrt{D(X)}}\right] = \frac{D[X - E(X)]}{D(X)} = \frac{D(X)}{D(X)} = 1.$$

例 4.18 中的随机变量 $X^* = \dfrac{X - E(X)}{\sqrt{D(X)}}$ 称为 X 的标准化随机变量. 可见标准化随机变量的数学期望为 0,方差为 1. 在概率统计中,有时需要将随机变量标准化,对于解决一些问题比较方便.

若随机变量 $X \sim N(\mu, \sigma^2)$,由例 4.8 及例 4.17 可知,$E(X) = \mu, D(X) = \sigma^2$,因此 X 的标准化随机变量为

$$X^* = \frac{X - \mu}{\sigma} \sim N(0,1).$$

在数理统计中常将正态分布转化为标准正态分布.

4.3　几种常见分布的数学期望和方差

第 2 章我们已经介绍了一些常见的随机变量的分布,本节计算这几种常见分布的数学期望和方差.

4.3.1　(0 − 1)分布的数学期望和方差

设随机变量 X 服从参数为 p 的(0 − 1)分布,其分布律为

X	0	1
p_k	q	p

其中 $0 < p < 1, q = 1 - p$. 则由例 4.1 可得 $E(X) = p$,而 $E(X^2) = p$. 因此

$$D(X) = E(X^2) - [E(X)]^2 = p - p^2 = pq.$$

4.3.2　二项分布的数学期望和方差

设随机变量 X 服从参数为 n, p 的二项分布,即 $X \sim B(n,p)$,在例 4.4 利用 X 的分布律已经求出 $E(X) = np$. 下面我们不用 X 的分布律,而用随机变量的分解法重新计算 $E(X)$ 和

$D(X)$.

由二项分布的定义可知,随机变量 X 是 n 重伯努利试验中事件 A 发生的次数,且在每次试验中事件 A 发生的概率为 p,下面引入随机变量

$$X_i=\begin{cases}1, & \text{在第 } i \text{ 次试验中 } A \text{ 发生},\\ 0, & \text{在第 } i \text{ 次试验中 } A \text{ 不发生},\end{cases}\quad i=1,2,\cdots,n.$$

因此可得 $X=X_1+X_2+\cdots+X_n$. 由于 X_i 都服从(0-1)分布,即其分布律为

X_i	0	1
p_k	q	p

且 $X_1,X_2,\cdots,X_n$ 相互独立,而 $E(X_i)=p,D(X_i)=pq,i=1,2,\cdots,n$. 因此可得

$$E(X)=E(X_1+X_2+\cdots+X_n)=\sum_{i=1}^{n}E(X_i)=np,$$

$$D(X)=D(X_1+X_2+\cdots+X_n)=\sum_{i=1}^{n}D(X_i)=npq.$$

即

$$E(X)=np,\quad D(X)=npq.$$

4.3.3 泊松分布的数学期望和方差

设随机变量 X 服从参数为 $\lambda(\lambda>0)$ 的泊松分布,即 $X\sim P(\lambda)$,即 X 的分布律为

$$P\{X=k\}=\frac{\lambda^k}{k!}e^{-\lambda},\quad k=0,1,2,\cdots,$$

则

$$E(X)=\sum_{k=0}^{+\infty}k\cdot\frac{\lambda^k e^{-\lambda}}{k!}=\sum_{k=1}^{+\infty}\frac{\lambda^k}{(k-1)!}e^{-\lambda}=\lambda e^{-\lambda}\sum_{k=1}^{+\infty}\frac{\lambda^{k-1}}{(k-1)!}=\lambda e^{-\lambda}\cdot e^{\lambda}=\lambda.$$

而

$$E(X^2)=E[X(X-1)+X]=E[X(X-1)]+E(X)=E[X(X-1)]+\lambda,$$

$$E[X(X-1)]=\sum_{k=0}^{+\infty}k(k-1)\cdot\frac{\lambda^k}{k!}e^{-\lambda}=\lambda^2e^{-\lambda}\sum_{k=2}^{+\infty}\frac{\lambda^{k-2}}{(k-2)!}=\lambda^2e^{-\lambda}e^{\lambda}=\lambda^2.$$

因此 $E(X^2)=\lambda^2+\lambda$. 从而

$$D(X)=E(X^2)-[E(X)]^2=\lambda^2+\lambda-\lambda^2=\lambda.$$

可以看到,泊松分布的数学期望和方差相等,都等于其参数 λ. 因此,只要知道它的数学期望或方差就能完全确定它的分布了.

4.3.4 均匀分布的数学期望和方差

设随机变量 X 在区间 $[a,b]$ 上服从均匀分布,即 $X\sim U(a,b)$,其概率密度为

$$f(x)=\begin{cases}\dfrac{1}{b-a}, & a\leqslant x\leqslant b,\\ 0, & \text{其他}.\end{cases}$$

由例 4.5 可知，$E(X)=\frac{a+b}{2}$，则

$$E(X^2)=\int_a^b \frac{1}{b-a}x^2\mathrm{d}x=\frac{a^2+ab+b^2}{3},$$

$$D(X)=E(X^2)-[E(X)]^2=\frac{a^2+ab+b^2}{3}-\left(\frac{a+b}{2}\right)^2=\frac{(b-a)^2}{12},$$

即均匀分布的方差与其区间长度的平方成正比.

4.3.5 指数分布的数学期望和方差

设随机变量 X 服从参数为 $\lambda(\lambda>0)$ 的指数分布，即 $X\sim \mathrm{e}(\lambda)$，其概率密度为

$$f(x)=\begin{cases}\lambda \mathrm{e}^{-\lambda x}, & x\geqslant 0,\\ 0, & x<0.\end{cases}$$

由例 4.7 可知，$E(X)=\frac{1}{\lambda}$，而

$$E(X^2)=\int_0^{+\infty}\lambda x^2\mathrm{e}^{-\lambda x}\mathrm{d}x=-x^2\mathrm{e}^{-\lambda x}\Big|_0^{+\infty}+2\int_0^{+\infty}x\mathrm{e}^{-\lambda x}\mathrm{d}x=\frac{2}{\lambda^2}.$$

因此

$$D(X)=E(X^2)-[E(X)]^2=\frac{2}{\lambda^2}-\frac{1}{\lambda^2}=\frac{1}{\lambda^2}.$$

4.3.6 正态分布的数学期望和方差

设随机变量 X 服从参数为 μ,σ^2 的正态分布，即 $X\sim N(\mu,\sigma^2)$，其概率密度为

$$f(x)=\frac{1}{\sqrt{2\pi}\sigma}\mathrm{e}^{-\frac{(x-\mu)^2}{2\sigma^2}},\quad -\infty<x<+\infty.$$

则由例 4.8 和例 4.17 可知，$E(X)=\mu, D(X)=\sigma^2$.

这就是说，正态分布的两个参数 μ 和 σ^2 分别是该分布的数学期望和方差，因而正态分布完全可以由它的数学期望和方差确定.

此外，若 $X_1,X_2,\cdots,X_n$ 均服从正态分布且相互独立，即 $X_i\sim N(\mu_i,\sigma_i^2)(i=1,2,\cdots,n)$，则由式(3.49)，它们的线性组合 $C_1X_1+C_2X_2+\cdots+C_nX_n$（$C_1,C_2,\cdots,C_n$ 为不全为 0 的常数）仍然服从正态分布，且

$$\begin{aligned}E(C_1X_1+C_2X_2+\cdots+C_nX_n)&=C_1E(X_1)+C_2E(X_2)+\cdots+C_nE(X_n)\\&=C_1\mu_1+C_2\mu_2+\cdots+C_n\mu_n,\\D(C_1X_1+C_2X_2+\cdots+C_nX_n)&=C_1^2D(X_1)+C_2^2D(X_2)+\cdots+C_n^2D(X_n)\\&=C_1^2\sigma_1^2+C_2^2\sigma_2^2+\cdots+C_n^2\sigma_n^2,\end{aligned}$$

即

$$C_1X_1+C_2X_2+\cdots+C_nX_n\sim N\left(\sum_{i=1}^n C_i\mu_i,\sum_{i=1}^n C_i^2\sigma_i^2\right).$$

例 4.19　设随机变量 X,Y 均服从正态分布，$X\sim N(1,3)$，$Y\sim N(2,4)$，且 X 与 Y 相互独立，记 $Z=2X-3Y+1$. 求：(1) Z 的分布；(2) $P\{Z>3\}$.

解 (1)易知 Z 仍然服从正态分布. 由数学期望和方差的性质可得

$$E(Z)=2E(X)-3E(Y)+1=2\times1-3\times2+1=-3;$$

$$D(Z)=2^2D(X)+3^2D(Y)=4\times3+9\times4=48.$$

因此

$$Z\sim N(-3,48).$$

(2) $P\{Z>3\}=1-\Phi\left(\dfrac{3-(-3)}{\sqrt{48}}\right)=1-\Phi(0.87)=1-0.8078=0.1922.$

表 4.1 列出了几种常见分布的数学期望和方差.

表 4.1

分布	分布律或概率密度	数学期望	方差
(0-1)分布 $B(1,p)$	$P\{X=k\}=p^k(1-p)^{1-k}\quad(k=0,1)$ $0<p<1,p+q=1$	p	pq
二项分布 $B(n,p)$	$P\{X=k\}=C_n^kp^k(1-p)^{n-k}\quad(k=0,1,\cdots,n)$ $0<p<1,p+q=1$	np	npq
泊松分布 $P(\lambda)$	$P\{X=k\}=\dfrac{\lambda^k}{k!}e^{-\lambda}\quad(k=0,1,2,\cdots)$ $\lambda>0$	λ	λ
均匀分布 $U(a,b)$	$f(x)=\begin{cases}\dfrac{1}{b-a}, & a\leqslant x\leqslant b,\\0, & \text{其他}\end{cases}$	$\dfrac{a+b}{2}$	$\dfrac{(b-a)^2}{12}$
指数分布 $e(\lambda)$	$f(x)=\begin{cases}\lambda e^{-\lambda x}, & x\geqslant0,\\0, & x<0\end{cases}$	$\dfrac{1}{\lambda}$	$\dfrac{1}{\lambda^2}$
正态分布 $N(\mu,\sigma^2)$	$f(x)=\dfrac{1}{\sqrt{2\pi}\sigma}e^{-\frac{(x-\mu)^2}{2\sigma^2}}\quad(x\in\mathbf{R})$ $-\infty<\mu<+\infty,\sigma>0$	μ	σ^2

由表 4.1 可以看出,以上几种常见分布的数学期望和方差完全由各分布的参数决定,如果已知随机变量的分布类型,只要知道了它们的某些数字特征,就可以完全确定随机变量的分布规律. 因此,数字特征的重要性显而易见.

4.4 协方差与相关系数

对于二维随机变量(X,Y),X 与 Y 的数学期望和方差只反映 X 和 Y 自身的数字特征,对于 X 和 Y 之间的关系未提供任何信息,本节讨论描述 X 与 Y 之间的相互关系的数字特征——协方差与相关系数.

在 4.2 节关于方差性质 3 的证明中我们已经看到,如果两个随机变量 X 和 Y 相互独立,则有

$$E\{[X-E(X)][Y-E(Y)]\}=0.$$

这就说明当

$$E\{[X-E(X)][Y-E(Y)]\}\neq 0$$

时,X 与 Y 不相互独立,而是存在一定的关系.

4.4.1 协方差

定义 4.4 设(X,Y)为二维随机变量,如果 $E\{[X-E(X)][Y-E(Y)]\}$ 存在,则称它是随机变量 X 与 Y 的协方差,记为

$$\mathrm{Cov}(X,Y)=E\{[X-E(X)][Y-E(Y)]\}. \tag{4.15}$$

显然,$\mathrm{Cov}(X,X)=D(X)$.

协方差是两个随机变量的函数的数学期望. 因此当已知二维随机变量(X,Y)的联合分布律或联合概率密度时,可由式(4.6)或式(4.7)计算协方差 $\mathrm{Cov}(X,Y)$. 计算协方差的一个常用公式是

$$\mathrm{Cov}(X,Y)=E(XY)-E(X)E(Y). \tag{4.16}$$

下面给出式(4.16)的证明.

$$\begin{aligned}\mathrm{Cov}(X,Y)&=E\{[X-E(X)][Y-E(Y)]\}\\&=E\{XY-XE(Y)-YE(X)+E(X)E(Y)\}\\&=E(XY)-E(Y)E(X)-E(X)E(Y)+E(X)E(Y)\\&=E(XY)-E(X)E(Y).\end{aligned}$$

对于二维离散型随机变量或二维连续型随机变量,我们都可以用式(4.16)计算协方差 $\mathrm{Cov}(X,Y)$. 用式(4.16)计算协方差比用定义计算方便,只需要计算出 3 个数学期望即可. 如对于例 4.13,协方差

$$\mathrm{Cov}(X,Y)=E(XY)-E(X)E(Y)=\frac{16}{9}-\frac{8}{5}\cdot\frac{16}{15}=\frac{16}{225}.$$

读者应该熟练掌握计算方差的方法.

协方差具有以下性质.

性质 1 $\mathrm{Cov}(X,Y)=\mathrm{Cov}(Y,X)$.

性质 2 $\mathrm{Cov}(aX+c,bY+d)=ab\mathrm{Cov}(X,Y)$,其中 a,b,c,d 均为常数.

性质 3 $\mathrm{Cov}(X_1+X_2,Y)=\mathrm{Cov}(X_1,Y)+\mathrm{Cov}(X_2,Y)$.

推论

$$\mathrm{Cov}(X_1+X_2,Y_1+Y_2)=\mathrm{Cov}(X_1,Y_1)+\mathrm{Cov}(X_1,Y_2)+\mathrm{Cov}(X_2,Y_1)+\mathrm{Cov}(X_2,Y_2).$$

性质 4 若 X 与 Y 相互独立,则 $\mathrm{Cov}(X,Y)=0$.

性质 5 对于任意随机变量 X 与 Y,有

$$D(X\pm Y)=D(X)+D(Y)\pm 2\mathrm{Cov}(X,Y).$$

特别地,如果 $\mathrm{Cov}(X,Y)=0$,则

$$D(X\pm Y)=D(X)+D(Y).$$

由协方差的定义很容易证明性质 1 至性质 4,请读者自行证明;性质 5 的证明见 4.2 节关于方差性质 3 的证明.

4.4.2 相关系数

由协方差的性质可知,协方差的数值受到随机变量 X 与 Y 取值的影响. 例如,若 X 与 Y 各自增加为原来数值的 m 倍,这时尽管 X 与 Y 之间的相互关系没有变,但是反映这种关系的协方差

$$\mathrm{Cov}(mX,mY)=m^2\mathrm{Cov}(X,Y)$$

却增加为原来数值的 m^2 倍. 为了消除这种影响,我们给出相关系数的定义.

令 $X^*=\dfrac{X-E(X)}{\sqrt{D(X)}}$, $Y^*=\dfrac{Y-E(Y)}{\sqrt{D(Y)}}$,由例 4.18 可得

$$E(X^*)=E(Y^*)=0,\quad D(X^*)=D(Y^*)=1.$$

从而

$$\mathrm{Cov}(X^*,Y^*)=E(X^*Y^*)=\frac{\mathrm{Cov}(X,Y)}{\sqrt{D(X)}\sqrt{D(Y)}} \tag{4.17}$$

与 X,Y 取值的大小没有关系.

定义 4.5 若 $D(X)>0,D(Y)>0$,则称数值 $\dfrac{\mathrm{Cov}(X,Y)}{\sqrt{D(X)}\sqrt{D(Y)}}$ 为随机变量 X 与 Y 的线性相关系数,简称相关系数,记为 ρ_{XY},即

$$\rho_{XY}=\frac{\mathrm{Cov}(X,Y)}{\sqrt{D(X)}\sqrt{D(Y)}}. \tag{4.18}$$

由定义可知,X 与 Y 的相关系数 ρ_{XY} 实际上就是 X 与 Y 的标准化随机变量的协方差.

例 4.20 设二维随机变量 (X,Y) 的联合分布律为

X \ Y	0	1	2	3
0	$\frac{1}{8}$	$\frac{1}{4}$	$\frac{1}{8}$	0
1	0	$\frac{1}{8}$	$\frac{1}{4}$	$\frac{1}{8}$

求 X 与 Y 的协方差 $\mathrm{Cov}(X,Y)$ 及相关系数 ρ_{XY}.

解 由 (X,Y) 的联合分布律得到 X 与 Y 的边缘分布律分别为

X	0	1
p_k	$\frac{1}{2}$	$\frac{1}{2}$

Y	0	1	2	3
p_k	$\frac{1}{8}$	$\frac{3}{8}$	$\frac{3}{8}$	$\frac{1}{8}$

因此得到

$$E(X)=\frac{1}{2},E(Y)=\frac{3}{2},$$

$$E(XY)=1\times1\times\frac{1}{8}+1\times2\times\frac{1}{4}+1\times3\times\frac{1}{8}=1,$$

$$\operatorname{Cov}(X,Y)=E(XY)-E(X)E(Y)=1-\frac{1}{2}\times\frac{3}{2}=\frac{1}{4}.$$

$$E(X^2)=\frac{1}{2},\quad D(X)=E(X^2)-[E(X)]^2=\frac{1}{4},$$

$$E(Y^2)=3,\quad D(Y)=E(Y^2)-[E(Y)]^2=\frac{3}{4},$$

$$\rho_{XY}=\frac{\operatorname{Cov}(X,Y)}{\sqrt{D(X)}\sqrt{D(Y)}}=\frac{\frac{1}{4}}{\frac{1}{2}\times\frac{\sqrt{3}}{2}}=\frac{\sqrt{3}}{3}.$$

例 4.21　设 $E(X)=E(Y)=\mu, D(X)=D(Y)=\sigma^2$，且 X 与 Y 相互独立，求 $U=aX+bY$，$V=aX-bY(a\neq 0,b\neq 0)$ 的相关系数.

解　因为 X 与 Y 相互独立，因此有

$$D(U)=D(aX+bY)=a^2D(X)+b^2D(Y)=(a^2+b^2)\sigma^2,$$

$$D(V)=D(aX-bY)=a^2D(X)+b^2D(Y)=(a^2+b^2)\sigma^2.$$

由协方差的性质可得

$$\begin{aligned}\operatorname{Cov}(U,V)&=\operatorname{Cov}(aX+bY,aX-bY)\\&=a^2\operatorname{Cov}(X,X)-ab\operatorname{Cov}(X,Y)+ab\operatorname{Cov}(Y,X)-b^2\operatorname{Cov}(Y,Y)\\&=a^2D(X)-b^2D(Y)\\&=(a^2-b^2)\sigma^2.\end{aligned}$$

从而可得

$$\rho_{UV}=\frac{\operatorname{Cov}(U,V)}{\sqrt{D(U)}\sqrt{D(V)}}=\frac{(a^2-b^2)\sigma^2}{(a^2+b^2)\sigma^2}=\frac{a^2-b^2}{a^2+b^2}.$$

定理 4.3　X 与 Y 的相关系数 ρ_{XY} 具有如下性质：

(1) $|\rho_{XY}|\leqslant 1$；

(2) $|\rho_{XY}|=1$ 的充分必要条件是存在常数 a,b，使得 $P\{Y=aX+b\}=1$，即 $|\rho_{XY}|=1$ 的充分必要条件是随机变量 Y 和 X 以概率 1 有线性关系.

证明　(1) 令 $X^*=\dfrac{X-E(X)}{\sqrt{D(X)}}, Y^*=\dfrac{Y-E(Y)}{\sqrt{D(Y)}}$，则

$$E(X^*)=E(Y^*)=0,\quad D(X^*)=D(Y^*)=1.$$

由协方差性质 5 得

$$D(X^*\pm Y^*)=D(X^*)+D(Y^*)\pm 2\operatorname{Cov}(X^*,Y^*)=2(1\pm\rho_{XY})\geqslant 0,$$

即 $-1\leqslant\rho_{XY}\leqslant 1$，也即 $|\rho_{XY}|\leqslant 1$.

(2) 首先证明 $|\rho_{XY}|=1$ 的充分必要条件是存在常数 a,b，使得 $E[(Y-aX-b)^2]=0$.

$$\begin{aligned}E[(Y-aX-b)^2]&=E(Y^2+a^2X^2+b^2-2aXY-2bY-2abX)\\&=E(Y^2)+a^2E(X^2)+b^2-2aE(XY)-2bE(Y)-2abE(X).\end{aligned}$$

利用公式

$$E(X^2)=D(X)+[E(X)]^2,$$

$$E(XY)=\mathrm{Cov}(X,Y)+E(X)E(Y),$$

则

$$\begin{aligned}E[(Y-aX-b)^2]&=D(Y)+[E(Y)]^2+a^2D(X)+a^2[E(X)]^2+b^2-\\&\quad 2a\mathrm{Cov}(X,Y)-2aE(X)E(Y)-2bE(Y)-2abE(X)\\&=D(Y)+a^2D(X)+[E(Y)-aE(X)-b]^2-2a\mathrm{Cov}(X,Y)\\&=D(Y)\left[1-\frac{\mathrm{Cov}^2(X,Y)}{D(X)D(Y)}\right]+D(X)\left[a-\frac{\mathrm{Cov}(X,Y)}{D(X)}\right]^2+\\&\quad [E(Y)-aE(X)-b]^2\\&=D(Y)(1-\rho_{XY}^2)+D(X)\left[a-\frac{\mathrm{Cov}(X,Y)}{D(X)}\right]^2+\\&\quad [E(Y)-aE(X)-b]^2.\end{aligned}\tag{4.19}$$

若 $|\rho_{XY}|=1$，则由式(4.19)可得，必存在常数

$$a=\frac{\mathrm{Cov}(X,Y)}{D(X)}=\rho_{XY}\sqrt{\frac{D(Y)}{D(X)}},\quad b=E(Y)-aE(X),$$

使得 $E[(Y-aX-b)^2]=0.$

反之，若存在常数 a,b，使得 $E[(Y-aX-b)^2]=0$. 由(1)可知，$|\rho_{XY}|\leqslant 1$，因此式(4.19)右端三项均是非负的，从而必有 $1-\rho_{XY}{}^2=0$，即 $|\rho_{XY}|=1$.

又根据方差性质3可得

$$D(Y-aX-b)=E[(Y-aX-b)^2]-[E(Y-aX-b)]^2\geqslant 0,$$

所以 $E[(Y-aX-b)^2]=0$ 成立的充分必要条件是

$$D(Y-aX-b)=0,\quad E(Y-aX-b)=0,$$

也就是

$$P\{Y-aX-b=0\}=1.$$

从而 $|\rho_{XY}|=1$ 的充分必要条件是存在常数 a,b，使得 $P\{Y=aX+b\}=1$.

定理4.3说明，$|\rho_{XY}|=1$ 时，随机变量 Y 和 X 以概率1线性相关. $|\rho_{XY}|$ 的大小表征 Y 与 X 的线性相关程度. 当 $|\rho_{XY}|$ 较大时，则 Y 与 X 的线性相关程度较好；当 $|\rho_{XY}|$ 较小时，则 Y 与 X 的线性相关程度较差.

定义4.6 当 $\rho_{XY}=0$ 时，称 X 与 Y 不相关. 否则，就称 X 与 Y 相关. 其中，如果 $\rho_{XY}>0$；称 X 与 Y 正相关；如果 $\rho_{XY}<0$，称 X 与 Y 负相关.

定理4.4 若随机变量 X 与 Y 相互独立，则 X 与 Y 不相关.

证明 因为 X 与 Y 相互独立，由协方差的性质可知 $\mathrm{Cov}(X,Y)=0$，从而 $\rho_{XY}=0$，即 X 与 Y 不相关.

定理4.4的逆命题不成立. 即如果 X 与 Y 不相关，则 X 与 Y 不一定相互独立. 下面举反例加以说明.

例4.22 设二维随机变量 (X,Y) 的联合分布律为

X \ Y	-2	-1	1	2
1	0	$\frac{1}{4}$	$\frac{1}{4}$	0
4	$\frac{1}{4}$	0	0	$\frac{1}{4}$

判断随机变量 X 与 Y 是否相关,是否相互独立.

解 由(X,Y)的联合分布律得到 X 与 Y 的边缘分布律分别为

X	1	4
p_k	$\frac{1}{2}$	$\frac{1}{2}$

Y	-2	-1	1	2
p_k	$\frac{1}{4}$	$\frac{1}{4}$	$\frac{1}{4}$	$\frac{1}{4}$

于是得到

$$E(X)=\frac{5}{2},\quad E(Y)=0,\quad E(XY)=0.$$

因此

$$\mathrm{Cov}(X,Y)=E(XY)-E(X)E(Y)=0,\quad \rho_{XY}=0,$$

从而 X 与 Y 不相关. 但是

$$P\{X=1,Y=-2\}=0\neq P\{X=1\}P\{Y=-2\}=\frac{1}{8},$$

因此 X 与 Y 不相互独立. 事实上,X 和 Y 具有关系 $X=Y^2$.

综上可知,独立性是比不相关更为严格的条件. 独立性反映 X 与 Y 之间不存在任何关系,而不相关只是就线性关系而言的. 例 4.22 说明,即使 X 与 Y 不相关,它们之间还是可能存在函数关系的. 相关系数只是 X 与 Y 之间线性相关程度的一种量度.

例 4.23 设连续型随机变量(X,Y)的联合概率密度为

$$f(x,y)=\begin{cases}15x^2y, & 0<x<y<1,\\ 0, & \text{其他}.\end{cases}$$

试判断:(1)随机变量 X 和 Y 是否相关;

(2)随机变量 X 和 Y 是否相互独立.

解 (1)$E(X)=\int_{-\infty}^{+\infty}\int_{-\infty}^{+\infty}xf(x,y)\,\mathrm{d}x\mathrm{d}y=\int_0^1\mathrm{d}x\int_x^1 x\cdot 15x^2y\,\mathrm{d}y=\frac{15}{2}\int_0^1(x^3-x^5)\,\mathrm{d}x=\frac{5}{8}$,

$$E(Y)=\int_{-\infty}^{+\infty}\int_{-\infty}^{+\infty}yf(x,y)\,\mathrm{d}x\mathrm{d}y=\int_0^1\mathrm{d}x\int_x^1 y\cdot 15x^2y\,\mathrm{d}y=5\int_0^1(x^2-x^5)\,\mathrm{d}x=\frac{5}{6},$$

$$E(XY)=\int_{-\infty}^{+\infty}\int_{-\infty}^{+\infty}xyf(x,y)\,\mathrm{d}x\mathrm{d}y=\int_0^1\mathrm{d}x\int_x^1 xy\cdot 15x^2y\,\mathrm{d}y=5\int_0^1(x^3-x^6)\,\mathrm{d}x=\frac{15}{28},$$

$$\mathrm{Cov}(X,Y)=E(XY)-E(X)E(Y)=\frac{15}{28}-\frac{5}{8}\cdot\frac{5}{6}=\frac{5}{336}\neq 0,$$

因此 $\rho_{XY}\neq 0$,即随机变量 X 和 Y 相关.

(2)由式(3.20)和式(3.21)可得 X 与 Y 的边缘概率密度分别为

$$f_X(x)=\begin{cases}\int_x^1 15x^2y\,\mathrm{d}y=\frac{15}{2}x^2(1-x^2), & 0<x<1,\\ 0, & \text{其他};\end{cases}$$

$$f_Y(y)=\begin{cases}\int_0^y 15x^2y\mathrm{d}x=5y^4, & 0<y<1,\\ 0, & \text{其他}.\end{cases}$$

因为$f(x,y)\neq f_X(x)f_Y(y)$，所以随机变量X和Y不相互独立.

注意例4.23(2)的结论正好与定理4.4的逆否命题吻合. 即若随机变量X与Y相关，则X与Y不相互独立.

对于随机变量X和Y，以下5个说法等价：

(1)X与Y不相关；

(2)$E(XY)=E(X)E(Y)$；

(3)$D(X\pm Y)=D(X)+D(Y)$；

(4)$\mathrm{Cov}(X,Y)=0$；

(5)$\rho_{XY}=0$.

例4.24 设二维随机变量(X,Y)服从二维正态分布$N(\mu_1,\mu_2,\sigma_1^2,\sigma_2^2,\rho)$，求$X$与$Y$的相关系数$\rho_{XY}$.

解 由例3.9知，$X\sim N(\mu_1,\sigma_1^2)$，$Y\sim N(\mu_2,\sigma_2^2)$，则可得

$$E(X)=\mu_1,\quad E(Y)=\mu_2,\quad D(X)=\sigma_1^2,\quad D(Y)=\sigma_2^2.$$

$$\begin{aligned}\mathrm{Cov}(X,Y)&=E\{[X-E(X)][Y-E(Y)]\}=E\{(X-\mu_1)(Y-\mu_2)\}\\&=\int_{-\infty}^{+\infty}\int_{-\infty}^{+\infty}(x-\mu_1)(y-\mu_2)f(x,y)\mathrm{d}x\mathrm{d}y\\&=\frac{1}{2\pi\sigma_1\sigma_2\sqrt{1-\rho^2}}\int_{-\infty}^{+\infty}\int_{-\infty}^{+\infty}(x-\mu_1)(y-\mu_2)\exp\left\{-\frac{1}{2(1-\rho^2)}\cdot\right.\\&\quad\left.\left[\left(\frac{x-\mu_1}{\sigma_1}\right)^2-2\rho\frac{(x-\mu_1)(y-\mu_2)}{\sigma_1\sigma_2}+\left(\frac{y-\mu_2}{\sigma_2}\right)^2\right]\right\}\mathrm{d}x\mathrm{d}y\\&=\frac{1}{2\pi\sigma_1\sigma_2\sqrt{1-\rho^2}}\int_{-\infty}^{+\infty}(x-\mu_1)\exp\left\{-\frac{(x-\mu_1)^2}{2\sigma_1^2}\right\}\mathrm{d}x\cdot\\&\quad\int_{-\infty}^{+\infty}(y-\mu_2)\exp\left\{-\frac{1}{2(1-\rho^2)}\left(\frac{y-\mu_2}{\sigma_2}-\rho\frac{x-\mu_1}{\sigma_1}\right)^2\right\}\mathrm{d}y.\end{aligned}$$

令$t=\frac{1}{\sqrt{1-\rho^2}}\left(\frac{y-\mu_2}{\sigma_2}-\rho\frac{x-\mu_1}{\sigma_1}\right)$，则$\mathrm{d}y=\sigma_2\sqrt{1-\rho^2}\mathrm{d}t$，则有

$$\begin{aligned}\mathrm{Cov}(X,Y)&=\frac{1}{2\pi\sigma_1}\int_{-\infty}^{+\infty}(x-\mu_1)\exp\left\{-\frac{(x-\mu_1)^2}{2\sigma_1^2}\right\}\mathrm{d}x.\\&\quad\int_{-\infty}^{+\infty}\left[\sigma_2\sqrt{1-\rho^2}t+\rho\frac{\sigma_2}{\sigma_1}(x-\mu_1)\right]\mathrm{e}^{-\frac{t^2}{2}}\mathrm{d}t\\&=\frac{\rho\sigma_2}{\sqrt{2\pi}\sigma_1^2}\int_{-\infty}^{+\infty}(x-\mu_1)^2\mathrm{e}^{-\frac{(x-\mu_1)^2}{2\sigma_1^2}}\mathrm{d}x\\&=\rho\frac{\sigma_2}{\sigma_1}D(X)=\rho\sigma_1\sigma_2.\end{aligned}$$

于是

$$\rho_{XY}=\frac{\mathrm{Cov}(X,Y)}{\sqrt{D(X)}\sqrt{D(Y)}}=\frac{\rho\sigma_1\sigma_2}{\sigma_1\sigma_2}=\rho.$$

由例 4.24 可知,若二维随机变量(X,Y)服从正态分布$N(\mu_1,\mu_2,\sigma_1^2,\sigma_2^2,\rho)$,则$\rho$就是$X$与$Y$的相关系数$\rho_{XY}$. 而由例 3.16 知$\rho=0$与$X$与$Y$相互独立等价. 因此,对于二维正态分布随机变量$(X,Y)$而言,“$X$与$Y$不相关”与“$X$与$Y$相互独立”是等价的.

*4.5　矩与协方差矩阵

本节简单介绍矩与协方差矩阵的概念,它们是数学期望、方差、协方差概念的推广.

4.5.1　矩

定义 4.7　对于随机变量X,若$E(X^k)$存在,则称$E(X^k)$为X的k阶原点矩,简称k阶矩. 若$E\{[X-E(X)]^k\}$存在,则称$E\{[X-E(X)]^k\}$为X的k阶中心矩.

由定义可以看出,随机变量X的 1 阶原点矩就是X的数学期望,X的 1 阶中心矩为 0,X的 2 阶中心矩即为X的方差.

定义 4.8　对于随机变量X,Y,若$E(X^kY^l)$存在,则称$E(X^kY^l)$为X与Y的$k+l$阶混合矩. 若$E\{[X-E(X)]^k[Y-E(Y)]^l\}$存在,则称$E\{[X-E(X)]^k[Y-E(Y)]^l\}$为$X$与$Y$的$k+l$阶混合中心矩,其中$k,l=1,2,\cdots$.

由定义显然可以看出,X与Y的 1 阶混合中心矩为 0,X与Y的 2 阶混合中心矩为协方差$\mathrm{Cov}(X,Y)$.

例 4.25　设随机变量X在区间$[a,b]$上服从均匀分布,求其k阶原点矩$E(X^k)$及k阶中心矩$E\{[X-E(X)]^k\}$.

解　由题意知X的概率密度为

$$f(x)=\begin{cases}\dfrac{1}{b-a}, & a\leqslant x\leqslant b,\\ 0, & \text{其他}.\end{cases}$$

则有

$$E(X^k)=\frac{1}{b-a}\int_a^b x^k\mathrm{d}x=\frac{b^{k+1}-a^{k+1}}{(k+1)(b-a)}.$$

$$\begin{aligned}E\{[X-E(X)]^k\}&=E\left[\left(X-\frac{a+b}{2}\right)^k\right]=\frac{1}{b-a}\int_a^b\left(x-\frac{a+b}{2}\right)^k\mathrm{d}x\\&=\frac{(b-a)^{k+1}-(-1)^{k+1}(b-a)^{k+1}}{(k+1)2^{k+1}(b-a)}.\end{aligned}$$

4.5.2　协方差矩阵

设$(X_1,X_2,\cdots,X_n)$为n维随机变量,则$(E(X_1),E(X_2),\cdots,E(X_n))$称为期望向量,且

$(D(X_1),D(X_2),\cdots,D(X_n))$称为方差向量.

下面先从二维随机变量讲起.

二维随机变量(X_1,X_2)有 4 个二阶中心矩(假设都存在),分别记为

$$c_{11}=E\{[X_1-E(X_1)]^2\}=D(X_1),$$
$$c_{12}=E\{[X_1-E(X_1)][X_2-E(X_2)]\}=\mathrm{Cov}(X_1,X_2),$$
$$c_{21}=E\{[X_2-E(X_2)][X_1-E(X_1)]\}=\mathrm{Cov}(X_2,X_1)=c_{12},$$
$$c_{22}=E\{[X_2-E(X_2)]^2\}=D(X_2).$$

将它们排成矩阵的形式$\begin{bmatrix} c_{11} & c_{12} \\ c_{21} & c_{21} \end{bmatrix}$,这是一个对称矩阵,把这个矩阵称为二维随机变量$(X_1,X_2)$的协方差矩阵.

可将以上定义推广到一般情形,下面给出 n 维随机变量$(X_1,X_2,\cdots,X_n)$的协方差矩阵的定义.

定义 4.9 设 n 维随机变量$(X_1,X_2,\cdots,X_n)$的二阶中心矩

$$c_{ij}=\mathrm{Cov}(X_i,X_j)=E\{[X_i-E(X_i)][X_j-E(X_j)]\},\quad i,j=1,2,\cdots,n$$

都存在,则称矩阵

$$\begin{bmatrix} c_{11} & c_{12} & \cdots & c_{1n} \\ c_{21} & c_{22} & \cdots & c_{2n} \\ \vdots & \vdots & & \vdots \\ c_{n1} & c_{n2} & \cdots & c_{nn} \end{bmatrix}$$

为 n 维随机变量$(X_1,X_2,\cdots,X_n)$的协方差矩阵.

由定义可知,在协方差矩阵中,$c_{ij}=c_{ji}(i\neq j,i,j=1,2,\cdots,n)$,因而该矩阵是一个对称矩阵,且主对角线上的元素为 $c_{ii}=D(X_i)$.

一般地,n 维随机变量$(X_1,X_2,\cdots,X_n)$的分布是不知道的或者太复杂,以至于在数学上不易处理,因此在实际应用中协方差矩阵就显得非常重要.

习题 4

A 组

4.1 已知某工厂生产的 100 件产品中有 10 件次品,从中任意取出 2 件产品,求取出的次品数 X 的数学期望.

4.2 设某袋中有编号为 k 的球 k 只,$k=1,2,\cdots,n$,从中任意摸出一球,记摸出球的号码数为 X,求 X 的数学期望 $E(X)$.

4.3 设连续型随机变量 X 的概率密度为

$$f(x)=\begin{cases} Ax^2, & 0<x<1, \\ 0, & \text{其他}. \end{cases}$$

试求:(1)常数 A 的值;(2)$E(X)$.

4.4 设连续型随机变量 X 的概率密度为

$$f(x)=\begin{cases}a+bx^2, & 0<x<1,\\0, & \text{其他}.\end{cases}$$

且 $E(X)=\dfrac{3}{5}$. 试求:(1)常数 a,b 的值;(2)$D(X)$.

4.5　设随机变量 X 的分布律为

$$P\{X=k\}=Ak,\quad k=1,2,3,4,5,6.$$

试求常数 A,$E(X)$及 $E(2X^2+1)$.

4.6　设连续型随机变量 X 的概率密度为

$$f(x)=\frac{1}{2}\mathrm{e}^{-|x|}\quad -\infty<x<+\infty.$$

试求 $Y=|X|$的数学期望.

4.7　二维随机变量(X,Y)的联合分布律为

X \ Y	0	1	2	3
0	0.15	0.05	0.01	0.09
1	0.05	0.05	0.02	0.03
2	0.1	0.15	0.2	0.1

试求:(1)$E(X)$;(2)$E(Y)$;(3)$E(X+Y)$;(4)$E(XY)$.

4.8　设随机变量 X 与 Y 相互独立,且它们的分布律分别为

X	-2	0	1
p_k	$\frac{1}{2}$	$\frac{1}{4}$	$\frac{1}{4}$

Y	0	1	3
p_k	$\frac{1}{5}$	$\frac{2}{5}$	$\frac{2}{5}$

记 $Z=\max\{X,Y\}$,求 $E(Z)$.

4.9　设二维连续型随机变量(X,Y)的联合概率密度为

$$f(x,y)=\begin{cases}x+y, & 0\leqslant x\leqslant 1,0\leqslant y\leqslant 1,\\0, & \text{其他}.\end{cases}$$

试求 $E(X+Y)$及 $E(XY)$.

4.10　设二维随机变量(X,Y)的联合概率密度为

$$f(x,y)=\begin{cases}kxy, & 0<x<y<1,\\0, & \text{其他}.\end{cases}$$

试求:(1)常数 k,并判断 X 和 Y 是否相互独立;

(2)$E(X)$;

(3)$E(X+Y)$.

4.11　设一个盒子中有 10 个球,包括 6 个白球、4 个红球,现从中任取 3 个球,求取出的白球数 X 的数学期望 $E(X)$和方差 $D(X)$.

4.12　设连续型随机变量 X 的概率密度为

$$f(x)=\begin{cases}1+x, & -1<x\leqslant 0,\\1-x, & 0<x<1,\\0, & \text{其他}.\end{cases}$$

试求 $E(X)$ 和 $D(X)$.

4.13 设随机变量 X 与 Y 相互独立，且 $E(X)=E(Y)=0, D(X)=D(Y)=1$，试求 $E[(X+Y)^2]$.

4.14 设随机变量 X 与 Y 相互独立，且 $X\sim U[0,2], Y\sim N(2,4)$，试求 $E(XY)$ 及 $D(XY)$.

4.15 设随机变量 X,Y,Z 相互独立，并且 $X\sim e(2), Y\sim B(5,0.4)$，$Z$ 服从参数为 2 的泊松分布，试求随机变量 $W=X-2Y+3Z$ 的方差 $D(W)$.

4.16 设随机变量 $X\sim U[-1,1], Y=X^2+1$，试求 $E(Y)$ 和 $D(Y)$.

4.17 二维离散型随机变量 (X,Y) 的联合分布律为

X \ Y	1	3
-1	0.1	0.2
0	0.3	0.25
1	0.15	0

令 $Z=\sin\dfrac{X+Y}{2}\pi$，试求 $E(Z)$.

4.18 设二维连续型随机变量 (X,Y) 的联合概率密度为

$$f(x,y)=\begin{cases}\dfrac{5}{16}x^2y, & 0\leqslant y<x\leqslant 2,\\ 0, & \text{其他}.\end{cases}$$

试求：(1) $E(X)$；(2) $E(XY)$.

4.19 设二维离散型随机变量 (X,Y) 的联合分布律为

X \ Y	0	1	2	3
0	0.1	0.2	0.1	0
1	0	0.3	0.1	0.2

试求协方差 $\mathrm{Cov}(X,Y)$ 及相关系数 ρ_{XY}.

4.20 设二维连续型随机变量 (X,Y) 的联合概率密度为

$$f(x,y)=\begin{cases}2xy, & 0\leqslant x\leqslant 1, 0\leqslant y\leqslant 2x,\\ 0, & \text{其他}.\end{cases}$$

试求协方差 $\mathrm{Cov}(X,Y)$ 及相关系数 ρ_{XY}.

4.21 设二维连续型随机变量 (X,Y) 的联合概率密度为

$$f(x,y)=\begin{cases}12y^2, & 0\leqslant y\leqslant x\leqslant 1,\\ 0, & \text{其他}.\end{cases}$$

试判断随机变量 X 和 Y 是否相互独立以及是否相关.

4.22 设随机变量 X 与 Y 的相关系数为 0.5，$E(X)=E(Y)=0, E(X^2)=E(Y^2)=2$，试求 $E(X+Y)^2$.

4.23 设二维连续型随机变量 (X,Y) 的联合概率密度为

$$f(x,y)=\begin{cases} ye^{-(x+y)}, & x>0,y>0, \\ 0, & 其他. \end{cases}$$

试判断随机变量 X 和 Y 是否相互独立以及是否相关.

4.24　已知随机变量 X 与 Y 都服从正态分布,$X\sim N(1,3^2)$,$Y\sim N(0,4^2)$,且 X 与 Y 的相关系数 $\rho_{XY}=-\frac{1}{2}$,设随机变量 $Z=\frac{X}{3}+\frac{Y}{2}$. 试求:

(1) $E(Z)$ 及 $D(Z)$;

(2) X 与 Z 的相关系数 ρ_{XZ}.

B 组

一、填空题

4.25　将一枚硬币重复投掷 n 次,以 X 和 Y 分别表示正面朝上和反面朝上的次数,则 X 与 Y 的相关系数 $\rho_{XY}=$______.

4.26　设二维随机变量 (X,Y) 服从正态分布 $N(1,0,1,1,0)$,则 $P\{XY-Y<0\}$ =______.

二、选择题

4.27　设随机变量 X 的分布函数 $F(x)=0.3\Phi(x)+0.7\Phi\left(\frac{x-1}{2}\right)$,其中 $\Phi(x)$ 为标准正态分布的分布函数,则 $E(X)=$(　　).

A. 0　　B. 0.3　　C. 0.7　　D. 1

4.28　设随机变量 $X\sim N(\mu,\sigma^2)$,Y 服从参数为 λ 的指数分布,则下列各式不正确的是(　　).

A. $E(X+Y)=\mu+\frac{1}{\lambda}$　　B. $D(X+Y)=\sigma^2+\frac{1}{\lambda^2}$

C. $E(X^2+Y^2)=\sigma^2+\mu^2+\frac{2}{\lambda^2}$　　D. $EX^2=\sigma^2+\mu^2$,$E(Y^2)=\frac{2}{\lambda^2}$

4.29　已知随机变量 X 与 Y 有相同的不为零的方差,则 X 与 Y 的相关系数 $\rho_{XY}=1$ 的充要条件是(　　).

A. $\mathrm{Cov}(X+Y,X)=0$　　B. $\mathrm{Cov}(X+Y,Y)=0$

C. $\mathrm{Cov}(X+Y,X-Y)=0$　　D. $\mathrm{Cov}(X-Y,X)=0$

4.30　设随机变量 X 与 Y 相互独立,且都服从 $N(0,1)$,则(　　).

A. $P\{X+Y\geqslant 0\}=\frac{1}{4}$　　B. $P\{X-Y\geqslant 0\}=\frac{1}{4}$

C. $P\{\max(X,Y)\geqslant 0\}=\frac{1}{4}$　　D. $P\{\min(X,Y)\geqslant 0\}=\frac{1}{4}$

三、计算题

4.31　将 3 个球随机地放入 4 个盒子中,设 X 表示空盒子的个数,求 X 的数学期望 $E(X)$ 和方差 $D(X)$.

4.32　已知自动生产线一旦出现不合格品就立即进行调整,经过调整后生产出的产品为不合格品的概率为0.1,如果用 X 表示两次调整之间生产出的产品数,求 $E(X)$.

4.33 设随机变量 X_1,X_2 相互独立,而且都服从数学期望为 1 的指数分布,求 $Z=\min\{X_1,X_2\}$ 的数学期望和方差.

4.34 已知两个袋内各装 9 个球,都是 6 个红球、3 个白球.现从第一个袋内任取 3 个球放入第二个袋中,求第二个袋内白球数 X 的数学期望和方差.

4.35 从正品率为0.8 的一大批产品中任取 8 件逐个检查,检查时可能有差错,次品被误认为是正品的概率为0.01,正品被误认为是次品的概率为0.04.试求:

(1)8 件产品经检查后都认为是正品的概率;

(2)8 件产品经检查后认为是正品的件数的数学期望和方差.

4.36 二维离散型随机变量 (X,Y) 的联合分布律和边缘分布律为

X \ Y	-1	0	1	$P\{x=x_i\}$
-1	0.1	a	0.1	
1	b	0.1	c	0.5
$P\{y=y_j\}$				1

且 X 与 Y 不相关.

(1)求未知参数 a,b,c;

(2)事件 $A=\{X=1\}$ 与 $B=\{\max(X,Y)=1\}$ 是否相互独立,为什么;

(3)随机变量 $X+Y$ 与 $X-Y$ 是否相关,为什么.

4.37 一套仪器共有 m 个元件,第 i 个元件发生故障的概率为 $p_i(i=1,2,\cdots,m)$.试确定整套仪器平均有多少个元件发生故障.

4.38 某游客乘电梯从电视塔的底层到顶层观光,电梯于某个整点的第 10 min、第 20 min 和第 50 min 从底层开始上行,假设游客在某一小时的任意时刻 X 到达底层候梯处,即 X 服从区间$[0,60]$上的均匀分布,求游客等待时间的平均值.

4.39 设随机变量 X 和 Y 相互独立,且都服从标准正态分布,求 $Z=\sqrt{X^2+Y^2}$ 的数学期望和方差.

4.40 二维连续型随机变量 (X,Y) 在以点 $(1,0)$,$(0,1)$,$(1,1)$ 所围成的三角形区域上服从均匀分布,求随机变量 $Z=X+Y$ 的数学期望 $E(Z)$ 及方差 $D(Z)$.

4.41 设二维随机变量 (X,Y) 在由直线 $x+y=1$,$x-y=1$ 及 Oy 轴围成的区域上服从均匀分布.试判断:

(1)随机变量 X 与 Y 是否相关,为什么;

(2)随机变量 X 与 Y 是否相互独立,为什么.

“随机变量的数字特征”数学史

克里斯蒂安·惠更斯(Christian Huygens,1629—1695 年),荷兰物理学家、天文学家、数学家.惠更斯在阿基米德及笛卡儿等科学家的直接影响下,致力于力学、光学、天文学及数学方面的研究,在摆钟的发明、天文仪器的设计、弹性体碰撞和光的波动理论等方面都有突出

贡献.

惠更斯在概率论和微积分方面做出了很大贡献. 他在圆、二次曲线、复杂曲线、悬链线、概率问题等方面发表了一些论著，而概率论学科的形成也应归功于惠更斯. 1657 年 9 月，惠更斯出版的《论赌博中的计算》(Tractatus de ratiociniis in aleae ludo) 是概率论的第一部专著，该书首次提出数学期望的概念，创立了“惠更斯分析法”. 惠更斯第一次把该学科建立在公理、命题和问题上，从而构成较完整的理论体系，宣告了概率论的诞生.

《论赌博中的计算》一书的形成是从一次有关概率问题的讨论开始的. 1654 年，一个叫梅勒的赌徒向数学神童帕斯卡提出了他在赌场上遇到的几个无法解决的问题. 帕斯卡便与费马以通信方式对梅勒的问题进行了较为详尽的讨论，并将其推广到一般情形，这使概率计算由单纯计数走向更为精确的阶段，标志着概率论的诞生. 当时帕斯卡与费马都不想发表研究成果，因此相关的概率知识并没有得到及时传播. 1655 年秋，惠更斯第一次访问巴黎时遇到了罗贝瓦尔及梅勒恩，得知了帕斯卡与费马有一次关于概率问题的相关讨论，但不知其具体解决方法及结果. 由于罗贝瓦尔对此问题毫无兴趣，惠更斯对帕斯卡和费马的讨论结果几乎一无所知. 1656 年 4 月，回国后的惠更斯自己解决了这个概率问题，并将其手稿送给范·舒藤审阅. 范·舒藤建议惠更斯将此文印刷发表，并亲自替学生将该文译成拉丁文. 同时，由于惠更斯没有收到罗贝瓦尔的信，便又写信给梅勒恩，通过卡卡维将信转给费马. 在 1656 年 6 月 22 日费马的回信中，给出了与惠更斯相一致的解决方案，但无证明过程. 此外，费马又向惠更斯提出了 5 个概率问题，惠更斯把其中 2 个问题收录在其著作中. 阅信后，惠更斯很快解出这些问题，并于 1656 年 7 月 6 日将结果送给卡卡维，让其转给梅勒恩、帕斯卡和费马确定解答正确与否. 1657 年，他将自己的研究成果写成了专著. 惠更斯将给范·舒藤的一封信作为该书的前言，前言是全书的思想基础，他强调了这一新理论的重要性：“我相信，只要仔细研究这个课题，就会发现它不仅与游戏有关，而且蕴含着有趣而深刻的推理原则.”惠更斯提出，尽管在一个纯粹运气的游戏中结果是不确定的，但一个游戏者或赢或输的可能性却可以确定. 当时这个可能性用的是“probability”，其意义与今天的概率几乎没有差别. 惠更斯的这种思想使得“可能性”成为可以度量、计算的数值，是具有客观实际意义的概念.

《论赌博中的计算》从关于公平赌博值的一条公理出发，推导出有关数学期望的 3 条基本定理，利用这些定理和递推公式，解决了 11 个博弈问题，最后提出 5 个问题留给读者解答，其中只有 3 个问题给出答案，但均无具体的证明过程. 在此后的近百年时间里，不少数学家对这些问题进行了研究，其中所蕴含的概率思想对现如今数学研究仍有重要的启发意义，惠更斯的这个概率问题推动了概率论的发展.

惠更斯提出的公理：每个公平博弈的参与者愿意拿出经过计算的公平赌注冒险而不愿拿出更多的赌注，即赌徒愿意押的赌注不大于其获得赌金的数学期望数. 对于这一公理，至今仍有争议，但惠更斯由此所得关于数学期望的 3 个命题具有重要意义. 这是数学期望第一次被提出，由于当时概率的概念还不明确，后拉普拉斯用数学期望来定义古典概率. 在概率论的现代表述中，概率是基本概念，数学期望则是二级概念，在历史发展过程中顺序却相反. 惠更斯在解决问题中将“值”改称为“数学期望”是一个进步(在《论赌博的计算》的荷兰版中，惠更斯仍沿用“值”的概念)，将命题 3 推广便得到今日数学期望的定义. 因此，惠更斯当之无愧的是数学期望概念的奠基人.点数问题的圆满解决使概率计算脱离初期的单纯计数而进入更为精确的阶段,使概率问题离开庸俗的赌桌而走向神圣的数学殿堂.惠更斯的概率理论比较完善,他以机会问题为研究对象,以期望作为基本概念和基本工具,总结了前人的代数和组合方法,把具体赌博问题的分析提升到一定的理论高度.

本章总结视频

本章测试题

第5章　大数定律与中心极限定理

概率论是研究随机现象的统计规律性的科学，而这种统计规律性往往需要在相同条件下进行大量的重复试验才能体现出来. 实际上，不仅是随机事件的频率具有稳定性，大量随机现象的平均结果也具有稳定性. 概率论中用来阐明大量随机现象平均结果概率稳定性的一系列定理称为大数定律，大数定律揭示了随机现象的偶然性与必然性之间的联系.

中心极限定理阐述了在什么样的条件下，大量随机变量之和的分布逼近于正态分布. 其因长期处于概率论研究的中心地位而得名.

本章主要内容有切比雪夫不等式、大数定律与中心极限定理.

5.1　切比雪夫不等式与大数定律

第1章我们曾经讲过，大量试验表明，当重复试验的次数 n 增大时，随机事件 A 的频率 $f_n(A)$ 总呈现出稳定性. 即当 $n\to+\infty$ 时，事件 A 发生的频率 $f_n(A)$ 将在某种意义上收敛于事件发生的概率. 本节将详细阐述这个问题.

首先给出切比雪夫不等式，这是一个十分有用的不等式，它适用于任何存在数学期望和方差的随机变量，并且不要求知道随机变量的概率分布. 不足之处在于，它给出的估计比较"粗略". 因此，切比雪夫不等式主要用于一般性的研究和证明，不适用于处理精确的估计问题.

5.1.1　切比雪夫不等式

定理5.1(切比雪夫不等式)　设随机变量 X 的数学期望 $E(X)$ 和方差 $D(X)$ 都存在，则对于任意的正数 $\varepsilon>0$，有下列不等式成立：

$$P\{|X-E(X)|\geqslant\varepsilon\}\leqslant\frac{D(X)}{\varepsilon^2},\tag{5.1}$$

或

$$P\{|X-E(X)|<\varepsilon\}\geqslant1-\frac{D(X)}{\varepsilon^2}.\tag{5.2}$$

式(5.1)或式(5.2)都称为切比雪夫不等式.

证明　仅对常用的离散型和连续型随机变量给出证明.

(1)设 X 是离散型随机变量，其一切可能值为 $\{x_i\}$，则对于任意 $\varepsilon>0$，有

$$\begin{aligned}P\{|X-E(X)|\geqslant\varepsilon\}&=\sum_{|x_i-E(X)|\geqslant\varepsilon}P\{X=x_i\}\\&\leqslant\frac{1}{\varepsilon^2}\sum_{|x_i-E(X)|\geqslant\varepsilon}[x_i-E(X)]^2P\{X=x_i\}\end{aligned}$$

$$\leqslant \frac{1}{\varepsilon^2}\sum_i [x_i - E(X)]^2 P\{X = x_i\} = \frac{D(X)}{\varepsilon^2}.$$

其中前两个和式$\sum$表示对于满足$|x_i - E(X)| \geqslant \varepsilon$的$X$的一切可能值$x_i$求和，后一个和式$\sum$表示对于$X$的一切可能值$x_i$求和.

(2)设X是连续型随机变量，其概率密度为$f(x)$，则

$$P\{|X - E(X)| \geqslant \varepsilon\} = \int_{|x - E(X)| \geqslant \varepsilon} f(x)\,\mathrm{d}x.$$

由于$\varepsilon > 0$，$|x - E(X)| \geqslant \varepsilon$，因此

$$|x - E(X)|^2 \geqslant \varepsilon^2, \quad \frac{|x - E(X)|^2}{\varepsilon^2} \geqslant 1,$$

从而

$$\int_{|x - E(X)| \geqslant \varepsilon} f(x)\,\mathrm{d}x \leqslant \int_{|x - E(X)| \geqslant \varepsilon} \frac{[x - E(X)]^2}{\varepsilon^2} f(x)\,\mathrm{d}x$$
$$\leqslant \frac{1}{\varepsilon^2}\int_{-\infty}^{+\infty} [x - E(X)]^2 f(x)\,\mathrm{d}x = \frac{D(X)}{\varepsilon^2}.$$

所以

$$P\{|X - E(X)| \geqslant \varepsilon\} \leqslant \frac{D(X)}{\varepsilon^2}.$$

即对于以上两种情况，式(5.1)都成立. 又因为“$|X - E(X)| < \varepsilon$”与“$|X - E(X)| \geqslant \varepsilon$”是对立事件，所以对于以上两种情况都有

$$P\{|X - E(X)| < \varepsilon\} = 1 - P\{|X - E(X)| \geqslant \varepsilon\} \geqslant 1 - \frac{D(X)}{\varepsilon^2}.$$

特别地，

$$P\{|X - E(X)| < 3\sqrt{D(X)}\} \geqslant 1 - \frac{D(X)}{9D(X)} = \frac{8}{9} = 0.888\ 9;$$

$$P\{|X - E(X)| < 6\sqrt{D(X)}\} \geqslant 1 - \frac{D(X)}{36D(X)} = \frac{35}{36} = 0.972\ 2.$$

切比雪夫不等式证明的思路和方法具有代表性. 切比雪夫不等式对随机变量X在以$E(X)$为中心的一个ε邻域外取值的概率给出了一个上界$\frac{D(X)}{\varepsilon^2}$，这个结论在很多理论问题的推导中是有用的，它是大数定律的理论基础.

例 5.1 设随机变量X的期望$E(X) = 7$，方差$D(X) = 4$，用切比雪夫不等式估计概率$P\{2 < X < 12\}$.

解 $P\{2 < X < 12\} = P\{2 - 7 < X - 7 < 12 - 7\} = P\{-5 < X - E(X) < 5\}$

$$= P\{|X - E(X)| < 5\} \geqslant 1 - \frac{D(X)}{5^2} = 1 - \frac{4}{25} = \frac{21}{25}.$$

例 5.2 在每次试验中，事件A发生的概率为$\frac{1}{2}$，用切比雪夫不等式确定需至少做多少次独立试验才能保证事件A发生的频率为0.3～0.7的概率不小于80%.

解　设要做 n 次试验，X 表示 n 次试验中事件 A 发生的次数，则 X 服从二项分布 $B(n,0.5)$，$E(X)=0.5n$，$D(X)=0.25n$，由切比雪夫不等式(5.2)可得

$$P\left\{0.3<\frac{X}{n}<0.7\right\}=P\{0.3n<X<0.7n\}=P\{-0.2n<X-0.5n<0.2n\}$$

$$=P\{|X-E(X)|<0.2n\}\geqslant 1-\frac{D(X)}{(0.2n)^2}=1-\frac{0.25n}{0.04n^2}\geqslant 0.8,$$

从而可得 $n\geqslant 32$.

5.1.2　大数定律

定义 5.1　如果对于任意的 $n>1$，$X_1,X_2,\cdots,X_n$ 都相互独立，则称随机变量序列 X_1，$X_2,\cdots,X_n,\cdots$ 相互独立.

定义 5.2　称随机变量序列 $X_1,X_2,\cdots,X_n,\cdots$ 依概率收敛于常数 a，如果对于任意 $\varepsilon>0$，有

$$\lim_{n\to+\infty}P\{|X_n-a|<\varepsilon\}=1, \tag{5.3}$$

则称随机变量序列 $\{X_n\}$ 依概率收敛于 a，常表示为 $X_n\xrightarrow{P}a$.

定理 5.2（切比雪夫大数定律）　设相互独立的随机变量序列 $X_1,X_2,\cdots,X_n,\cdots$ 的数学期望与方差都存在，且存在常数 C，使得 $D(X_i)\leqslant C(i=1,2,\cdots)$，则对于任意 $\varepsilon>0$，成立

$$\lim_{n\to+\infty}P\left\{\left|\frac{1}{n}\sum_{i=1}^{n}X_i-\frac{1}{n}\sum_{i=1}^{n}E(X_i)\right|<\varepsilon\right\}=1, \tag{5.4}$$

或等价地有

$$\lim_{n\to+\infty}P\left\{\left|\frac{1}{n}\sum_{i=1}^{n}X_i-\frac{1}{n}\sum_{i=1}^{n}E(X_i)\right|\geqslant\varepsilon\right\}=0. \tag{5.5}$$

证明　因为

$$E\left(\frac{1}{n}\sum_{i=1}^{n}X_i\right)=\frac{1}{n}\sum_{i=1}^{n}E(X_i),$$

$$D\left(\frac{1}{n}\sum_{i=1}^{n}X_i\right)=\frac{1}{n^2}\sum_{i=1}^{n}D(X_i)\leqslant\frac{C}{n},$$

故由切比雪夫不等式可得

$$0\leqslant P\left\{\left|\frac{1}{n}\sum_{i=1}^{n}X_i-\frac{1}{n}\sum_{i=1}^{n}E(X_i)\right|\geqslant\varepsilon\right\}\leqslant\frac{1}{\varepsilon^2}D\left(\frac{1}{n}\sum_{i=1}^{n}X_i\right)\leqslant\frac{C}{n\varepsilon^2}.$$

因此

$$\lim_{n\to+\infty}P\left\{\left|\frac{1}{n}\sum_{i=1}^{n}X_i-\frac{1}{n}\sum_{i=1}^{n}E(X_i)\right|\geqslant\varepsilon\right\}=0,$$

$$\lim_{n\to+\infty}P\left\{\left|\frac{1}{n}\sum_{i=1}^{n}X_i-\frac{1}{n}\sum_{i=1}^{n}E(X_i)\right|<\varepsilon\right\}$$

$$=1-\lim_{n\to+\infty}P\left\{\left|\frac{1}{n}\sum_{i=1}^{n}X_i-\frac{1}{n}\sum_{i=1}^{n}E(X_i)\right|\geqslant\varepsilon\right\}=1.$$

切比雪夫大数定律表明，在所给条件下，当 n 充分大时，n 个随机变量的算术平均值 $\frac{1}{n}\sum_{i=1}^{n}X_i$ 将比较密集地聚集在它的数学期望周围，这就是切比雪夫大数定律所阐明的意义.

定理 5.3（辛钦大数定律） 设独立同分布的随机变量序列 $X_1, X_2, \cdots, X_n, \cdots$ 的数学期望都存在，且设 $E(X_i)=\mu, i=1,2,\cdots$，则对于任意 $\varepsilon>0$，有

$$\lim_{n\to+\infty} P\left\{\left|\frac{1}{n}\sum_{i=1}^{n}X_i-\mu\right|<\varepsilon\right\}=1, \tag{5.6}$$

即

$$\bar{X}_n=\frac{1}{n}\sum_{i=1}^{n}X_i \xrightarrow{P} \mu.$$

证明略.

辛钦大数定律表明，对于独立同分布的随机变量序列，只要随机变量共同的数学期望 μ 存在，则对于充分大的 n，前 n 个变量的算术平均值 $\frac{1}{n}\sum_{i=1}^{n}X_i$ 近似等于各随机变量共同的数学期望 μ.

定理 5.4（伯努利大数定律） 在 n 次重复独立试验中，设事件 A 发生的概率 $P(A)=p$，则对于任意 $\varepsilon>0$，当 $n\to+\infty$ 时，有

$$\lim_{n\to+\infty} P\{|f_n(A)-p|<\varepsilon\}=1, \tag{5.7}$$

即

$$f_n(A)\xrightarrow{P} p,$$

其中 $f_n(A)$ 是随机事件 A 发生的频率.

证明 引入随机变量 X_i，有

$$X_i=\begin{cases}1, & \text{在第 } i \text{ 次试验中 } A \text{ 发生},\\ 0, & \text{在第 } i \text{ 次试验中 } A \text{ 不发生},\end{cases} \quad i=1,2,\cdots,n.$$

显然在 n 次试验中随机事件 A 发生的次数 $n_A=\sum_{i=1}^{n}X_i$.

由于 X_i 只依赖于第 i 次试验，而且各次试验都是独立的，于是 $X_1, X_2, \cdots, X_n$ 相互独立. 又因为 $X_i(i=1,2,\cdots,n)$ 都服从 $(0-1)$ 分布 $B(1,p)$，则 $E(X_i)=p, i=1,2,\cdots,n$.

由辛钦大数定律可得

$$\lim_{n\to+\infty} P\left\{\left|\frac{1}{n}\sum_{i=1}^{n}X_i-p\right|<\varepsilon\right\}=1.$$

而

$$\frac{1}{n}\sum_{i=1}^{n}X_i=\frac{n_A}{n}=f_n(A),$$

因此可得

$$\lim_{n\to+\infty} P\{|f_n(A)-p|<\varepsilon\}=1,$$

即 $f_n(A)\xrightarrow{P} p.$

定理 5.4 以严格的形式刻画了频率的稳定性. 它表明当 n 充分大时,频率和概率充分接近(两者相差不超过 ε)的概率近似为 1. 因此,在一次试验中,这个事件是几乎必然发生的. 在实际应用中,当试验次数足够大时,事件便可以用事件发生的频率近似代替事件发生的概率. 如果事件 A 发生的概率很小,则 A 发生的频率也很小. 因此,小概率事件在一次试验中几乎是不可能发生的. 这是很重要的实际推断原理,是第 8 章假设检验的理论基础.

伯努利大数定理可以看作切比雪夫大数定律的特例,辛钦大数定律与切比雪夫大数定律的结论相同,但是要求的条件不同. 切比雪夫大数定律对于相互独立的随机变量序列,要求数学期望和方差都存在. 而辛钦大数定律,对于相互独立同分布的随机变量序列,只要求数学期望存在. 因此,在许多统计推断问题中,辛钦大数定律使用起来更加方便.

例 5.3　设相互独立的随机变量序列 $X_1,X_2,\cdots,X_n$ 都服从参数为 3 的指数分布,确定当 n 充分大时,$Y_n=\frac{1}{n}\sum\limits_{i=1}^{n}X_i^2$ 依概率收敛于何值.

解　因为 $X_1,X_2,\cdots,X_n$ 独立同分布,可得 $X_1^2,X_2^2,\cdots,X_n^2$ 也独立同分布. 又 $X_i\sim \mathrm{e}(3)$,$i=1,2,\cdots,n$,所以

$$E(X_i)=\frac{1}{3},\quad D(X_i)=\frac{1}{9},\quad i=1,2,\cdots,n,$$

$$E(X_i^2)=D(X_i)+[E(X_i)]^2=\frac{1}{9}+\frac{1}{9}=\frac{2}{9}.$$

由辛钦大数定律可得

$$Y_n=\frac{1}{n}\sum_{i=1}^{n}X_i^2\xrightarrow{P}\frac{2}{9}.$$

5.2　中心极限定理

正态分布是概率论中非常重要的一个分布,无论是在理论上还是在实际中,都具有重要的地位. 本节讨论在什么样的条件下,什么样的随机变量近似服从正态分布,这就是中心极限定理. 中心极限定理是数理统计中关于大样本统计推断的理论依据. 本节主要介绍两个中心极限定理.

定理 5.5(独立同分布-中心极限定理,即林德伯格-列维中心极限定理)　设随机变量 $X_1,X_2,\cdots,X_n$ 相互独立,且服从相同的分布,并且数学期望和方差都存在且方差不为 0,即 $E(X_i)=\mu,D(X_i)=\sigma^2>0,i=1,2,\cdots,n$,则对于任何实数 x,有

$$\lim_{n\to+\infty}P\left\{\frac{\sum\limits_{i=1}^{n}X_i-n\mu}{\sqrt{n}\sigma}\leqslant x\right\}=\frac{1}{\sqrt{2\pi}}\int_{-\infty}^{x}\mathrm{e}^{-\frac{t^2}{2}}\mathrm{d}t.\tag{5.8}$$

证明从略.

令 $Y_n=\sum\limits_{i=1}^{n}X_i$,则 $E(Y_n)=n\mu,D(Y_n)=n\sigma^2,\sigma(Y_n)=\sqrt{n}\sigma$,且

$$Z_n=\frac{Y_n-E(Y_n)}{\sigma(Y_n)}=\frac{\sum\limits_{i=1}^{n}X_i-n\mu}{\sqrt{n}\sigma}$$

是 Y_n的标准化随机变量. 由定理 5.5 可得,当 n 充分大时,Z_n 近似服从标准正态分布 $N(0,1)$. 因此,$Y_n=\sqrt{n}\sigma Z_n+n\mu$ 近似服从 $N(n\mu,n\sigma^2)$,即 $\sum\limits_{i=1}^{n}X_i$近似服从 $N(n\mu,n\sigma^2)$.

事实上,很难求出 n 个随机变量之和 $\sum\limits_{i=1}^{n}X_i$的分布函数. 利用定理 5.5,对于均值为 μ,方差为 $\sigma^2>0$ 的独立同分布的随机变量 $X_1,X_2,\cdots,X_n$,当 n 充分大时,就可以认为 $\sum\limits_{i=1}^{n}X_i$近似服从 $N(n\mu,n\sigma^2)$. 在大样本的统计推断中经常利用这个定理. 如果许多试验的结果受多个随机因素的影响,而每一个因素对试验结果所产生的影响又都是微小的,则这种随机变量往往被认为服从正态分布.

例 5.4 某射手打靶,所得分数 X 的分布律为

X	10	9	8	7	6
p_k	0.4	0.4	0.1	0.05	0.05

设射击 100 次,试求总分数不超过 940 的概率.

解 设 X_i表示第 i 次射击所得分数,X 表示总分数,则可得 $X=\sum\limits_{i=1}^{100}X_i$. 由已知可得

$$E(X_i)=9.05,\quad E(X_i^2)=83.05,\quad D(X_i)=E(X_i^2)-[E(X_i)]^2=1.147\,5.$$

由定理 5.5 可得,X 近似服从 $N(100\times9.05,100\times1.147\,5)$,即 X 近似服从 $N(905,114.75)$,所以

$$P\{X\leqslant940\}\approx\Phi\left(\frac{940-905}{\sqrt{114.75}}\right)=\Phi(3.27)=0.999\,5.$$

例 5.5 设随机变量 $X_1,X_2,\cdots,X_{100}$相互独立,且都服从参数 $\lambda=2$ 的泊松分布,令 $X=\sum\limits_{i=1}^{100}X_i$,求 X 取值大于 190 且小于 210 的概率.

解 因为 $X_i\sim P(2)$,$i=1,2,\cdots,100$,故 $E(X_i)=D(X_i)=2$,则 $E(X)=D(X)=200$. 由定理 5.5 可得,X 近似服从 $N(200,200)$,所以

$$P\{190<X<210\}\approx\Phi\left(\frac{210-200}{\sqrt{200}}\right)-\Phi\left(\frac{190-200}{\sqrt{200}}\right)\approx\Phi(0.71)-\Phi(-0.71)$$

$$=2\Phi(0.71)-1=2\times0.761\,1-1=0.522\,2.$$

定理 5.6(棣莫弗-拉普拉斯中心极限定理) 用随机变量 Y_n表示在 n 次重复独立试验中事件 A 发生的次数,设事件 A 发生的概率 $P(A)=p(0<p<1)$,则对于任何实数 x,有

$$\lim_{n\to+\infty}P\left\{\frac{Y_n-np}{\sqrt{np(1-p)}}\leqslant x\right\}=\frac{1}{\sqrt{2\pi}}\int_{-\infty}^{x}\mathrm{e}^{-\frac{t^2}{2}}\mathrm{d}t. \tag{5.9}$$

证明 显然 $Y_n\sim B(n,p)$,令

$$X_i=\begin{cases}1, & \text{在第 } i \text{ 次试验中 } A \text{ 发生},\\ 0, & \text{在第 } i \text{ 次试验中 } A \text{ 不发生},\end{cases}\quad i=1,2,\cdots,n,$$

则 $X_1,X_2,\cdots,X_n$相互独立,且都服从同一$(0-1)$分布,有

$$E(X_i)=p,\quad D(X_i)=p(1-p),\quad i=1,2,\cdots,n.$$

由定理5.5及$Y_n=\sum_{i=1}^{n}X_i$,得

$$\lim_{n\to+\infty}P\left\{\frac{\sum_{i=1}^{n}X_i-np}{\sqrt{np(1-p)}}\leqslant x\right\}=\int_{-\infty}^{x}\frac{1}{\sqrt{2\pi}}e^{-\frac{t^2}{2}}dt,$$

即

$$\lim_{n\to+\infty}P\left\{\frac{Y_n-np}{\sqrt{np(1-p)}}\leqslant x\right\}=\int_{-\infty}^{x}\frac{1}{\sqrt{2\pi}}e^{-\frac{t^2}{2}}dt.$$

定理5.6是定理5.5的特殊情形.这个定理说明,当n充分大时,服从二项分布$B(n,p)$的随机变量Y_n近似地服从正态分布$N(np,np(1-p))$.

例5.6　假设男孩的出生率为0.51,求10 000个新生婴儿中男孩数为5 000~5 200的概率.

解　以X表示在10 000个新生婴儿中的男孩数,则$X\sim B(n,p)$,其中$n=10\ 000$,$p=0.51$,则

$$E(X)=np=5\ 100,\quad D(X)=np(1-p)=2\ 499.$$

由定理5.6可得,X近似服从正态分布$N(5\ 100,2\ 499)$.

10 000个新生婴儿中男孩数为5 000~5 200的概率为

$$P\{5\ 000<X<5\ 200\}\approx\Phi\left(\frac{5\ 200-5\ 100}{\sqrt{2\ 499}}\right)-\Phi\left(\frac{5\ 000-5\ 100}{\sqrt{2\ 499}}\right)$$

$$=\Phi(2.0)-\Phi(-2.0)=2\Phi(2.0)-1=0.954\ 4.$$

例5.7　某保险公司的统计数据表明,在索赔客户中因被偷盗而索赔的客户占10%,用随机变量X表示在随机抽查的1 000个客户中因被偷盗向保险公司索赔的户数.试:

(1)写出随机变量X的概率分布;

(2)用中心极限定理计算$P\{80\leqslant X\leqslant 130\}$.

解　(1)由题意可得,$X\sim B(1\ 000,0.1)$,所以X的分布律为

$$P\{X=k\}=C_{1\ 000}^{k}0.1^{k}0.9^{1\ 000-k},\quad k=0,1,\cdots,1\ 000;$$

(2)$E(X)=np=100$,$D(X)=np(1-p)=90$,由定理5.6,可得X近似服从正态分布$N(100,90)$,所以

$$P\{80\leqslant X\leqslant 130\}\approx\Phi\left(\frac{130-100}{\sqrt{90}}\right)-\Phi\left(\frac{80-100}{\sqrt{90}}\right)=\Phi(3.16)-\Phi(-2.11)$$

$$=0.999\ 2-1+0.982\ 6=0.981\ 8.$$

习题 5

A 组

5.1 设随机变量 X 的数学期望 $E(X)=8$，方差 $D(X)=2$，用切比雪夫不等式估计$P\{4<X<12\}$.

5.2 设$E(X)=-2,E(Y)=2,D(X)=1,D(Y)=4$，且 X 与 Y 相互独立，用切比雪夫不等式估计 $P\{|X+Y|\geqslant 6\}$.

5.3 利用切比雪夫不等式确定当掷一枚均匀硬币时，需至少掷多少次才能保证正面出现的频率在 0.4 ~0.6 的概率不小于 85%.

5.4 用打包机包装某种小食品，每袋净质量是一个随机变量. 假设每袋的平均质量为 100 g，标准差为 2 g. 如果每箱装 100 袋食品，求随机查验一箱，净质量超过 10 020 g 的概率.

5.5 某工厂生产的某种产品，其次品率为 0.01，现取 600 个产品装一盒，求一盒中次品不多于 11 个的概率.

5.6 将一枚硬币投掷 100 次，求至少出现 55 次正面的概率.

5.7 某医院试用一种新药来治疗一种疾病，选择 100 个病人服用此药，若其中多于 75 人治愈，就承认这种新药有效，接受试用该药品. 若实际上此药品对这种疾病的治愈率为 0.7，求医院接受这种新药的概率.

B 组

一、填空题

5.8 设随机变量 X 的数学期望 $E(X)=\mu$，方差 $D(X)=\sigma^2$，则 $P\{|X-\mu|\geqslant 6\sigma\}\leqslant$______.

5.9 设 $X_1,X_2,\cdots,X_n$是 n 个相互独立同分布的随机变量序列，$E(X_i)=\mu,D(X_i)=16$，$i=1,2,\cdots,n$，对于 $\bar{X}=\dfrac{1}{n}\sum\limits_{i=1}^{n}X_i$，则 $P\{|\bar{X}-\mu|<\varepsilon\}\geqslant$______.

二、选择题

5.10 设 $X_1,X_2,\cdots,X_n,\cdots$为独立同分布的随机变量序列，且均服从参数为 $\lambda(\lambda>1)$ 的指数分布，记 $\Phi(x)$ 为标准正态分布函数，则(　　).

A. $\lim\limits_{n\to+\infty}P\left\{\dfrac{\sum\limits_{k=1}^{n}X_k-n\lambda}{\lambda\sqrt{n}}\leqslant x\right\}=\Phi(x)$　　B. $\lim\limits_{n\to+\infty}P\left\{\dfrac{\sum\limits_{k=1}^{n}X_k-n\lambda}{\sqrt{n\lambda}}\leqslant x\right\}=\Phi(x)$

C. $\lim\limits_{n\to+\infty}P\left\{\dfrac{\lambda\sum\limits_{k=1}^{n}X_k-n}{\sqrt{n}}\leqslant x\right\}=\Phi(x)$　　D. $\lim\limits_{n\to+\infty}P\left\{\dfrac{\sum\limits_{k=1}^{n}X_k-\lambda}{\sqrt{n\lambda}}\leqslant x\right\}=\Phi(x)$

5.11 设随机变量 $X_1,X_2,\cdots,X_n$相互独立，$S_n=X_1+X_2+\cdots+X_n$，则根据林德伯格-列维中心极限定理，当 n 充分大时，S_n近似服从正态分布，只要 $X_1,X_2,\cdots,X_n$(　　).

A. 有相同的数学期望　　B. 有相同的方差

C. 服从同一指数分布　　D. 服从同一离散型分布

三、计算题

5.12　设 $E(X)=-2, E(Y)=2, D(X)=1, D(Y)=4, \rho_{XY}=-\frac{1}{2}$，利用切比雪夫不等式估计 $P\{|X+Y|\geqslant 6\}$.

“大数定律与中心极限定理”数学史

一、大数定律

雅各布·伯努利(Jacob Bernoulli,1654—1705 年),瑞士数学家,生于巴塞尔,毕业于巴塞尔大学,1671 年获艺术硕士学位,后来遵照父亲的意愿取得神学硕士学位,但他自学了数学和天文学;1682 年重返巴塞尔,开始教授力学;1687 年成为巴塞尔大学的数学教授. 直至逝世,他一直执掌着巴塞尔大学的数学教席. 除进行数学研究工作外,他还广交学友,曾接触过许德、玻意耳、胡克、惠更斯等科学家,所写书信卷帙浩繁. 他当选为巴黎科学院外籍院士和柏林科学协会会员,是当时欧洲科学界一位颇有影响的人物.

数学中的“悬链线问题”“曲率半径公式”“伯努利双纽线”“伯努利微分方程”“等周问题”等都是雅各布·伯努利的成果. 他在数学上最重大的贡献是概率论方面的研究,并发表了关于赌博游戏中输赢次数问题的巨著《猜度术》,提出并证明了最初的大数定律.

雅各布·伯努利正式提出并证明了最初的大数定律,即当大量重复某一试验时,其频率会无限接近事件概率. 他通过数学语言将现实生活中的这种现象表达出来,并赋予其确切的数学含义. 他让人们对这类问题有了新的认识和更深刻的理解,为后来研究大数定律问题指明了方向,为大数定律的发展奠定了基础. 不过当时现代概率论还没有建立起来,测度论、实分析的工具还没有出现,后来人们称这个定理为伯努利大数定律. 因此,概率论历史上第一个有关大数定律的极限定理是属于雅各布·伯努利的,它是概率论和数理统计学的基本定律.

很多数学家为大数定律的发展做出了重要贡献,像棣莫弗,拉普拉斯、李雅普诺夫、林德伯格、费勒、切比雪夫、辛钦等,这些人对于大数定律乃至概率论的进步起到了不可估量的作用. 1733 年,棣莫弗和拉普拉斯经过推理证明二项分布,后来又进行了改进,证明了除二项分布外的其他任何分布都满足条件,为中心极限定理的发展做出了伟大的贡献. 20 世纪,李雅普诺夫又在拉普拉斯定理的基础上得出了特征函数法,将大数定律的研究延伸到函数层面,对中心极限定理的发展有重要意义. 1920 年,数学家们开始探讨中心极限定理在什么条件下普遍成立,这才有了后来发表的林德伯格条件和费勒条件,这些成果对中心极限定理的发展都功不可没. 经过几百年的发展,大数定律体系已经很完善,也出现了切比雪夫大数定律、辛钦大数定律、泊松大数定律、马尔可夫大数定律等. 正是这些数学家的不断研究,大数定律才得以迅速发展,得以不断完善.

二、中心极限定理

棣莫弗(Abraham de Moivre,1667—1754 年),法国数学家,生于维特里的弗朗索瓦. 棣莫弗自幼接受父亲的教育,长大些后进入当地一所天主教学校读书,得以在一种轻松、自由的环境中学习,这对他的性格产生了重大影响.随后,他进入色拉的一所清教徒学院继续求学,这里却戒律森严,学校不重视数学教育,但棣莫弗却常常偷偷地学习数学.在早期所学的数学著作中,他最感兴趣的是惠更斯关于赌博的著作,特别是惠更斯于1657年出版的《论赌博中的机会》(*Deratiociniis in ludo aleae*)一书,启发了他的灵感.棣莫弗在雅格布·伯努利的《猜度术》出版之前,就对概率论进行了广泛而深入的研究.1711年,他在英国皇家学会的《哲学学报》上发表了《抽签的测量》,该文于1718年用英文出版时翻译成《机会的学说》.

最早的中心极限定理是讨论伯努利试验中事件A出现的次数渐近于正态分布的问题.1716年前后,棣莫弗对n重伯努利试验中每次试验事件A出现的概率为1/2的情况进行了讨论,拉普拉斯和李雅普诺夫等对此进行了推广和改进.中心极限定理的第一版被棣莫弗发现,他在1733年发表的论文中使用正态分布去估计大量抛掷硬币出现正面次数的分布.这个超越时代的成果当时未受重视,被法国著名数学家拉普拉斯在1812年发表的巨著《Théorie Analytique des Probabilités》所拯救.拉普拉斯扩展了棣莫弗的理论,指出二项分布可用正态分布逼近,但直到19世纪末中心极限定理的重要性才被世人所知.

1901年,俄国数学家李雅普诺夫用更普通的随机变量定义中心极限定理,并在数学上进行了精确地证明.如今,中心极限定理被认为是(非正式地)概率论中的首席定理,是数理统计学和误差分析的理论基础,有广泛的实际应用背景.在自然界与生产中,一些现象受到许多相互独立的随机因素的影响,如果每个因素所产生的影响都很微小,总的影响可以看作服从正态分布.

中心极限定理的研究得到很快的发展,先后产生普遍极限定理和局部极限定理等.极限定理是概率论的重要内容,也是数理统计学的基石之一,其理论成果也比较完美.长期以来,对于极限定理的研究所形成的概率论分析方法,影响着概率论的发展,新的极限理论问题也在实际中不断产生.

本章总结视频

本章测试题

第6章　数理统计的基本概念

在概率论的许多问题中，概率分布通常被假定为已知的. 但在许多实际问题中，一个随机变量所服从的分布往往是未知的，或仅知道分布但不知道分布中所含的参数. 例如，在一段时间内，某地区发生雷暴的次数服从什么分布是完全未知的；又如，血样化验的可能的结果有两个——"阴性"和"阳性"，其结果服从两点分布，但是分布中的参数 p 却是未知的. 因此，了解这类结果的分布或者分布中的参数就是数理统计中需要首先解决的问题.

概率论是数理统计的理论基础，而数理统计则是概率论在统计数据分析方面的实际应用. 用概率论的方法研究随机现象，不可避免地要涉及对随机变量观测结果的处理. 对观测随机变量得到的数据进行收集、整理和分析等种种方法，构成数理统计的基本内容. 数理统计是以概率论为理论基础，研究如何用有效的方法收集、整理和分析带有随机性的数据，以对所考察的问题做出推断和预测，直至能够为采取一定的决策和行动提供依据和建议. 如何收集数据资料，属于试验设计，本书不涉及；对所得的数据资料进行整理、分析和研究，从而对所研究的对象的性质、特点做出推断，属于统计推断. 本书只介绍数理统计的基本方法，包括参数估计、假设检验和回归分析.

本章首先介绍数理统计的基本概念，包括总体、样本和统计量，并着重介绍几个常用的统计量及抽样分布，以及正态总体下的抽样定理，它们是后面各章的基础.

6.1　总体与样本

6.1.1　总体与个体

把研究对象的全体称为总体(或母体)，把组成总体的各个元素称为个体. 例如，考察某厂生产的电视机液晶显示器的质量，该厂生产的所有液晶显示器就是总体，而每一个液晶显示器就是个体. 再例如，研究某高校女大学生身高的分布情况，该校的全体女大学生就是总体，而每个女大学生就是个体. 但对于具体问题，由于人们关心的不是每个个体的种种具体特性，而仅关心某一项或几项数量指标. 例如，只关心电视机液晶显示器的使用寿命或只关心该校女大学生的身高这一数量指标，对其他的特征暂不予以考虑. 因此，总体就是指所研究对象某个数量指标取值的全体，而数量指标都是随机变量，如液晶显示器的寿命或女大学生的身高都是随机变量. 今后把总体和所研究对象的某一项数量指标取值的全体等同起来(在多元统计学中研究两个或两个以上的数量指标)，所以总体就是指某个随机变量 X 可能取值的全体，常用 X,Y,Z 表示. 随机变量 X 的分布就完全描述了总体中所研究的数量指标的分布状况. 因此对总体的研究，就是对相应的随机变量 X 的分布的研究. X 的分布函数和数字特征分别称为总体的分布函数和数字特征. 今后将不区分总体与相应的随机变量，统称为总体.

总体中所含个体的个数称为总体的容量. 容量为有限的总体称为有限总体,容量为无限的总体称为无限总体. 有些有限总体,它的容量很大,也可以近似地认为它是一个无限总体. 例如,考察全国女大学生的身高所形成的总体,由于考察值的个数很多,就可以认为是无限总体.

6.1.2 样本

虽然从理论上讲,对随机变量进行大量的观测,所研究的随机变量的概率特性一定能显现出来,可是实际进行的观测次数只能是有限的,有时甚至是少量的,因为在采集某些数据时常常要破坏研究对象. 例如,观测灯泡的寿命时,就一定要把它用到坏;检查炮弹性能时,就需要将它发射出去. 有时即使不破坏研究对象,但时间、财力和人力也不允许.

例如,考察某厂生产的电视机液晶显示器的质量,在正常生产情况下,液晶显示器的质量主要表现为它们的平均寿命是稳定的. 然而,由于生产中各种随机因素的影响,各个液晶显示器的寿命不是完全相同的. 受到人力、物力、财力等的限制,特别是测定液晶显示器寿命的试验具有破坏性,因此我们不可能对生产的全部液晶显示器一一进行测试,一般只是从整批液晶显示器中取出一些进行测试,然后根据得到的这些液晶显示器寿命的数据来推断整批液晶显示器的平均寿命.

为了研究总体的分布,从总体中随机地抽取 n 个个体 $X_1,X_2,\cdots,X_n$,并对随机变量 X 进行一组试验(观测),这一抽取过程称为抽样,所抽取的部分个体 $X_1,X_2,\cdots,X_n$ 称为样本,其观测值 $x_1,x_2,\cdots,x_n$ 称为样本值,样本中所包含的个体数目 n 称为样本容量. 样本实际上是 n 维随机变量,记为 $(X_1,X_2,\cdots,X_n)$,此时样本观测值记为 $(x_1,x_2,\cdots,x_n)$.

从总体中抽取样本,必须满足如下两个条件.

(1)随机性:为了使样本具有充分的代表性,抽样必须是随机的,应使总体中的每一个个体都有同等的机会被抽取到,通常可以用编号抽签的方法或利用随机数表来实现.

(2)独立性:各次抽样必须是相互独立的,即每次抽样的结果既不影响其他各次抽样的结果,也不受其他各次抽样结果的影响.

这种随机的、独立的抽样方法称为简单随机抽样,由此得到的样本称为简单随机样本. 例如,从总体中进行放回抽样,显然是简单随机抽样,得到的样本就是简单随机样本. 从有限总体中进行不放回抽样,虽然不是简单随机抽样,但是正如在第 2 章提到的,若总体容量 N 很大而样本容量 n 较小 $\left(\dfrac{n}{N}\leqslant 10\%\right)$,则可以近似地看作放回抽样,因而也就可以近似地看作简单随机抽样,得到的样本可以近似地看作简单随机样本.

今后,凡是提到抽样与样本,都是指简单随机抽样与简单随机样本. 也就是说,一提到 $(X_1,X_2,\cdots,X_n)$ 为来自总体 X 的容量为 n 的样本,就意味着 $X_1,X_2,\cdots,X_n$ 相互独立且同分布于总体 X.

通常所说的样本分布是指 n 维随机变量 $(X_1,X_2,\cdots,X_n)$ 的联合分布. 由于 $X_1,X_2,\cdots,X_n$ 与总体 X 有相同的分布且相互独立,若总体 X 的分布函数为 $F(x)$,则样本 $(X_1,X_2,\cdots,$

X_n)的联合分布函数为

$$F(x_1,x_2,\cdots,x_n)=\prod_{i=1}^{n}F(x_i);$$

若总体 X 的概率密度为 $f(x)$,则样本$(X_1,X_2,\cdots,X_n)$的联合概率密度为

$$f(x_1,x_2,\cdots,x_n)=\prod_{i=1}^{n}f(x_i);$$

若总体 X 的分布律为 $P\{X=k\}=p_k,k=1,2,\cdots$,则样本$(X_1,X_2,\cdots,X_n)$的联合分布律为

$$P\{X_1=x_1,X_2=x_2,\cdots,X_n=x_n\}=\prod_{i=1}^{n}P\{X_i=x_i\}.$$

例 6.1　设总体 X 服从(0－1)分布,$X_1,X_2,\cdots,X_n$ 是来自总体的简单随机样本,求$(X_1,X_2,\cdots,X_n)$的联合分布律.

解　总体 X 的分布律为 $P\{X=k\}=p^k(1-p)^{1-k},k=0,1$,故$(X_1,X_2,\cdots,X_n)$的联合分布律为

$$\begin{aligned}P\{X_1=x_1,X_2=x_2,\cdots,X_n=x_n\}&=\prod_{i=1}^{n}P\{X_i=x_i\}=\prod_{i=1}^{n}p^{x_i}(1-p)^{1-x_i}\\&=p^{\sum_{i=1}^{n}x_i}(1-p)^{n-\sum_{i=1}^{n}x_i},\end{aligned}$$

其中 $x_i=0,1$.

例 6.2　设总体 $X\sim e(\lambda)$, $X_1,X_2,\cdots,X_n$ 是来自总体的简单随机样本,求$(X_1,X_2,\cdots,X_n)$的联合概率密度.

解　总体 X 的概率密度为

$$f(x)=\begin{cases}\lambda e^{-\lambda x}, & x>0,\\ 0, & x\leqslant 0,\end{cases}$$

故$(X_1,X_2,\cdots,X_n)$的联合概率密度为

$$f(x_1,x_2,\cdots,x_n)=\prod_{i=1}^{n}f(x_i)=\begin{cases}\prod_{i=1}^{n}\lambda e^{-\lambda x_i}=\lambda^n e^{-\lambda\sum_{i=1}^{n}x_i}, & x_i>0,\\ 0, & 其他.\end{cases}$$

6.2　统计量与抽样分布

6.2.1　统计量

样本来自总体,是总体的代表,是统计推断的依据,但是抽取样本后,往往不是直接使用样本进行推测,而常需要对样本进行一番加工和提炼,把样本中包含的我们所关心的信息集中起来,以便对总体的某种特性做出推断. 例如,多次在天平上重复称量一件物品,人们往往并不关心各次称得的具体值,而只关心称量结果的平均值,从而来推断总体的均值. 当然,为了推断总体的其他特性,还要用到样本的其他函数,为此引入下面的定义.

定义 6.1　设 $X_1,X_2,\cdots,X_n$ 是来自总体 X 的一个样本,$x_1,x_2,\cdots,x_n$ 是相应的样本值,

$g(X_1,X_2,\cdots,X_n)$是$X_1,X_2,\cdots,X_n$的函数,若$g(X_1,X_2,\cdots,X_n)$中不含任何未知参数,则称$g(X_1,X_2,\cdots,X_n)$是一个统计量,$g(x_1,x_2,\cdots,x_n)$称为统计量$g(X_1,X_2,\cdots,X_n)$的观测值.

由于$X_1,X_2,\cdots,X_n$都是随机变量,统计量$g(X_1,X_2,\cdots,X_n)$是随机变量$X_1,X_2,\cdots,X_n$的函数,因此统计量是一个随机变量,它完全由样本所确定.

例 6.3 设$X_1,X_2,\cdots,X_n$是来自总体$N(\mu,\sigma^2)$的样本,其中μ为已知参数,σ^2为未知参数,构造下列样本的函数,并判断哪些是统计量:

$$g_1=\frac{1}{n}\sum_{i=1}^{n}X_i,\quad g_2=\frac{1}{n}\sum_{i=1}^{n}(X_i-\mu)^2,\quad g_3=\frac{1}{n}\sum_{i=1}^{n}X_i^2,\quad g_4=\frac{1}{n}\sum_{i=1}^{n}\left(\frac{X_i-\mu}{\sigma}\right)^2.$$

解 由统计量的定义知,$g_1=\frac{1}{n}\sum_{i=1}^{n}X_i$,$g_2=\frac{1}{n}\sum_{i=1}^{n}(X_i-\mu)^2$和$g_3=\frac{1}{n}\sum_{i=1}^{n}X_i^2$都是统计量,而$g_4=\frac{1}{n}\sum_{i=1}^{n}\left(\frac{X_i-\mu}{\sigma}\right)^2$因为包含未知参数$\sigma^2$,故不是统计量.

统计量是用来对总体分布中所含的未知参数进行估计或检验的,它包含样本中有关参数的信息.在数理统计中,根据不同的目的构造了许多不同的统计量,常用的统计量有以下几种.

设$X_1,X_2,\cdots,X_n$是来自总体X的一个样本,$x_1,x_2,\cdots,x_n$是相应的样本值,定义以下一些统计量.

(1)样本均值:

$$\bar{X}=\frac{1}{n}\sum_{i=1}^{n}X_i,$$

它的观测值记作

$$\bar{x}=\frac{1}{n}\sum_{i=1}^{n}x_i.$$

(2)样本方差:

$$S^2=\frac{1}{n-1}\sum_{i=1}^{n}(X_i-\bar{X})^2,$$

它的观测值记作

$$s^2=\frac{1}{n-1}\sum_{i=1}^{n}(x_i-\bar{x})^2.$$

(3)样本标准差:

$$S=\sqrt{S^2}=\sqrt{\frac{1}{n-1}\sum_{i=1}^{n}(X_i-\bar{X})^2},$$

它的观测值记作

$$s=\sqrt{s^2}=\sqrt{\frac{1}{n-1}\sum_{i=1}^{n}(x_i-\bar{x})^2}.$$

(4)样本k阶(原点)矩:

$$A_k=\frac{1}{n}\sum_{i=1}^{n}X_i^k,\quad k=1,2,\cdots.$$

它的观测值记作

$$a_k=\frac{1}{n}\sum_{i=1}^{n}x_i^k,\quad k=1,2,\cdots.$$

显然,样本一阶原点矩就是样本均值,即

$$A_1=\bar{X}.$$

(5)样本 k 阶中心矩:

$$B_k=\frac{1}{n}\sum_{i=1}^{n}(X_i-\bar{X})^k,\quad k=1,2,3,\cdots,$$

它的观测值记作

$$b_k=\frac{1}{n}\sum_{i=1}^{n}(x_i-\bar{x})^k,\quad k=1,2,3,\cdots.$$

显然,样本一阶中心矩恒等于零,即

$$B_1=\frac{1}{n}\sum_{i=1}^{n}(X_i-\bar{X})=0.$$

特别地,把样本的二阶中心矩 B_2 记为 S^{*2},即

$$S^{*2}=\frac{1}{n}\sum_{i=1}^{n}(X_i-\bar{X})^2$$

其观测值记作

$$s^{*2}=\frac{1}{n}\sum_{i=1}^{n}(x_i-\bar{x})^2.$$

样本方差还有一个常用的变形公式,即

$$S^2=\frac{1}{n-1}\sum_{i=1}^{n}(X_i-\bar{X})^2=\frac{1}{n-1}\Big(\sum_{i=1}^{n}X_i^2-n\bar{X}^2\Big).\tag{6.1}$$

事实上,

$$\begin{aligned}S^2&=\frac{1}{n-1}\sum_{i=1}^{n}(X_i-\bar{X})^2=\frac{1}{n-1}\sum_{i=1}^{n}(X_i^2-2X_i\bar{X}+\bar{X}^2)\\&=\frac{1}{n-1}\Big(\sum_{i=1}^{n}X_i^2-2\bar{X}\sum_{i=1}^{n}X_i+n\bar{X}^2\Big)\\&=\frac{1}{n-1}\Big(\sum_{i=1}^{n}X_i^2-2\bar{X}\cdot n\bar{X}+n\bar{X}^2\Big)\\&=\frac{1}{n-1}\Big(\sum_{i=1}^{n}X_i^2-n\bar{X}^2\Big).\end{aligned}$$

显然,上述统计量之间有如下关系:

$$B_2=S^{*2}=\frac{1}{n}\sum_{i=1}^{n}(X_i-\bar{X})^2=A_2-\bar{X}^2=\frac{n-1}{n}S^2.$$

这些关系在以后的章节中将经常使用.

定理 6.1　设总体 X 的均值 $E(X)=\mu$,方差 $D(X)=\sigma^2$,$X_1,X_2,\cdots,X_n$ 是总体 X 的样本,则有

$$E(\bar{X})=\mu,\quad D(\bar{X})=\frac{\sigma^2}{n},\quad E(S^2)=\sigma^2.\tag{6.2}$$

证明 因为 $\bar{X}=\frac{1}{n}\sum_{i=1}^{n}X_i$,所以由数学期望的性质,有

$$E(\bar{X})=\frac{1}{n}\sum_{i=1}^{n}E(X_i)=\frac{1}{n}\sum_{i=1}^{n}\mu=\frac{1}{n}\cdot n\mu=\mu.$$

又因为 $X_1,X_2,\cdots,X_n$ 相互独立,所以由方差的性质,有

$$D(\bar{X})=\frac{1}{n^2}\sum_{i=1}^{n}D(X_i)=\frac{1}{n^2}\sum_{i=1}^{n}\sigma^2=\frac{1}{n^2}\cdot n\sigma^2=\frac{\sigma^2}{n}.$$

因为

$$S^2=\frac{1}{n-1}\sum_{i=1}^{n}(X_i-\bar{X})^2=\frac{1}{n-1}\left(\sum_{i=1}^{n}X_i^2-n\bar{X}^2\right),$$

且利用式(4.13)得 $E(X^2)=D(X)+[E(X)]^2$,所以

$$E(S^2)=\frac{1}{n-1}\left[\sum_{i=1}^{n}E(X_i{}^2)-nE(\bar{X}^2)\right]$$

$$=\frac{1}{n-1}\left[n(\sigma^2+\mu^2)-n\left(\frac{\sigma^2}{n}+\mu^2\right)\right]=\sigma^2.$$

若总体 X 的 k 阶矩 $E(X^k)$(记为 μ_k)存在,由于 $X_1,X_2,\cdots,X_n$ 相互独立且与 X 有相同的分布,所以 $X_1^k,X_2^k,\cdots,X_n^k$ 相互独立且与 X^k 有相同的分布,故有

$$E(X_i^k)=E(X^k)=\mu_k,\quad i=1,2,\cdots,n.$$

则由第 5 章的辛钦大数定理知

$$A_k=\frac{1}{n}\sum_{i=1}^{n}X_i^k\xrightarrow{P}E(X^k)=\mu_k,\quad k=1,2,\cdots.$$

这是第 7 章矩估计的理论基础.

*6.2.2 经验分布函数

一般情况下,总体 X 的分布函数不容易求得,那么怎样才能确定它的分布函数呢?由于样本 $X_1,X_2,\cdots,X_n$ 是与总体 X 具有相同分布且相互独立的随机变量,因此可以利用样本及样本观测值建立一定的概率模型,用由此获得的概率统计信息对总体 X 的分布函数 $F(x)$ 进行估计和推断,即利用经验分布函数近似求解总体 X 的分布函数,用它可以描述总体分布函数的大致形状.

定义 6.2 设 $x_1,x_2,\cdots,x_n$ 是具有分布函数 $F(x)$ 的总体 X 的一个样本容量为 n 的样本值,先将 $x_1,x_2,\cdots,x_n$ 按从小到大的次序排列,并重新编号,设为

$$x_{(1)}\leqslant x_{(2)}\leqslant\cdots\leqslant x_{(n)},$$

则函数

$$F_n(x)=\begin{cases}0, & x<x_{(1)},\\ \dfrac{k}{n}, & x_{(k)}\leqslant x<x_{(k+1)},\ k=1,2,\cdots,n-1,\\ 1, & x\geqslant x_{(n)}\end{cases}\tag{6.3}$$

称为经验分布函数.

事实上，经验分布函数 $F_n(x)$ 为

$$F_n(x)=\frac{1}{n}S(x),\quad -\infty<x<+\infty,$$

其中 $S(x)$ 表示 $x_1,x_2,\cdots,x_n$ 中取值不大于 x 的个数.

例 6.4　随机观测总体 X，得到一个容量为 6 的样本值，即

$$1,-2,-1,-2,0,0.$$

求经验分布函数.

解　将样本值按从小到大的顺序排列为

$$-2,-2,-1,0,0,1.$$

于是经验分布函数 $F_6(x)$ 为

$$F_6(x)=\begin{cases}0, & x<-2,\\ \frac{2}{6}, & -2\leqslant x<-1,\\ \frac{3}{6}, & -1\leqslant x<0,\\ \frac{5}{6}, & 0\leqslant x<1,\\ 1, & x\geqslant 1.\end{cases}$$

$F_6(x)$ 的图形如图 6.1 所示.

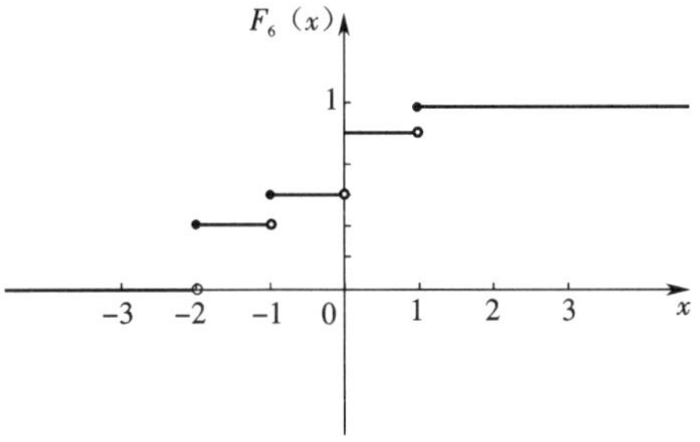

图 6.1

从图 6.1 中可以看出，经验分布函数是一个阶梯函数.

一般地，当样本容量 n 充分大时，相邻两阶梯的跃度变低，阶梯宽度变窄，阶梯形折线近似于一条曲线. 格里汶科在 1933 年证明了对于任一实数 x，当 $n\to+\infty$ 时，$F_n(x)$ 以概率 1 一致收敛于分布函数 $F(x)$，即

$$P\{\lim_{n\to+\infty}\sup_{-\infty<x<+\infty}|F_n(x)-F(x)|=0\}=1.$$

也就是说，可以用经验分布函数 $F_n(x)$ 作为总体 $F(x)$ 的一个良好的近似，这是用样本来估计和推断总体的最基本的理论依据.

6.2.3　抽样分布

统计量的分布称为抽样分布. 当取得总体 X 的简单随机样本 $X_1,X_2,\cdots,X_n$ 后，借助统

计量来对未知的总体分布进行统计推断. 为了实现这一推断目的,还需要确定相应的统计量的分布,即抽样分布. 当总体的分布函数已知时,抽样分布是确定的,然而要求出一个统计量的精确分布是十分困难的. 而在实际问题中,有很多统计推断是基于总体服从正态分布的假设. 为了后面的讨论,本节主要介绍统计学的三大重要分布:χ^2 分布,t 分布,F 分布. 这些分布在数理统计中占有重要的地位.

1.χ^2 **分布**

定义 6.3　设 $X_1, X_2, \cdots, X_n$ 是相互独立且都服从 $N(0,1)$ 的随机变量,则称

$$X = X_1^2 + X_2^2 + \cdots + X_n^2 \tag{6.4}$$

服从自由度为 n 的 χ^2 分布,记为 $X \sim \chi^2(n)$,其中自由度 n 指式(6.4)中所含独立项的个数.

χ^2 分布的概率密度为

$$f(x) = \begin{cases} \dfrac{1}{2^{\frac{n}{2}}\Gamma\left(\dfrac{n}{2}\right)} x^{\frac{n}{2}-1} e^{-\frac{x}{2}}, & x > 0, \\ 0, & x \leqslant 0, \end{cases} \tag{6.5}$$

其中

$$\Gamma(a) = \int_0^{+\infty} x^{a-1} e^{-x} dx \, (a > 0) \quad \Gamma\left(\frac{1}{2}\right) = \sqrt{\pi}.$$

$f(x)$ 的图形如图 6.2 所示.

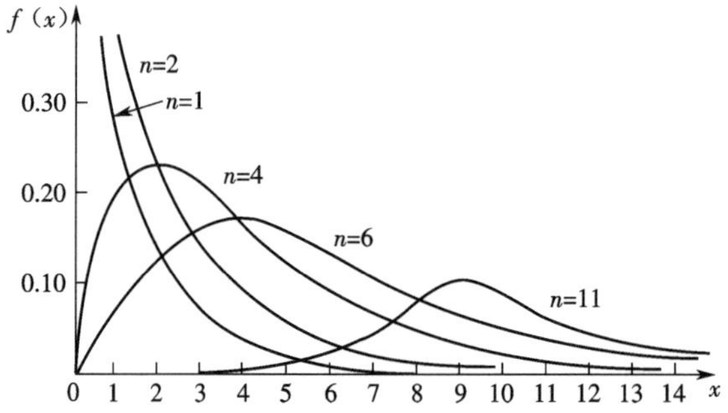

图 6.2

χ^2 分布具有如下性质.

(1)若 $X \sim N(0,1)$,则 $X^2 \sim \chi^2(1)$.

由 χ^2 分布的定义显然成立.

(2)χ^2 分布的可加性:设 $X \sim \chi^2(n_1)$,$Y \sim \chi^2(n_2)$,且 X, Y 相互独立,则 $X + Y \sim \chi^2(n_1 + n_2)$.

由 χ^2 分布的定义易得此性质.

(3)χ^2 分布的期望与方差:若 $X \sim \chi^2(n)$,则有 $E(X) = n$, $D(X) = 2n$.

证明　由定义 6.3,可以把 X 表示成 $X = X_1^2 + X_2^2 + \cdots + X_n^2$,其中 $X_i \sim N(0,1)$,且 $X_1, X_2, \cdots, X_n$ 相互独立,所以 $E(X_i^2) = D(X_i) = 1$. 从而

$$E(X) = E(X_1^2) + E(X_2^2) + \cdots + E(X_n^2) = n.$$

又

$$E(X_i^4)=\int_{-\infty}^{+\infty}\frac{1}{\sqrt{2\pi}}x^4\mathrm{e}^{-\frac{x^2}{2}}\mathrm{d}x=\frac{2}{\sqrt{2\pi}}\int_0^{+\infty}x^4\mathrm{e}^{-\frac{x^2}{2}}\mathrm{d}x\xlongequal{令\,y=x^2/2}\frac{4}{\sqrt{\pi}}\int_0^{+\infty}y^{\frac{5}{2}-1}\mathrm{e}^{-y}\mathrm{d}y$$

$$=\frac{4}{\sqrt{\pi}}\Gamma\left(\frac{5}{2}\right)=\frac{4}{\sqrt{\pi}}\cdot\frac{3}{2}\cdot\frac{1}{2}\Gamma\left(\frac{1}{2}\right)=\frac{4}{\sqrt{\pi}}\cdot\frac{3}{2}\cdot\frac{1}{2}\sqrt{\pi}=3,$$

于是

$$D(X_i^2)=E(X_i^4)-[E(X_i^2)]^2=3-1=2,$$

所以

$$D(X)=D(X_1^2)+D(X_2^2)+\cdots+D(X_n^2)=2n.$$

例 6.5　设 $X_1,X_2,\cdots,X_6$ 是来自正态总体 $N(0,2^2)$ 的简单随机样本，且有

$$Y=a\,(X_1-2X_2+X_3)^2+b\,(2X_4-4X_5+\sqrt{5}X_6)^2,$$

求常数 a,b，使得 $Y\sim\chi^2(2)$.

解　仿照例 4.19，可得

$$X_1-2X_2+X_3\sim N(0,24),\quad \frac{X_1-2X_2+X_3}{2\sqrt{6}}\sim N(0,1),$$

$$\frac{1}{24}(X_1-2X_2+X_3)^2\sim\chi^2(1).$$

同理可得

$$2X_4-4X_5+\sqrt{5}X_6\sim N(0,100),\quad \frac{2X_4-4X_5+\sqrt{5}X_6}{10}\sim N(0,1),$$

$$\frac{1}{100}(2X_4-4X_5+\sqrt{5}X_6)^2\sim\chi^2(1).$$

由于 $X_1-2X_2+X_3$ 与 $2X_4-4X_5+\sqrt{5}X_6$ 相互独立，所以

$$\frac{1}{24}(X_1-2X_2+X_3)^2+\frac{1}{100}(2X_4-4X_5+\sqrt{5}X_6)^2\sim\chi^2(2).$$

所以当 $a=\frac{1}{24},b=\frac{1}{100}$ 时，$Y=a\,(X_1-2X_2+X_3)^2+b\,(2X_4-4X_5+\sqrt{5}X_6)^2\sim\chi^2(2)$.

2. t **分布**

定义 6.4　设 $X\sim N(0,1)$，$Y\sim\chi^2(n)$，且 X 与 Y 相互独立，则称随机变量

$$t=\frac{X}{\sqrt{Y/n}} \tag{6.6}$$

服从自由度为 n 的 t 分布，记为 $t\sim t(n)$.

t 分布又称为学生氏分布，其概率密度为

$$f(x)=\frac{\Gamma[(n+1)/2]}{\sqrt{\pi n}\Gamma(n/2)}\left(1+\frac{x^2}{n}\right)^{-(n+1)/2},\quad -\infty<x<+\infty. \tag{6.7}$$

$f(x)$ 的图形如图 6.3 所示，它关于 $x=0$ 对称. 利用 Γ 函数的性质可得

$$\lim_{n\to+\infty}f(x)=\frac{1}{\sqrt{2\pi}}\mathrm{e}^{-\frac{x^2}{2}},$$

故当 n 足够大时，t 分布近似于 $N(0,1)$ 分布，但对于较小的 n，t 分布与 $N(0,1)$ 分布相差较大.

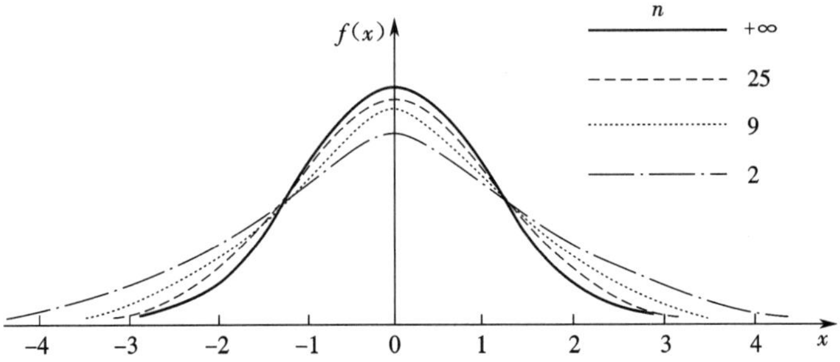

图 6.3

例 6.6 设总体 $X \sim N(0,1)$，$X_1, X_2, \cdots, X_6$ 是简单随机样本，试确定统计量 $\dfrac{X_1 - X_2 + X_3}{\sqrt{X_4^2 + X_5^2 + X_6^2}}$ 服从什么分布.

解 因为 $X \sim N(0,1)$，所以 $X_1 - X_2 + X_3 \sim N(0,3)$，即 $\dfrac{X_1 - X_2 + X_3}{\sqrt{3}} \sim N(0,1)$. 由 χ^2 分布的定义知，$X_4^2 + X_5^2 + X_6^2 \sim \chi^2(3)$. 又因为 $X_1 - X_2 + X_3$ 与 $X_4^2 + X_5^2 + X_6^2$ 相互独立，所以由定义 6.4 知，

$$\frac{X_1 - X_2 + X_3}{\sqrt{X_4^2 + X_5^2 + X_6^2}} = \frac{\dfrac{X_1 - X_2 + X_3}{\sqrt{3}}}{\sqrt{\dfrac{X_4^2 + X_5^2 + X_6^2}{3}}} \sim t(3).$$

3. F 分布

定义 6.5 设 $X \sim \chi^2(m)$，$Y \sim \chi^2(n)$，且 X, Y 独立，则称随机变量

$$F = \frac{X/m}{Y/n} \tag{6.8}$$

服从自由度为 (m,n) 的 F 分布，记为 $F \sim F(m,n)$.

F 分布的概率密度为

$$f(x) = \begin{cases} \dfrac{\Gamma[(m+n)/2](m/n)^{m/2} x^{(m/2)-1}}{\Gamma(m/2)\Gamma(n/2)[1+(mx/n)]^{(m+n)/2}}, & x > 0, \\ 0, & x \leqslant 0. \end{cases} \tag{6.9}$$

$f(x)$ 的图形如图 6.4 所示.

F 分布的性质：若 $F \sim F(m,n)$，则 $\dfrac{1}{F} \sim F(n,m)$.

由定义显然成立.

例 6.7 设 $T \sim t(n)$，求 T^2 的分布.

解 因为 $T \sim t(n)$，所以 $T = \dfrac{X}{\sqrt{Y/n}}$，其中 $X \sim N(0,1)$，$Y \sim \chi^2(n)$，且 X 与 Y 相互独立.

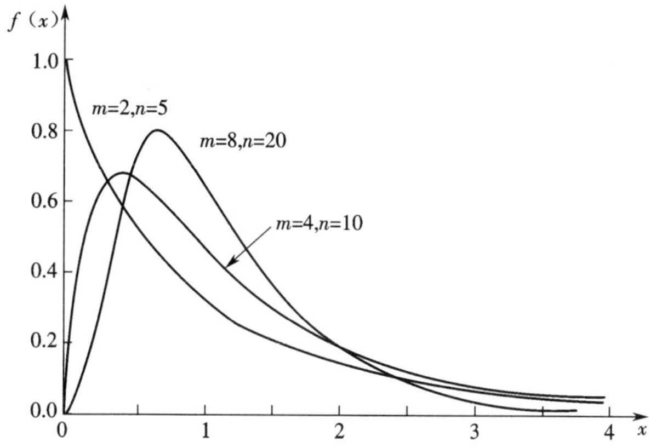

图6.4

又 $X^2 \sim \chi^2(1)$，所以

$$T^2 = \frac{X^2}{Y/n} = \frac{X^2/1}{Y/n} \sim F(1,n).$$

例6.8　设总体 X 服从正态分布 $N(0,4)$，而 $X_1,X_2,\cdots,X_{15}$ 是来自总体 X 的简单随机样本，求统计量 $Y = \dfrac{X_1^2 + \cdots + X_{10}^2}{2(X_{11}^2 + \cdots + X_{15}^2)}$ 的分布.

解　因为 $X_i \sim N(0,4)$，则 $\dfrac{X_i}{2} \sim N(0,1)$，$\dfrac{X_i^2}{4} \sim \chi^2(1)$，$i=1,2,\cdots,15$. 所以

$$\frac{X_1^2 + \cdots + X_{10}^2}{4} \sim \chi^2(10), \quad \frac{X_{11}^2 + \cdots + X_{15}^2}{4} \sim \chi^2(5),$$

故

$$Y = \frac{X_1^2 + \cdots + X_{10}^2}{2(X_{11}^2 + \cdots + X_{15}^2)} = \frac{\dfrac{X_1^2 + \cdots + X_{10}^2}{4}\Big/10}{\dfrac{X_{11}^2 + \cdots + X_{15}^2}{4}\Big/5} \sim F(10,5),$$

即服从参数为(10,5)的 F 分布.

4. 分位点(数)

分位数是数理统计中的一个重要概念.

定义6.6　对随机变量 X 及给定的 $\alpha(0<\alpha<1)$，若存在数 x_α，使得 $P\{X > x_\alpha\} = \alpha$，则称数 x_α 为随机变量 X(或它的概率分布)的上(侧)α 分位点，分位点也叫分位数.

1)标准正态分布的分位点

设 $X \sim N(0,1)$，对于给定的 $\alpha(0<\alpha<1)$，满足条件 $P\{X > Z_\alpha\} = \int_{Z_\alpha}^{+\infty} f(x)\,dx = \alpha$ 的 Z_α 称为标准正态分布的上 α 分位点，也可以用 U_α 表示，如图6.5所示.

由标准正态分布上 α 分位点的定义及其概率密度图形的对称性知

$$Z_{1-\alpha} = -Z_\alpha. \tag{6.10}$$

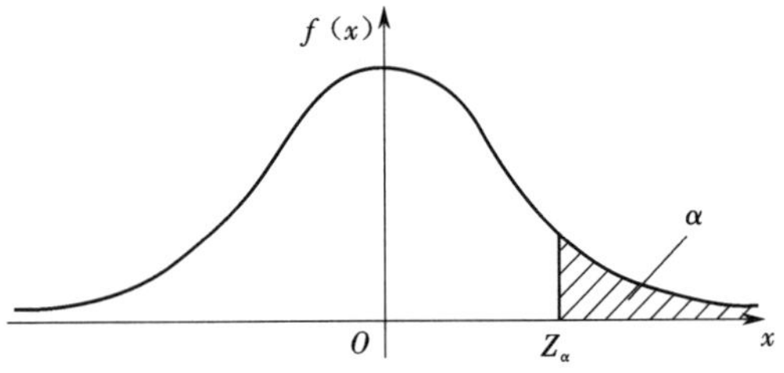

图 6.5

由于

$$P\{X>Z_\alpha\}=1-P\{X\leqslant Z_\alpha\}=1-\Phi(Z_\alpha)=\alpha,$$

则

$$\Phi(Z_\alpha)=1-\alpha. \tag{6.11}$$

对于给定的 α,利用式(6.11),通过查附表 1 可得常用的几个 Z_α 的值. 例如,$Z_{0.025}=1.96$,$Z_{0.01}=2.33$,$Z_{0.05}=1.645$ 等.

2)χ^2 分布的分位点

设 $\chi^2\sim\chi^2(n)$,对于给定的正数 $\alpha(0<\alpha<1)$,满足条件 $P\{\chi^2>\chi^2_\alpha(n)\}=\int_{\chi^2_\alpha(n)}^{+\infty}f(x)\,\mathrm{d}x=\alpha$ 的点 $\chi^2_\alpha(n)$ 称为 $\chi^2(n)$ 分布的上 α 分位点,如图 6.6 所示.

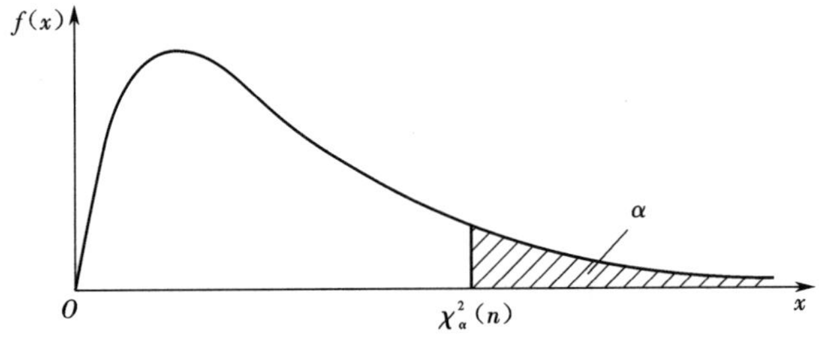

图 6.6

对于不同的 α 和 n,$\chi^2(n)$ 分布的上 α 分位点已制成表格,可以查附表 2. 例如,对于 $\alpha=0.025$,$n=20$,查得 $\chi^2_{0.025}(20)=34.170$.

3) t 分布的分位点

设 $t\sim t(n)$,对于给定的 $\alpha(0<\alpha<1)$,满足条件 $P\{t>t_\alpha(n)\}=\int_{t_\alpha(n)}^{+\infty}f(x)\,\mathrm{d}x=\alpha$ 的点 $t_\alpha(n)$ 称为 $t(n)$ 分布的上 α 分位点,如图 6.7 所示.

由 t 分布上 α 分位点的定义及其概率密度图形的对称性知

$$t_{1-\alpha}(n)=-t_\alpha(n).$$

t 分布的上 α 分位点可由附表 3 查得. 例如,当 $n=10$,$\alpha=0.025$ 时,$t_{0.025}(10)=2.228$. 当 $n>45$ 时,对于常用的 α 值,可以用正态分布近似,即 $t_\alpha(n)\approx Z_\alpha$.

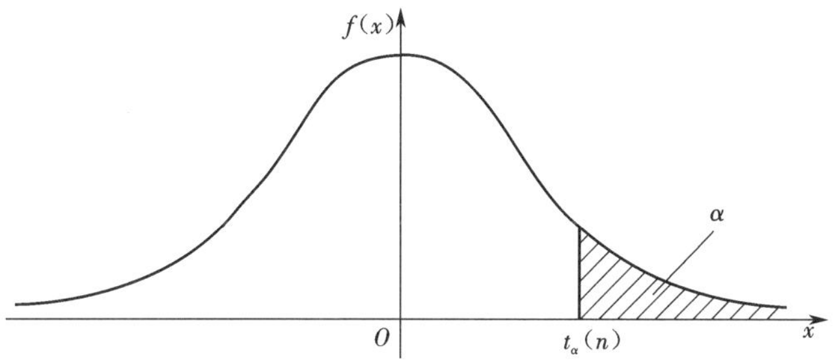

图 6.7

4) F 分布的分位点

设 $F \sim F(m,n)$，对给定的 $\alpha(0<\alpha<1)$，满足条件 $P\{F>F_\alpha(m,n)\}=\int_{F_\alpha(m,n)}^{+\infty} f(x)\,dx=\alpha$ 的点 $F_\alpha(m,n)$ 称为 $F(m,n)$ 分布的上 α 分位点，如图 6.8 所示.

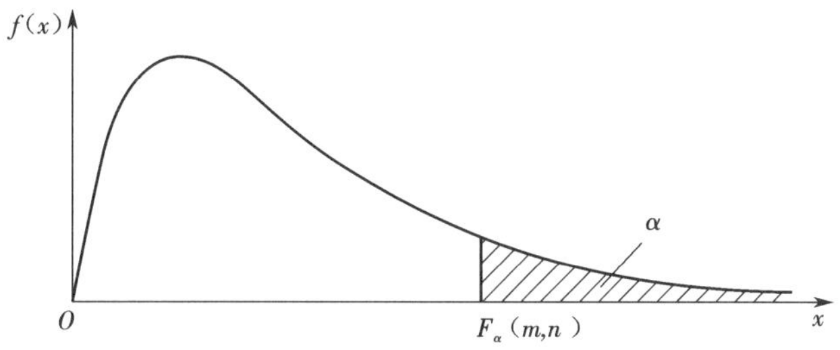

图 6.8

F 分布的上 α 分位点可由附表 4 查得.

F 分布的上 α 分位点有如下的重要性质：

$$F_{1-\alpha}(m,n)=\frac{1}{F_\alpha(n,m)}. \tag{6.12}$$

事实上，若 $F \sim F(m,n)$，则

$$1-\alpha=P\{F>F_{1-\alpha}(m,n)\}=P\left\{\frac{1}{F}<\frac{1}{F_{1-\alpha}(m,n)}\right\}=1-P\left\{\frac{1}{F}\geqslant\frac{1}{F_{1-\alpha}(m,n)}\right\}.$$

故

$$P\left\{\frac{1}{F}>\frac{1}{F_{1-\alpha}(m,n)}\right\}=\alpha.$$

又由于 $\frac{1}{F}\sim F(n,m)$，知 $P\left\{\frac{1}{F}>F_\alpha(n,m)\right\}=\alpha$，故

$$F_\alpha(n,m)=\frac{1}{F_{1-\alpha}(m,n)},$$

即

$$F_{1-\alpha}(m,n)=\frac{1}{F_\alpha(n,m)}.$$

例 6.9　设 $F \sim F(7,6)$，试求：(1) 满足 $P\{F>a\}=0.05$ 中的常数 a；

(2) 若 $F \sim F(6,7)$，满足 $P\{F>b\}=0.95$ 中的常数 b.

解　(1) 因为 $P\{F>F_{0.05}(7,6)\}=0.05$，由附表 4 查得 $F_{0.05}(7,6)=4.21$，则 $a=4.21$；

(2)因为 $P\{F>F_{0.95}(6,7)\}=0.95$,由式(6.12)知

$$b=F_{0.95}(6,7)=\frac{1}{F_{0.05}(7,6)}=\frac{1}{4.21}\approx 0.238.$$

5. 正态总体的样本均值与样本方差的分布

设总体为 X,而 $X_1,X_2,\cdots,X_n$ 是来自 X 的一个样本, $\bar{X},S^2$ 分别是样本均值和样本方差. 不论总体 X 服从什么分布,只要总体 X 的均值为 μ,方差为 σ^2, 则由定理6.1知

$$E(\bar{X})=\mu,\quad D(\bar{X})=\sigma^2/n,\quad E(S^2)=\sigma^2.$$

为了后面研究参数估计和假设检验问题,下面介绍关于正态总体分布下统计量的分布的一些定理.

定理6.2 设 $X_1,X_2,\cdots,X_n$ 是来自正态总体 $N(\mu,\sigma^2)$ 的一个样本,$\bar{X}$ 为样本均值,则有

$$\bar{X}\sim N(\mu,\sigma^2/n). \tag{6.13}$$

这个结论很显然.

推论 设 $X_1,X_2,\cdots,X_n$ 是来自正态总体 $N(\mu,\sigma^2)$ 的样本,$\bar{X}$ 为样本均值,则有

$$\frac{\bar{X}-\mu}{\sigma/\sqrt{n}}\sim N(0,1). \tag{6.14}$$

定理6.3 设 $X_1,X_2,\cdots,X_n$ 是来自正态总体 $N(\mu,\sigma^2)$ 的样本,则

$$\chi^2=\frac{1}{\sigma^2}\sum_{i=1}^{n}(X_i-\mu)^2\sim\chi^2(n). \tag{6.15}$$

证明 由 $X_i\sim N(\mu,\sigma^2)$ 得 $Y_i=\dfrac{X_i-\mu}{\sigma}\sim N(0,1)$,$i=1,2,\cdots,n$. 又因为 $X_1,X_2,\cdots,X_n$ 相互独立,所以 $Y_1,Y_2,\cdots,Y_n$ 也相互独立,于是 $\chi^2=\sum\limits_{i=1}^{n}Y_i^2\sim\chi^2(n)$,即

$$\chi^2=\frac{1}{\sigma^2}\sum_{i=1}^{n}(X_i-\mu)^2\sim\chi^2(n).$$

定理6.4 设 $X_1,X_2,\cdots,X_n$ 是来自正态总体 $N(\mu,\sigma^2)$ 的样本, $\bar{X},S^2$ 分别为样本均值和样本方差,则有

(1) $\dfrac{(n-1)S^2}{\sigma^2}\sim\chi^2(n-1)$; (6.16)

(2) $\bar{X}$ 与 S^2 相互独立.

证明从略.

定理6.5 设 $X_1,X_2,\cdots,X_n$ 是来自正态总体 $N(\mu,\sigma^2)$ 的样本,$\bar{X},S^2$ 分别为样本均值和样本方差,则有

$$\frac{\bar{X}-\mu}{S/\sqrt{n}}\sim t(n-1). \tag{6.17}$$

证明 由式(6.14)和式(6.16)得

$$\frac{\bar{X}-\mu}{\sigma/\sqrt{n}}\sim N(0,1),\quad \frac{(n-1)S^2}{\sigma^2}\sim\chi^2(n-1).$$

又由定理6.4知,$\bar{X}$与S^2相互独立,因此$\frac{\bar{X}-\mu}{\sigma/\sqrt{n}}$与$\frac{(n-1)S^2}{\sigma^2}$相互独立,则由定义6.4,有

$$\frac{\bar{X}-\mu}{\sigma/\sqrt{n}}\Bigg/\sqrt{\frac{1}{n}\cdot\frac{(n-1)S^2}{\sigma^2}}\sim t(n-1),$$

即

$$\frac{\bar{X}-\mu}{S/\sqrt{n}}\sim t(n-1).$$

例6.10　设总体$X\sim N(30,6^2)$,$X_1,X_2,\cdots,X_n$是来自总体X的样本,$\bar{X}$为样本均值.

(1)抽取样本容量为25的样本,求样本均值$\bar{X}$落在29~31的概率.

(2)若要求$\bar{X}$落在(29,31)内的概率不小于0.95,求样本容量n至少应取多大.

解　(1)由定理6.2知$\bar{X}\sim N\left(30,\frac{6^2}{25}\right)$,因此

$$P\{29<\bar{X}<31\}=\Phi\left(\frac{31-30}{\frac{6}{5}}\right)-\Phi\left(\frac{29-30}{\frac{6}{5}}\right)=\Phi(0.83)-\Phi(-0.83)$$
$$=2\Phi(0.83)-1=2\times0.7967-1=0.5934.$$

(2)要求$P\{29<\bar{X}<31\}\geqslant0.95$,而$\bar{X}\sim N\left(30,\frac{6^2}{n}\right)$,所以

$$P\{29<\bar{X}<31\}=\Phi\left(\frac{31-30}{6/\sqrt{n}}\right)-\Phi\left(\frac{29-30}{6/\sqrt{n}}\right)=2\Phi\left(\frac{\sqrt{n}}{6}\right)-1,$$

有

$$2\Phi\left(\frac{\sqrt{n}}{6}\right)-1\geqslant0.95,$$

所以

$$\Phi\left(\frac{\sqrt{n}}{6}\right)\geqslant0.975,\quad\frac{\sqrt{n}}{6}\geqslant1.96,\quad n\geqslant138.30,$$

因此样本容量n至少应取139.

对于两个正态总体的样本均值与样本方差有以下的定理.

定理6.6　设总体$X\sim N(\mu_1,\sigma_1^2)$,总体$Y\sim N(\mu_2,\sigma_2^2)$,$X_1,X_2,\cdots,X_{n_1}$与$Y_1,Y_2,\cdots,Y_{n_2}$分别是来自总体$X$和$Y$的样本,且这两个样本相互独立.设$\bar{X}=\frac{1}{n_1}\sum_{i=1}^{n_1}X_i$,$\bar{Y}=\frac{1}{n_2}\sum_{i=1}^{n_2}Y_i$分别是这两个样本的样本均值,则有

$$\frac{(\bar{X}-\bar{Y})-(\mu_1-\mu_2)}{\sqrt{\frac{\sigma_1^2}{n_1}+\frac{\sigma_2^2}{n_2}}}\sim N(0,1).\tag{6.18}$$

证明　由于$\bar{X}\sim N(\mu_1,\frac{\sigma_1^2}{n_1})$,$\bar{Y}\sim N(\mu_2,\frac{\sigma_2^2}{n_2})$,又$\bar{X}$,$\bar{Y}$相互独立,所以有

$$\bar{X}-\bar{Y}\sim N\left(\mu_1-\mu_2,\frac{\sigma_1^2}{n_1}+\frac{\sigma_2^2}{n_2}\right),$$

标准化得

$$\frac{(\bar{X}-\bar{Y})-(\mu_1-\mu_2)}{\sqrt{\frac{\sigma_1^2}{n_1}+\frac{\sigma_2^2}{n_2}}}\sim N(0,1).$$

特别地,若 $\sigma_1^2=\sigma_2^2=\sigma^2$,则式(6.18)简化为

$$\frac{(\bar{X}-\bar{Y})-(\mu_1-\mu_2)}{\sigma\sqrt{\frac{1}{n_1}+\frac{1}{n_2}}}\sim N(0,1). \tag{6.19}$$

定理 6.7 设总体 $X\sim N(\mu_1,\sigma^2)$,总体 $Y\sim N(\mu_2,\sigma^2)$,$X_1,X_2,\cdots,X_{n_1}$ 与 $Y_1,Y_2,\cdots,Y_{n_2}$ 分别是来自总体 X 和 Y 的样本,且这两个样本相互独立. 设 $\bar{X}=\frac{1}{n_1}\sum_{i=1}^{n_1}X_i$,$\bar{Y}=\frac{1}{n_2}\sum_{i=1}^{n_2}Y_i$ 分别是这两个样本的样本均值,$S_1^2=\frac{1}{n_1-1}\sum_{i=1}^{n_1}(X_i-\bar{X})^2$,$S_2^2=\frac{1}{n_2-1}\sum_{i=1}^{n_2}(Y_i-\bar{Y})^2$ 分别是这两个样本的样本方差,则有

$$\frac{(\bar{X}-\bar{Y})-(\mu_1-\mu_2)}{S_w\sqrt{\frac{1}{n_1}+\frac{1}{n_2}}}\sim t(n_1+n_2-2), \tag{6.20}$$

其中

$$S_w=\sqrt{\frac{(n_1-1)S_1^2+(n_2-1)S_2^2}{n_1+n_2-2}}.$$

证明 由式(6.19)有

$$U=\frac{(\bar{X}-\bar{Y})-(\mu_1-\mu_2)}{\sigma\sqrt{\frac{1}{n_1}+\frac{1}{n_2}}}\sim N(0,1).$$

又 $\frac{(n_1-1)S_1^2}{\sigma^2}\sim\chi^2(n_1-1)$,$\frac{(n_2-1)S_2^2}{\sigma^2}\sim\chi^2(n_2-1)$,且它们相互独立,由 χ^2 分布的可加性有

$$\frac{(n_1-1)S_1^2}{\sigma^2}+\frac{(n_2-1)S_2^2}{\sigma^2}\sim\chi^2(n_1+n_2-2),$$

即

$$V=\frac{(n_1+n_2-2)S_w^2}{\sigma^2}\sim\chi^2(n_1+n_2-2).$$

又 U,V 相互独立,所以由 t 分布的定义有

$$\frac{U}{\sqrt{V/(n_1+n_2-2)}}=\frac{(\bar{X}-\bar{Y})-(\mu_1-\mu_2)}{S_w\sqrt{\frac{1}{n_1}+\frac{1}{n_2}}}\sim t(n_1+n_2-2).$$

定理6.8 设总体 $X \sim N(\mu_1, \sigma_1^2)$，总体 $Y \sim N(\mu_2, \sigma_2^2)$，$X_1, X_2, \cdots, X_{n_1}$ 与 $Y_1, Y_2, \cdots, Y_{n_2}$ 分别是来自总体 X 和 Y 的样本，$S_1^2 = \frac{1}{n_1 - 1}\sum_{i=1}^{n_1}(X_i - \bar{X})^2$，$S_2^2 = \frac{1}{n_2 - 1}\sum_{i=1}^{n_2}(Y_i - \bar{Y})^2$ 分别是这两个样本的样本方差，则有

$$\frac{S_1^2/S_2^2}{\sigma_1^2/\sigma_2^2} \sim F(n_1 - 1, n_2 - 1). \tag{6.21}$$

证明 由式(6.16)知

$$\frac{(n_1 - 1)S_1^2}{\sigma_1^2} \sim \chi^2(n_1 - 1), \quad \frac{(n_2 - 1)S_2^2}{\sigma_2^2} \sim \chi^2(n_2 - 1).$$

因为 S_1^2 和 S_2^2 相互独立，所以 $\frac{(n_1 - 1)S_1^2}{\sigma_1^2}$ 与 $\frac{(n_2 - 1)S_2^2}{\sigma_2^2}$ 相互独立，则由 F 分布定义知

$$\frac{(n_1 - 1)S_1^2}{\sigma_1^2(n_1 - 1)} \bigg/ \frac{(n_2 - 1)S_2^2}{\sigma_2^2(n_2 - 1)} \sim F(n_1 - 1, n_2 - 1),$$

即

$$\frac{S_1^2/S_2^2}{\sigma_1^2/\sigma_2^2} \sim F(n_1 - 1, n_2 - 1).$$

若 $\sigma_1^2 = \sigma_2^2$，则 $S_1^2/S_2^2 \sim F(n_1 - 1, n_2 - 1)$.

习题6

A组

6.1 设总体 X 服从泊松分布 $P(\lambda)$，从总体中抽取样本 $X_1, X_2, \cdots, X_n$，求 $(X_1, X_2, \cdots, X_n)$ 的联合分布律.

6.2 设总体 $X \sim N(0, 3^2)$，从总体中取一个容量为6的样本 $X_1, X_2, \cdots, X_6$.

(1) 设 $Y = (X_1 + X_2 + X_3)^2 + (X_4 + X_5 + X_6)^2$，求常数 C，使随机变量 CY 服从 χ^2 分布.

(2) 设 $Z = a(X_1 - 2X_2)^2 + b(X_3 - 2X_4 - 3X_5 + X_6)^2$，求常数 a, b，使 $Z \sim \chi^2(2)$.

6.3 在总体 $X \sim N(20, 4^2)$ 中随机抽取一个容量为9的样本，求样本均值 $\bar{X}$ 在 16 ~ 23 取值的概率.

6.4 从正态总体 $N(4.2, 5^2)$ 中抽取一个容量为 n 的样本，若要求样本均值落在(2.2, 6.2)内的概率不小于0.95，试确定样本容量 n 至少应取多大.

6.5 设总体 $X \sim N(12, 4)$，从总体中抽取样本 $X_1, X_2, \cdots, X_5$. 求

(1) 样本均值 $\bar{X}$ 大于12的概率；

(2) 样本的最小值大于10的概率；

(3) 样本的最大值小于13的概率.

6.6 在总体 $N(80, 20^2)$ 中随机抽取一个容量为16的样本，求样本均值 $\bar{X}$ 与总体均值之差的绝对值大于3的概率.

6.7 求总体 $N(13, 6)$ 的容量分别为15, 20的两个独立样本的均值差的绝对值大于0.4的概率.

B 组

一、填空题

6.8 设总体 $X \sim N(\mu,\sigma^2)$，从总体 X 中抽取样本容量为 n 的样本，$\bar{X}$ 为样本均值，则 $\bar{X} \sim$ ______分布，$\dfrac{(n-1)S^2}{\sigma^2} \sim$ ______分布.

6.9 设随机变量 X 和 Y 相互独立，且都服从正态分布 $N(0,3^2)$，而 $X_1,X_2,\cdots,X_9$ 和 $Y_1,Y_2,\cdots,Y_9$ 分别为来自 X 和 Y 的简单随机样本，则统计量 $U=\dfrac{X_1+X_2+\cdots+X_9}{\sqrt{Y_1^2+Y_2^2+\cdots+Y_9^2}}$服从______分布，参数为______.

6.10 从正态总体 $N(0,5^2)$ 中抽取容量为 10 的样本 $X_1,X_2,\cdots,X_{10}$，则统计量 $Y=\dfrac{3X_1}{\sqrt{\sum\limits_{i=2}^{10} X_i^2}}$服从______分布，参数为______.

6.11 设总体 $X \sim N(0,\sigma^2)$，X_1,X_2,X_3,X_4 为来自总体 X 的一个样本，则统计量 $Y=\dfrac{(X_1-X_2)^2}{(X_3+X_4)^2}$服从______分布，参数为______.

6.12 $X_1,X_2,\cdots,X_{16}$ 是来自总体 $N(\mu,2^2)$ 的简单随机样本，S^2 为样本方差，若 $P\{S^2>a\}=0.01$，则 $a=$______.

二、选择题

6.13 已知总体 X 服从$(0,a)$上的均匀分布，其中 a 为未知参数，$X_1,X_2,\cdots,X_n$ 是取自总体 X 的一个样本，则下列为统计量的是(　　).

A. $\dfrac{1}{n}\sum\limits_{i=1}^{n} X_i-\dfrac{a}{2}$　B. $\dfrac{1}{n}\sum\limits_{i=1}^{n} X_i-E(X)$　C. X_1+X_2　D. $\dfrac{1}{n}\sum\limits_{i=1}^{n} X_i^2-D(X)$

6.14 设样本 $X_1,X_2,\cdots,X_n$ 取自标准正态分布总体 $N(0,1)$，$\bar{X}$ 为样本均值，S^2 为样本方差，则下列正确的是(　　).

A. $n\bar{X} \sim N(0,1)$　B. $nS^2 \sim \chi^2(n)$

C. $\dfrac{(n-1)X_1^2}{\sum\limits_{i=2}^{n} X_i^2} \sim F(1,n-1)$　D. $\dfrac{(n-1)\bar{X}}{S} \sim t(n-1)$

6.15 设随机变量 X 服从标准正态分布 $N(0,1)$，对给定的 $\alpha(0<\alpha<1)$，数 U_α 满足 $P\{X>U_\alpha\}=\alpha$，若 $P\{|X|<x\}=\alpha$，则 x 等于(　　).

A. $U_{\frac{\alpha}{2}}$　B. $U_{\frac{1-\alpha}{2}}$　C. $U_{1-\frac{\alpha}{2}}$　D. $U_{1-\alpha}$

6.16 设 $X_1,X_2,\cdots,X_n$ 和 $Y_1,Y_2,\cdots,Y_m$ 分别是来自总体 $N(\mu_1,\sigma_1^2)$ 和 $N(\mu_2,\sigma_2^2)$ 的样本，且相互独立，$\bar{X},\bar{Y}$ 分别为样本均值，则$\dfrac{1}{\sigma_1^2}\sum\limits_{i=1}^{n}(X_i-\bar{X})^2+\dfrac{1}{\sigma_2^2}\sum\limits_{i=1}^{m}(Y_i-\bar{Y})^2$ 服从的分布是(　　).

A. $t(m+n)$　B. $\chi^2(m+n)$　C. $\chi^2(m+n-2)$　D. $F(m,n)$

6.17　设随机变量 X 和 Y 都服从标准正态分布，则下列正确的是(　　).

A. $X+Y$ 服从正态分布　　B. X^2+Y^2 服从 χ^2 分布

C. X^2 和 Y^2 都服从 χ^2 分布　　D. X^2/Y^2 服从 F 分布

三、计算题

6.18　设总体 $X\sim N(\mu,\sigma^2)$，$X_1,X_2,\cdots,X_n$ 为总体 X 的一个样本，S^2 为样本方差，求 $D(S^2)$.

6.19　设总体 $X\sim\chi^2(m)$，$X_1,X_2,\cdots,X_n$ 为总体 X 的一个样本，$\bar{X}$ 为样本均值，S^2 为样本方差，求 $E(\bar{X})$，$D(\bar{X})$，$E(S^2)$.

6.20　设 $X_1,\cdots,X_n,X_{n+1}$ 是来自正态总体 $N(\mu,\sigma^2)$ 的样本，定义 $\bar{X}_n=\frac{1}{n}\sum_{i=1}^{n}X_i$，$S^{*2}=\frac{1}{n}\sum_{i=1}^{n}(X_i-\bar{X})^2$，试求统计量 $T=\frac{X_{n+1}-\bar{X}_n}{S^*}\sqrt{\frac{n-1}{n+1}}$ 的分布.

“数理统计的基本概念”数学史

数理统计是一个比较年轻的数学分支，它是以对随机现象观测所取得的资料为出发点，以概率论为基础来研究随机现象的一门学科. 它的基本内容分为采集样本和统计推断两大部分.

统计的早期应用是在公元前 1 世纪初的人口普查，直到 18 世纪，统计才开始向一门独立的学科发展，用于描述和表征一个状态的条件的一些特征.

高斯为描述天文观测误差分布而引进正态分布，并使用最小二乘法作为估计方法，这是近代数理统计学发展初期的重大事件. 以至于在 19 世纪相当长的时期内，一些学者都认为这个分布可用于描述几乎一切常见的数据. 直到现在，有关正态分布的统计方法仍占据着常用统计方法中很重要的一部分.

从高斯引进正态分布到 19 世纪末这一段时间，统计学理论的发展并不快，但仍有若干研究成果对后世产生了很大的影响. 例如，贝叶斯(Bayes)发表的《论有关机遇问题的求解》中提出了进行统计推断的方法论；高斯和拉普拉斯讨论了参数的估计法；高尔顿引进了回归直线、相关系数的概念，创始了回归分析.

从 20 世纪初到第二次世界大战结束这一时期，现代数理统计中许多重要的基本观点、方法，以及统计学中主要的分支学科，都是在这个时期建立和发展起来的.

继高尔顿之后，皮尔逊进一步发展了回归及其相关的理论，成功地创建了生物统计学，并得到了“总体”的概念；提出了“概率”和“相关”的概念；提出了标准差、正态曲线、平均变差、均方根误差等一系列数理统计基本术语；提出了后来以他的名字命名的分布族，同时为估计这个分布族中的参数，提出了“矩法”；引进了著名的“χ^2 检验法”；在理论分布完全给定的情况下求出了检验统计量的极限分布. 1901 年，他创办了《生物统计学》，使数理统计有了自己的阵地.

1908 年，皮尔逊的学生戈赛特(Gosset)发现了 Z 的精确分布，创始了“精确样本理论”. 他以署名“Student”在《生物统计学》上发表文章，改进了皮尔逊的方法. 他的发现不仅不再依靠近似计算，而且能用所谓小样本进行统计推断，并使统计学的对象由集团现象转变为随机现象. 现在“学生氏(Student)分布”(即后面学习的 t 分布)已成为数理统计学中的常用工具.

费歇尔是将数理统计作为一门数学学科的奠基者，他开创了试验设计法，引进了显著性检验的概念，成为假设检验理论的先驱；他考察了估计的精度与样本所具有的信息之间的关系，从而得到信息量概念；他对数据信息的测量，压缩数据而不损失信息，以及对一个模型的参数估计等给出了完善的理论概念，他把一致性、有效性和充分性作为参数估计量应具备的基本性质；他还在 1912 年提出了最大似然估计法，奠定了参数估计的理论基础.

奈曼(Neyman)和爱根·皮尔逊(Egon Pearson)发展了假设检验的系列理论. 奈曼还创立了系统的置信区间估计理论，把区间估计理论置于柯尔莫哥洛夫概率论公理体系的基础之上，从而奠定了严格的数学理论基础，把求区间估计的问题表达为数学上的最优解问题，对于数理统计形成为一个严格的数学分支起到了重大作用.

在此期间，美国有三个统计研究组在投弹问题上进行了 9 项研究，最为著名的是系统地研究了“序贯分析”，它被称为“20 世纪 30 年代最有威力”的统计思想. “序贯分析”系统理论的创始人沃德在统计方法中引进的“停止规则”是序贯分析的概念基础，并已证明是现代概率论与数理统计学中最富于成果的概念之一.

从第二次世界大战后至今的这一时期，随着生产和科技的普遍进步，数理统计学得到了飞速发展，同时也出现了不少有待解决的问题.

一是应用上愈来愈广泛，统计学的发展与实际密切结合. 例如，归纳到“统计质量管理”名目下的众多统计方法，在大规模工业生产中的应用取得了很大的成功. 统计学应用的广泛性，也可以从下述情况得到印证：统计学已成为高等学校中许多专业必修的内容；统计学专业的毕业生人数，以及从事统计学的应用、教学和研究工作的人数大幅增长；有关统计学的著作和期刊杂志的数量显著增长.

二是理论上取得了重大进展. 其大致有两个主要方面：一方面是由沃德提出的“统计决策理论”；另一方面是大样本理论. 沃德是 20 世纪对统计学面貌的改观有重大影响的少数几个统计学家之一. 1950 年，他发表了题为《统计决策函数》的著作，正式提出了“统计决策理论”. 贝叶斯统计学派的观点是样本的作用在于且仅在于对先验分布作修改，而过渡到“后验分布”，产生了贝叶斯决策理论.

三是电子计算机的应用对统计学的影响. 其主要表现在以下两个方面. 首先，需要大量计算的统计方法，有了计算机，这一切都不成问题. 统计学应用越来越广泛，这在相当程度上要归功于计算机，特别是对高维数据的情况. 其次，按传统数理统计学理论，一个统计方法效果如何、如何实施，都依赖于决定某些统计量的分布. 计算机的出现为解决这一问题提供了新的途径——模拟. 通过模拟，首先比较两个方法的性能如何，然后做出综合分析，从而避开了理论上难以解决的问题，具有极大的实用意义.

本章总结视频

本章测试题

第7章　参数估计

数理统计最重要的内容就是统计推断. 统计推断就是利用样本所提供的信息对总体的某些统计特征进行估计、推断或预测,从而认识总体. 统计推断可分为两大类:一类是参数估计,一类是假设检验. 参数估计是指已知总体的分布类型,但其中一个或多个参数未知,通过样本对这些未知参数做出合理估计,进而进行评价. 假设检验是指对总体中的某些未知特征(如总体均值、总体方差或总体分布本身等)做出假设,通过样本所得信息,对此假设做出合理的统计推断.

事实上,我们通常所说的估计就是已知样本信息估计总体信息,包括非参数估计和参数估计. 本章只介绍参数估计,包括未知参数的点估计和区间估计.

7.1　未知参数的点估计

设总体 X 的分布函数的形式 $F(x;\theta)$ 已知,其中 θ 为未知参数,要得到总体信息,需要根据样本信息对参数 θ 进行合理估计. 设 $X_1,X_2,\cdots,X_n$ 是来自总体的简单随机样本,构造一个合适的统计量 $\hat{\theta}=\hat{\theta}(X_1,X_2,\cdots,X_n)$($\hat{\theta}$ 读作"θ 尖")估计未知参数 θ,此时得到的统计量 $\hat{\theta}$ 为 θ 的估计量. 当得到一组样本观测值 $x_1,x_2,\cdots,x_n$,将观测值代入统计量 $\hat{\theta}$ 中即可得到未知参数 θ 的一个近似值 $\hat{\theta}=\hat{\theta}(x_1,x_2,\cdots,x_n)$,此时得到的数值 $\hat{\theta}$ 称为 θ 的点估计值. 在不致混淆的情况下,估计量和估计值统称为估计. 需要注意的是,估计量是一个统计量即随机变量,而估计值是一个数值. 当取不同样本值时,估计值通常是不同的,因此在计算具体问题时应注意区别开来.

构造未知参数的点估计的关键是要确定一个合适的统计量,在统计学中确定点估计的方法有多种,如矩估计法、最大似然估计法、最小二乘法等. 本书只介绍矩估计法和最大似然估计法.

7.1.1　矩估计法

矩估计法是指利用样本矩或者样本矩的函数估计总体矩或者总体矩相应函数的一种估计方法,最早是由皮尔逊(Pearson)提出的,这种方法直观、简便. 在总体分布未知的情况下,矩估计法也能够对总体的未知参数进行估计. 矩估计法最常见的是用样本的各阶原点矩估计总体的各阶原点矩.

假设总体 X 的分布中含有 m 个未知参数 $\theta_1,\theta_2,\cdots,\theta_m$,且设总体的 k 阶原点矩 $E(X^k)$ $(k=1,2,\cdots,m)$ 都存在,由于总体的各阶原点矩是总体分布的数字特征,因此 $E(X^k)$ $(k=1,2,\cdots,m)$ 是含有总体未知参数 $\theta_1,\theta_2,\cdots,\theta_m$ 的函数. 设 $X_1,X_2,\cdots,X_n$ 是来自总体的简单随机

样本,由定理5.3(辛钦大数定律)可知,样本的 k 阶原点矩$\frac{1}{n}\sum_{i=1}^{n}X_i^k$ 依概率收敛于总体的 k 阶原点矩 $E(X^k)$. 当样本容量 n 充分大时,样本的各阶原点矩是总体各阶原点矩的很好的近似.

定义 7.1 令

$$\begin{cases}E(X)=\bar{X}=\frac{1}{n}\sum_{i=1}^{n}X_i,\\ E(X^2)=\frac{1}{n}\sum_{i=1}^{n}X_i^2,\\ \quad\vdots\\ E(X^m)=\frac{1}{n}\sum_{i=1}^{n}X_i^m,\end{cases}\tag{7.1}$$

通过求解这个由 m 个方程构成的含有 m 个未知量 $\theta_1,\theta_2,\cdots,\theta_m$ 的方程组,即可得到未知参数 $\theta_1,\theta_2,\cdots,\theta_m$ 的估计量分别为 $\hat{\theta}_1,\hat{\theta}_2,\cdots,\hat{\theta}_m$,它们均为$\frac{1}{n}\sum_{i=1}^{n}X_i^k(k=1,2,\cdots,m)$的函数,这种求解未知参数估计量的方法称为矩估计法,得到的估计量 $\hat{\theta}_1,\hat{\theta}_2,\cdots,\hat{\theta}_m$ 称为矩估计量. 矩估计量的观察值称为矩估计值.

特别地,当总体分布中仅含有一个未知参数 θ 时,仅需一个方程 $E(X)=\bar{X}$ 即可解得未知参数 θ 的矩估计 $\hat{\theta}$.

当总体分布中含有两个未知参数 θ_1,θ_2 时,令

$$\begin{cases}E(X)=\bar{X},\\ E(X^2)=\frac{1}{n}\sum_{i=1}^{n}X_i^2\end{cases}$$

即可解得未知参数 θ_1,θ_2 的矩估计 $\hat{\theta}_1,\hat{\theta}_2$.

例 7.1 设总体 $X\sim P(\lambda)$,其中 $\lambda>0$ 为未知参数,$X_1,X_2,\cdots,X_n$ 是来自总体的简单随机样本,试求未知参数 λ 的矩估计量.

解 仅含一个未知参数 λ,令 $E(X)=\bar{X}$,由于 $E(X)=\lambda$,因此得到 λ 的矩估计量为 $\hat{\lambda}=\bar{X}$.

例 7.2 设总体 $X\sim U(0,\theta)$,其中 $\theta>0$ 为未知参数,$X_1,X_2,\cdots,X_n$ 是来自总体的简单随机样本,得到一组样本观测值为 $1,2,\cdots,n$. 求未知参数 θ 的矩估计量和矩估计值.

解 仅含一个未知参数 θ,令 $E(X)=\bar{X}$,由于 $X\sim U(0,\theta)$,则 $E(X)=\frac{\theta}{2}$,因此得到 θ 的矩估计量为 $\hat{\theta}=2\bar{X}$. 已知样本观测值为 $1,2,\cdots,n$,样本均值 $\bar{x}=\frac{n+1}{2}$,则 θ 的矩估计值为 $\hat{\theta}=2\bar{x}=(n+1)$.

例 7.3 设总体 X 的概率密度为

$$f(x)=\begin{cases}\frac{2}{1-\theta}, & \theta\leqslant x\leqslant 1,\\ 0, & 其他,\end{cases}$$

其中 θ 为未知参数，$X_1, X_2, \cdots, X_n$ 是来自总体的简单随机样本，求 θ 的矩估计量 $\hat{\theta}$.

解　仅含一个未知参数 θ，令 $E(X)=\bar{X}$，且有

$$E(X)=\int_{-\infty}^{+\infty} x f(x)\mathrm{d}x=\int_{\theta}^{1}\frac{2x}{1-\theta}\mathrm{d}x=1+\theta.$$

由 $E(X)=1+\theta=\bar{X}$，可得 θ 的矩估计量 $\hat{\theta}=\bar{X}-1$.

例 7.4　设总体 X 的均值 $E(X)$ 和方差 $D(X)$ 均存在，其中 $E(X)=\mu$ 和 $D(X)=\sigma^2$ 为总体的两个未知参数，$X_1, X_2, \cdots, X_n$ 是来自总体的简单随机样本，求总体均值 μ 和总体方差 σ^2 的矩估计量.

解　含有两个未知参数，由于 $D(X)=E(X^2)-[E(X)]^2$，令

$$\begin{cases} E(X)=\bar{X}, \\ E(X^2)=\dfrac{1}{n}\sum\limits_{i=1}^{n} X_i^2 \end{cases}$$

即

$$\begin{cases} \mu=\bar{X}, \\ \sigma^2=\dfrac{1}{n}\sum\limits_{i=1}^{n} X_i^2-\bar{X}^2=\dfrac{1}{n}\sum\limits_{i=1}^{n}(X_i-\bar{X})^2=S^{*2}, \end{cases}$$

那么总体均值 μ 的矩估计量 $\hat{\mu}=\bar{X}$，总体方差 σ^2 的矩估计量 $\hat{\sigma}^2=S^{*2}$.

由例 7.4 可得，无论总体服从什么分布，总体均值 $E(X)$ 的矩估计量都是样本均值 $\bar{X}$，总体方差 $D(X)$ 的矩估计量总是样本的二阶中心矩 S^{*2}.

7.1.2　最大似然估计法

最大似然估计法，又称为极大似然估计法，与矩估计法不同，它是在已知总体分布数学形式的情况下对未知参数进行估计. 先举个简单的例子来了解一下最大似然估计法的原理.

例 7.5　若有甲、乙两个包装相同的袋子，各袋中均有 100 个球，分别为黑球和白球，甲袋中有黑球 99 个、白球 1 个，乙袋中有黑球 1 个、白球 99 个. 现从一袋中任取 1 球取出为黑球，试确定该球取自哪个袋子.

解　记取出黑球为事件 A，现在观察到事件 $A=\{$取出为黑球$\}$已经发生，那么自然认为事件 A 发生的可能性最大，即概率最大. 甲袋取出黑球概率为 0.99，乙袋取出黑球概率为 0.01. 由此猜想此球应取自甲袋，因为乙袋中随机取出 1 球是黑球的可能性很小，在实际生活中我们基于已经发生的事实，更倾向于相信此球取自甲袋.

事实上，最大似然估计法的基本思想就是“概率最大的事件最可能发生”. 假设在一次试验中有 n 种可能结果 $A_1, A_2, \cdots, A_n$，现仅进行一次试验，如果 A_i 发生了，那么自然认为事件 A_i 在这 n 种可能结果中发生的概率最大. 若通过观察样本得到观测值为 $x_1, x_2, \cdots, x_n$，那么最大似然估计就是使出现这组观测值 $x_1, x_2, \cdots, x_n$ 概率最大的未知参数 θ 的估计值 $\hat{\theta}=\hat{\theta}(x_1, x_2, \cdots, x_n)$.

设总体 X 的分布函数类型已知，含有未知参数 $\theta=(\theta_1, \theta_2, \cdots, \theta_k)$，$X_1, X_2, \cdots, X_n$ 是来自总体的简单随机样本，并且得到样本观测值为 $x_1, x_2, \cdots, x_n$.

定义 7.2　称 $X_1, X_2, \cdots, X_n$ 的联合分布（联合分布律或联合概率密度）为似然函数，记

作 $L(\theta)$.

本书将总体分为离散型总体和连续型总体分别讨论未知参数的最大似然估计.

若总体 X 是离散型随机变量,其分布律为 $P\{X=x\}=p(x;\theta)$,其中 $\theta=(\theta_1,\theta_2,\cdots,\theta_k)$ 为未知参数,则似然函数为样本的联合分布律,即

$$\begin{aligned}L(\theta)&=P\{X_1=x_1,X_2=x_2,\cdots,X_n=x_n\}\\&=P\{X_1=x_1\}P\{X_2=x_2\}\cdots P\{X_n=x_n\}\\&=\prod_{i=1}^{n}P\{X_i=x_i\}=\prod_{i=1}^{n}P\{X=x_i\}=\prod_{i=1}^{n}p(x_i;\theta).\end{aligned}\tag{7.2}$$

若总体 X 是连续型随机变量,其概率密度为 $f(x;\theta)$,则似然函数为样本的联合概率密度,即

$$L(\theta)=f(x_1,x_2,\cdots,x_n)=f(x_1)f(x_2)\cdots f(x_n)=\prod_{i=1}^{n}f(x_i;\theta).\tag{7.3}$$

定义 7.3 对于给定的样本观测值 $x_1,x_2,\cdots,x_n$,称使似然函数 $L(\theta)$ 达到最大值的参数 θ 的取值 $\hat{\theta}=\hat{\theta}(x_1,x_2,\cdots,x_n)$ 为最大似然估计值,将样本值 $x_1,x_2,\cdots,x_n$ 换成样本 $X_1,X_2,\cdots,X_n$,得到参数 θ 的估计量 $\hat{\theta}=\hat{\theta}(X_1,X_2,\cdots,X_n)$ 称为最大似然估计量,它们统称为 θ 的最大似然估计.

因此,仅需求得令似然函数 $L(\theta)$ 取最大值时未知参数 θ 的取值,即为 θ 的最大似然估计值. 这就需要借助微积分中求最大值点的方法. 一般情况下,函数最大值点的一阶偏导数为零. 由于似然函数 $L(\theta)$ 为样本的联合分布律或联合概率密度,一般形式均为多个带参数的函数的乘积,为简化求导计算,可以借助对数似然函数 $\ln L(\theta)$ 求最大值点. 当然严格来讲,满足似然方程的解只是 $\ln L(\theta)$ 的驻点,不一定是最大值点,作为统计推断问题,这里就不严格验证了.

在相当广泛的情形下,总体中含有多个未知参数,即 $\theta=(\theta_1,\theta_2,\cdots,\theta_k)$,且似然函数 $L(\theta)$ 可微,由多元函数极值存在的必要条件,$\theta_1,\theta_2,\cdots,\theta_k$ 的最大似然估计应满足以下方程组:

$$\begin{cases}\dfrac{\partial\ln L(\theta)}{\partial\theta_1}=0,\\\dfrac{\partial\ln L(\theta)}{\partial\theta_2}=0,\\\quad\vdots\\\dfrac{\partial\ln L(\theta)}{\partial\theta_k}=0,\end{cases}\tag{7.4}$$

称此方程组为似然方程组,其解即为最大似然估计 $\hat{\theta}_1,\hat{\theta}_2,\cdots,\hat{\theta}_k$.

特别地,当总体 X 中仅含有一个未知参数 θ 时,似然函数 $L(\theta)$ 关于 θ 可微,则 θ 的最大似然估计应满足方程 $\dfrac{\mathrm{d}\ln L(\theta)}{\mathrm{d}\theta}=0$,解得 θ 的值即为最大似然估计值 $\hat{\theta}$.

下面给出求未知参数的最大似然估计的一般步骤:

(1)写出似然函数 $L(\theta)$;

(2)写出对数似然函数 $\ln L(\theta)$;

(3)求导,写出似然方程组 $\frac{\partial \ln L(\theta)}{\partial \theta_i}=0(i=1,2,\cdots,k)$;

(4)解方程组,得最大似然估计值 $\hat{\theta}_1,\hat{\theta}_2,\cdots,\hat{\theta}_k$.

例7.6　设总体 X 的分布律为

X	0	1	2	3
p_k	θ^2	$2\theta(1-\theta)$	θ^2	$1-2\theta$

其中 $\theta\left(0<\theta<\frac{1}{2}\right)$ 是未知参数,已知总体 X 的10个样本观测值为2,1,2,2,1,3,3,0,1,0,求未知参数 θ 的矩估计值 $\hat{\theta}_1$ 和最大似然估计值 $\hat{\theta}_2$.

解　(1)因为 $E(X)=0\times\theta^2+1\times2\theta(1-\theta)+2\times\theta^2+3\times(1-2\theta)=3-4\theta$,由样本观测值算得 $\bar{x}=\frac{1}{10}(2+1+2+2+1+3+3+0+1+0)=\frac{3}{2}$,所以令 $E(X)=\bar{X}$,得 $3-4\theta=\bar{x}$,解得 $\hat{\theta}_1=\frac{3}{8}$.

(2)似然函数为

$$\begin{aligned}L(\theta)&=\prod_{i=1}^{10}P\{X_i=x_i\}\\&=P\{X_1=2\}P\{X_2=1\}P\{X_3=2\}\cdots P\{X_7=3\}P\{X_8=0\}P\{X_9=1\}P\{X_{10}=0\}\\&=[P\{X=0\}]^2[P\{X=1\}]^3[P\{X=2\}]^3[P\{X=3\}]^2\\&=(\theta^2)^2[2\theta(1-\theta)]^3(\theta^2)^3(1-2\theta)^2\\&=8\theta^{13}(1-\theta)^3(1-2\theta)^2,\end{aligned}$$

取对数得

$$\ln L(\theta)=\ln 8+13\ln\theta+3\ln(1-\theta)+2\ln(1-2\theta),$$

求导得

$$\frac{\mathrm{d}\ln L(\theta)}{\mathrm{d}\theta}=\frac{13}{\theta}-\frac{3}{1-\theta}-\frac{4}{1-2\theta},$$

令

$$\frac{\mathrm{d}\ln L(\theta)}{\mathrm{d}\theta}=0,$$

得

$$36\theta^2-46\theta+13=0,$$

解得 $\hat{\theta}_2=\frac{23\pm\sqrt{61}}{36}$,但 $\hat{\theta}_2=\frac{23+\sqrt{61}}{36}>\frac{1}{2}$ 不合题意,故舍去.

因此,θ 的最大似然估计值为 $\hat{\theta}_2=\frac{23-\sqrt{61}}{36}$.

由例7.6可以得出,未知参数的矩估计值和极大似然估计值不一定相等.

例7.7　设总体 X 服从参数为 $p>0$ 的两点分布,即 $X\sim B(1,p)$,$X_1,X_2,\cdots,X_n$ 是来自

总体 X 的简单随机样本,试求未知参数 p 的最大似然估计量.

解 设 $x_1,x_2,\cdots,x_n$ 是相应于样本 $X_1,X_2,\cdots,X_n$ 的样本观测值,X 的分布律为

$$P\{X=x\}=p^x(1-p)^{1-x},\quad x=0,1.$$

似然函数为

$$L(p)=\prod_{i=1}^{n}P\{X_i=x_i\}=\prod_{i=1}^{n}P\{X=x_i\}=\prod_{i=1}^{n}p^{x_i}(1-p)^{1-x_i}$$
$$=p^{\sum\limits_{i=1}^{n}x_i}(1-p)^{n-\sum\limits_{i=1}^{n}x_i},$$

取对数得

$$\ln L(p)=\sum_{i=1}^{n}x_i\ln p+(n-\sum_{i=1}^{n}x_i)\ln(1-p),$$

求导得

$$\frac{\mathrm{d}\ln L(p)}{\mathrm{d}p}=\frac{\sum\limits_{i=1}^{n}x_i}{p}-\frac{n-\sum\limits_{i=1}^{n}x_i}{1-p}=0$$

解得 p 的最大似然估计量 $\hat{p}=\frac{1}{n}\sum\limits_{i=1}^{n}X_i=\bar{X}$.

例 7.8 设总体 X 服从参数为 $\lambda>0$ 的指数分布,其概率密度为

$$f(x;\lambda)=\begin{cases}\lambda\mathrm{e}^{-\lambda x}, & x>0,\\ 0, & x\leqslant 0,\end{cases}$$

其中 λ 为未知参数,若取得样本观测值为 $x_1,x_2,\cdots,x_n$,求参数 λ 的最大似然估计值.

解 似然函数为

$$L(\lambda)=\prod_{i=1}^{n}f(x_i;\lambda)=\prod_{i=1}^{n}\lambda\mathrm{e}^{-\lambda x_i}=\lambda^n\mathrm{e}^{-\lambda\sum\limits_{i=1}^{n}x_i},$$

取对数得

$$\ln L(\lambda)=n\ln\lambda-\left(\sum_{i=1}^{n}x_i\right)\lambda=n(\ln\lambda-\bar{x}\lambda),$$

求导得

$$\frac{\mathrm{d}\ln L(\lambda)}{\mathrm{d}\lambda}=n\left(\frac{1}{\lambda}-\bar{x}\right)=0.$$

解得 λ 的最大似然估计值为

$$\hat{\lambda}=\frac{1}{\bar{x}}=\frac{n}{\sum\limits_{i=1}^{n}x_i}.$$

例 7.9 设总体 X 服从正态分布 $N(\mu,\sigma^2)$,其中 μ 和 σ^2 都是未知参数,若 $X_1,X_2,\cdots,X_n$ 是来自总体 X 的简单随机样本,求参数 μ 和 σ^2 的最大似然估计量.

解 设样本观测值为 $x_1,x_2,\cdots,x_n$,似然函数为

$$L(\mu,\sigma^2)=\prod_{i=1}^{n}f(x_i;\mu,\sigma^2)=\prod_{i=1}^{n}\frac{1}{\sqrt{2\pi}\sigma}\mathrm{e}^{-\frac{(x_i-\mu)^2}{2\sigma^2}}=\left(\frac{1}{2\pi\sigma^2}\right)^{\frac{n}{2}}\mathrm{e}^{-\frac{1}{2\sigma^2}\sum\limits_{i=1}^{n}(x_i-\mu)^2},$$

取对数得

$$\ln L(\mu,\sigma^2)=-\frac{n}{2}\ln(2\pi)-\frac{n}{2}\ln\sigma^2-\frac{1}{2\sigma^2}\sum_{i=1}^{n}(x_i-\mu)^2,$$

分别对 μ,σ^2 求偏导得

$$\begin{cases}\dfrac{\partial\ln L(\mu,\sigma^2)}{\partial\mu}=\dfrac{1}{\sigma^2}\sum\limits_{i=1}^{n}(x_i-\mu)=0,\\ \dfrac{\partial\ln L(\mu,\sigma^2)}{\partial\sigma^2}=-\dfrac{n}{2}\dfrac{1}{\sigma^2}+\dfrac{1}{2\sigma^4}\sum\limits_{i=1}^{n}(x_i-\mu)^2=0.\end{cases}$$

解得参数 μ,σ^2 的最大似然估计量为

$$\begin{cases}\hat{\mu}=\dfrac{1}{n}\sum\limits_{i=1}^{n}X_i=\bar{X},\\ \hat{\sigma}^2=\dfrac{1}{n}\sum\limits_{i=1}^{n}(X_i-\bar{X})^2=S^{*2}.\end{cases}\tag{7.5}$$

由例 7.9 可知,对于正态总体 $N(\mu,\sigma^2)$,当 μ 和 σ^2 未知时,μ,σ^2 的最大似然估计与矩估计是相同的,分别为样本均值 $\bar{X}$ 和样本二阶中心矩 S^{*2}.

例 7.10　设总体 $X\sim U(0,\theta)$,其概率密度为

$$f(x;\theta)=\begin{cases}\dfrac{1}{\theta}, & 0\leqslant x\leqslant\theta,\\ 0, & \text{其他},\end{cases}$$

$X_1,X_2,\cdots,X_n$ 是来自总体 X 的简单随机样本,求参数 θ 的最大似然估计量.

解　设样本观测值为 $x_1,x_2,\cdots,x_n$,似然函数为

$$L(\theta)=\prod_{i=1}^{n}f(x_i;\theta)=\begin{cases}\dfrac{1}{\theta^n}, & 0\leqslant x_1,x_2,\cdots,x_n\leqslant\theta,\\ 0, & \text{其他}.\end{cases}$$

显然 $L(\theta)$ 关于 θ 单调,要使 $L(\theta)$ 达到最大值,θ 就要尽可能小,但还要保证 $L(\theta)$ 不为 0,由于 $0\leqslant\min\limits_{1\leqslant i\leqslant n}x_i\leqslant\max\limits_{1\leqslant i\leqslant n}x_i\leqslant\theta$,所以取 $\theta=\max\limits_{1\leqslant i\leqslant n}x_i$ 时,$L(\theta)$ 达到最大值,从而 θ 的最大似然估计量为 $\hat{\theta}=\max\limits_{1\leqslant i\leqslant n}X_i$.

值得注意的是,通过借助对数似然方程,进而解得最大值点的方法并不总是有效的,因此应该具体问题具体分析.

此外,最大似然估计具有以下性质:设含有未知参数 θ 的函数 $g=g(\theta)$ 具有单值反函数,若 $\hat{\theta}$ 是 θ 的最大似然估计,则 $\hat{g}=g(\hat{\theta})$ 是 $g(\theta)$ 的最大似然估计,该性质称为最大似然估计的不变性.

由例 7.9 可知,σ^2 的最大似然估计量为 $S^{*2}=\dfrac{1}{n}\sum\limits_{i=1}^{n}(X_i-\bar{X})^2$,函数 $g=g(\sigma^2)=\sqrt{\sigma^2}$ 具有单值反函数 $\sigma^2=g^2(g\geqslant0)$,根据上述性质得到标准差 σ 的最大似然估计量为 $\hat{\sigma}=\sqrt{\hat{\sigma}^2}=\sqrt{S^{*2}}=\sqrt{\dfrac{1}{n}\sum\limits_{i=1}^{n}(X_i-\bar{X})^2}$.

7.2 估计量的评选

上一节中介绍了点估计的两种估计方法——矩估计法和最大似然估计法. 对于同一个参数,采用不同的估计方法,可能得到不同的估计值,如例7.6中得到的 θ 的两个估计值 $\hat{\theta}_1=\frac{3}{8}$ 和 $\hat{\theta}_2=\frac{23-\sqrt{61}}{36}$,采用哪一个估计值比较好呢？这就涉及考虑对估计值用什么标准进行评选的问题. 注意到,估计值依赖于样本的观测值,因此存在偶然性,所以需要从统计量的角度整体地去评价估计量的好坏. 最常用的估计量评选标准有无偏性、有效性、一致性.

7.2.1 无偏性

定义7.4 若 $\hat{\theta}=\hat{\theta}(X_1,X_2,\cdots,X_n)$ 是未知参数 θ 的估计量,数学期望 $E(\hat{\theta})$ 存在,且 $E(\hat{\theta})=\theta$,则称 $\hat{\theta}$ 为 θ 的无偏估计量.

事实上,估计量本身是依赖于样本的,给定一个样本观测值,估计值可能相对于真值偏大一些,也可能偏小一些,估计量的无偏性是指多次采样后平均值最接近真值,也就是在"平均"意义下与未知参数的真值偏差为零.

例7.11 设总体 X 的均值和方差分别为 $E(X)=\mu$ 和 $D(X)=\sigma^2$,$X_1,X_2,\cdots,X_n$ 为来自总体 X 的一个简单随机样本,$\bar{X}=\frac{1}{n}\sum\limits_{i=1}^{n}X_i$ 是样本均值,$S^{*2}=\frac{1}{n}\sum\limits_{i=1}^{n}(X_i-\bar{X})^2$ 为样本的二阶中心矩. 证明:

(1)样本均值 $\bar{X}$ 是 μ 的无偏估计量;

(2)样本二阶中心矩 S^{*2} 不是 σ^2 的无偏估计量.

证明 由于 $X_1,X_2,\cdots,X_n$ 相互独立,且与总体 X 同分布,所以 $E(X_i)=\mu,D(X_i)=\sigma^2$. 由例7.4得知样本均值 $\bar{X}$ 是 μ 的估计量,样本二阶中心矩 S^{*2} 是 σ^2 的估计量.

(1)由无偏估计量的定义,得

$$E(\bar{X})=E\left(\frac{1}{n}\sum_{i=1}^{n}X_i\right)=\frac{1}{n}\sum_{i=1}^{n}E(X_i)=\frac{1}{n}\sum_{i=1}^{n}\mu=\mu,$$

因此样本均值 $\bar{X}$ 是 μ 的无偏估计量.

(2)由式(6.1)得

$$S^{*2}=\frac{1}{n}\sum_{i=1}^{n}(X_i-\bar{X})^2=\frac{1}{n}\left[\sum_{i=1}^{n}X_i^2-n\bar{X}^2\right],$$

由数学期望的性质,有

$$E(S^{*2})=\frac{1}{n}\left[\sum_{i=1}^{n}E(X_i^2)-nE(\bar{X}^2)\right],$$

又因为

$$D(\bar{X})=D\left(\frac{1}{n}\sum_{i=1}^{n}X_i\right)=\frac{1}{n^2}\sum_{i=1}^{n}D(X_i)=\frac{1}{n^2}\cdot n\sigma^2=\frac{\sigma^2}{n},$$

$$E(\bar{X}^2)=D(\bar{X})+[E(\bar{X})]^2=\frac{\sigma^2}{n}+\mu^2,$$

$$E(X_i^2)=D(X_i)+[E(X_i)]^2=\sigma^2+\mu^2,$$

所以得

$$E(S^{*2})=\frac{1}{n}\left[\sum_{i=1}^{n}(\sigma^2+\mu^2)-n\left(\frac{\sigma^2}{n}+\mu^2\right)\right]=\frac{n-1}{n}\sigma^2,$$

故而得知样本二阶中心矩 S^{*2} 不是 σ^2 的无偏估计量.

例 7.11 表明,不论总体 X 服从什么分布,只要总体均值 μ 和方差 σ^2 存在,样本均值 $\bar{X}$ 就是 μ 的无偏估计量,样本二阶中心矩 S^{*2} 不是 σ^2 的无偏估计量. 事实上,由定理 6.1 可得,样本方差 S^2 是 σ^2 的无偏估计量. 一般来说,一个未知参数的无偏估计量是不唯一的.

7.2.2 有效性

无偏估计量只是估计量在"平均"意义下的取值是未知参数的真值,而无法体现估计量的波动大小. 一般一个未知参数的无偏估计量不止一个,这就需要考虑这些无偏估计量好坏的评选标准. 方差是最直观的显示随机变量的取值与数学期望的偏离程度的数字特征,方差越小的观测值越集中于真值. 也就是说,若 $D(\hat{\theta}_1)<D(\hat{\theta}_2)$,我们认为 $\hat{\theta}_1$ 比 $\hat{\theta}_2$ 更有效. 需要注意的是,有效性是建立在无偏性的基础上去讨论的.

定义 7.5　设 $\hat{\theta}_1=\hat{\theta}_1(X_1,X_2,\cdots,X_n)$ 和 $\hat{\theta}_2=\hat{\theta}_2(X_1,X_2,\cdots,X_n)$ 都是未知参数 θ 的无偏估计量,且有 $D(\hat{\theta}_1)<D(\hat{\theta}_2)$,则称 $\hat{\theta}_1$ 比 $\hat{\theta}_2$ 更有效.

例 7.12　设 X_1,X_2,X_3,X_4 是来自总体 X 的简单随机样本,其中 $E(X)=\mu(\mu\neq0)$,$D(X)=\sigma^2$,给定统计量

$$\hat{\mu}_1=\frac{1}{6}X_1+\frac{1}{6}X_2+\frac{1}{3}X_3+\frac{1}{3}X_4,$$

$$\hat{\mu}_2=\frac{1}{4}X_1+\frac{1}{4}X_2+\frac{1}{4}X_3+\frac{1}{4}X_4,$$

$$\hat{\mu}_3=\frac{1}{5}X_1+\frac{2}{5}X_2+\frac{3}{5}X_3+\frac{4}{5}X_4.$$

(1) $\hat{\mu}_1,\hat{\mu}_2,\hat{\mu}_3$ 中哪些是 μ 的无偏估计量.

(2) μ 的无偏估计量中哪一个更有效.

解　(1)已知 $E(X_i)=\mu(i=1,2,3,4)$,则有

$$E(\hat{\mu}_1)=\frac{1}{6}E(X_1)+\frac{1}{6}E(X_2)+\frac{1}{3}E(X_3)+\frac{1}{3}E(X_4)=\left(\frac{1}{6}+\frac{1}{6}+\frac{1}{3}+\frac{1}{3}\right)\mu=\mu,$$

$$E(\hat{\mu}_2)=\frac{1}{4}E(X_1)+\frac{1}{4}E(X_2)+\frac{1}{4}E(X_3)+\frac{1}{4}E(X_4)=\left(\frac{1}{4}+\frac{1}{4}+\frac{1}{4}+\frac{1}{4}\right)\mu=\mu,$$

$$E(\hat{\mu}_3)=\frac{1}{5}E(X_1)+\frac{2}{5}E(X_2)+\frac{3}{5}E(X_3)+\frac{4}{5}E(X_4)=\left(\frac{1}{5}+\frac{2}{5}+\frac{3}{5}+\frac{4}{5}\right)\mu=2\mu,$$

所以 $\hat{\mu}_1,\hat{\mu}_2$ 都是 μ 的无偏估计量,$\hat{\mu}_3$ 不是 μ 的无偏估计量.

(2)已知 $D(X_i)=\sigma^2(i=1,2,3,4)$,则有

$$D(\hat{\mu}_1)=\frac{1}{36}D(X_1)+\frac{1}{36}D(X_2)+\frac{1}{9}D(X_3)+\frac{1}{9}D(X_4)=\frac{5}{18}\sigma^2,$$

$$D(\hat{\mu}_2)=\frac{1}{16}D(X_1)+\frac{1}{16}D(X_2)+\frac{1}{16}D(X_3)+\frac{1}{16}D(X_4)=\frac{1}{4}\sigma^2,$$

由于 $D(\hat{\mu}_1)>D(\hat{\mu}_2)$，故 $\hat{\mu}_2$ 比 $\hat{\mu}_1$ 更有效.

7.2.3 一致性

无偏性和有效性都是在样本容量固定的情况下讨论的，但在统计过程中自然希望样本容量越大，估计值越接近于真值，说明估计越好. 这就是下面要提到的一致性（相合性）.

定义 7.6 设 $\hat{\theta}_n=\hat{\theta}_n(X_1,X_2,\cdots,X_n)$ 是 θ 的估计量，若对于任意给定的正数 ε，有

$$\lim_{n\to+\infty}P\{|\hat{\theta}_n-\theta|<\varepsilon\}=1, \tag{7.6}$$

则称 $\hat{\theta}_n$ 为参数 θ 的一致估计量（相合估计量）.

通俗来说，一致性就是当样本容量非常大时，估计量 $\hat{\theta}_n$ 依概率 1 收敛于参数真值 θ. 样本均值 $\bar{X}$ 和样本方差 S^2 分别是总体均值 μ 和总体方差 σ^2 的无偏、一致估计量.

7.3 区间估计

对于给定的样本观测值，点估计是用一个数去估计未知参数. 在进行参数估计时，人们不再满足于一个有一定系统误差的近似值，而希望给出一个包含未知参数真值的确定范围，这就是区间估计. 对未知参数进行区间估计时自然希望这个范围有一定的可信度，这个有一定可信度的区间范围称为置信区间. 相比较而言，区间估计更可靠一些. 本节重点讨论正态总体的区间估计问题.

7.3.1 区间估计的定义

定义 7.7 设总体 X 的分布中含有一个未知参数 θ，$\hat{\theta}_1(X_1,X_2,\cdots,X_n)$ 和 $\hat{\theta}_2(X_1,X_2,\cdots,X_n)$ 是由样本 $X_1,X_2,\cdots,X_n$ 确定的两个统计量. 对于给定的 $\alpha(0<\alpha<1)$，若有

$$P\{\hat{\theta}_1<\theta<\hat{\theta}_2\}=1-\alpha, \tag{7.7}$$

则称随机区间 $(\hat{\theta}_1,\hat{\theta}_2)$ 为参数 θ 的置信水平为 $1-\alpha$ 的置信区间，$\hat{\theta}_1$ 和 $\hat{\theta}_2$ 分别为置信下限和置信上限，$1-\alpha$ 称为置信水平或置信度.

置信区间 $(\hat{\theta}_1,\hat{\theta}_2)$ 的含义：$(\hat{\theta}_1,\hat{\theta}_2)$ 是一个随机区间，每确定一个样本观测值，就会确定一组 $\hat{\theta}_1$ 和 $\hat{\theta}_2$ 的取值，即确定一个区间. 若反复抽样多次（每次抽样的样本容量都为 n），得到多个区间，这些区间中有的包含 θ 的真值，有的不包含 θ 的真值. 按照伯努利大数定律，这些区间中包含真值 θ 的约占 $100(1-\alpha)\%$，不包含真值 θ 的约占 $100\alpha\%$.

需要注意的是，α 是人为取定的，那么取多大好呢？显然 α 越小估计的可信度越高. 但是容易发现 α 越小，置信区间 $(\hat{\theta}_1,\hat{\theta}_2)$ 长度会越大，置信区间长度越大，估计越不精确. 自然，我们希望在保证可靠度的基础上提高精确度，也就是说在给定置信水平 $1-\alpha$ 尽可能大的情况下，使得置信区间 $(\hat{\theta}_1,\hat{\theta}_2)$ 长度最小，这才是最好的区间估计.

下面讨论未知参数 θ 的区间估计. 在对未知参数 θ 进行区间估计的过程中,我们需要借助统计量 $G=G(X_1,X_2,\cdots,X_n;\theta)$,它具有以下特点:①它是样本的函数;②它含有且仅含有待估参数 θ;③它的分布已知,且与待估参数 θ 无关. 具体步骤如下。

(1)根据未知参数 θ 构造统计量 $G=G(X_1,X_2,\cdots,X_n;\theta)$,一般可由 θ 的点估计改造得到.

(2)对于给定的置信水平 $1-\alpha$,确定常数 a,b,使得

$$P\{a<G(X_1,X_2,\cdots,X_n;\theta)<b\}=1-\alpha,$$

通常 a,b 取 G 的分位点,且 a,b 取 $1-\frac{\alpha}{2}$ 和 $\frac{\alpha}{2}$ 分位点较为常见.

(3)利用不等式 $a<G(X_1,X_2,\cdots,X_n;\theta)<b$ 的恒等变形,解出 θ 的置信区间 $\hat{\theta}_1(X_1,X_2,\cdots,X_n)<\theta<\hat{\theta}_2(X_1,X_2,\cdots,X_n)$, 则有

$$P\{\hat{\theta}_1(X_1,X_2,\cdots,X_n)<\theta<\hat{\theta}_2(X_1,X_2,\cdots,X_n)\}=1-\alpha,$$

这里 $(\hat{\theta}_1,\hat{\theta}_2)$ 为 θ 的置信水平为 $1-\alpha$ 的置信区间.

下面利用这个一般步骤构造正态总体参数的置信区间.

7.3.2　单个正态总体的区间估计

给定置信水平 $1-\alpha(0<\alpha<1)$,设 $X_1,X_2,\cdots,X_n$ 是来自正态总体 $N(\mu,\sigma^2)$ 的简单随机样本,$\bar{X}$ 和 S^2 分别为样本均值和样本方差.

1. 总体均值 μ 的置信区间

对于 μ 的置信区间,考虑总体方差已知和未知两种情形.

1)σ^2 已知

(1)需要根据总体均值 μ 的点估计构造一个合理的统计量,样本均值 $\bar{X}$ 是总体均值 μ 的无偏、一致点估计,并且 $\bar{X}$ 分布已知,$\bar{X}\sim N\left(\mu,\frac{\sigma^2}{n}\right)$,构造统计量

$$Z=\frac{\bar{X}-\mu}{\sigma/\sqrt{n}}\sim N(0,1).$$

(2)对于给定的置信水平 $1-\alpha$,确定

$$P\left\{a<\frac{\bar{X}-\mu}{\sigma/\sqrt{n}}<b\right\}=1-\alpha.$$

由标准正态分布的对称性(图 7.1),确定 a,b 应分别取 $1-\frac{\alpha}{2}$ 和 $\frac{\alpha}{2}$ 分位点,得

$$P\left\{\left|\frac{\bar{X}-\mu}{\sigma/\sqrt{n}}\right|<Z_{\frac{\alpha}{2}}\right\}=1-\alpha.$$

(3)通过不等式的恒等变换 $\left|\frac{\bar{X}-\mu}{\sigma/\sqrt{n}}\right|<Z_{\frac{\alpha}{2}}$ 得 $\bar{X}-\frac{\sigma}{\sqrt{n}}Z_{\frac{\alpha}{2}}<\mu<\bar{X}+\frac{\sigma}{\sqrt{n}}Z_{\frac{\alpha}{2}}$,即

$$P\left\{\bar{X}-\frac{\sigma}{\sqrt{n}}Z_{\frac{\alpha}{2}}<\mu<\bar{X}+\frac{\sigma}{\sqrt{n}}Z_{\frac{\alpha}{2}}\right\}=1-\alpha,$$

因此 μ 的置信水平为 $1-\alpha$ 的置信区间为

$$\left(\bar{X}-\frac{\sigma}{\sqrt{n}}Z_{\frac{\alpha}{2}},\bar{X}+\frac{\sigma}{\sqrt{n}}Z_{\frac{\alpha}{2}}\right). \tag{7.8}$$

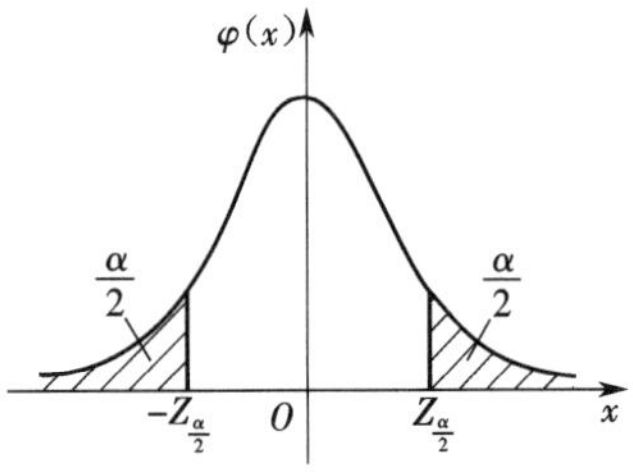

图 7.1

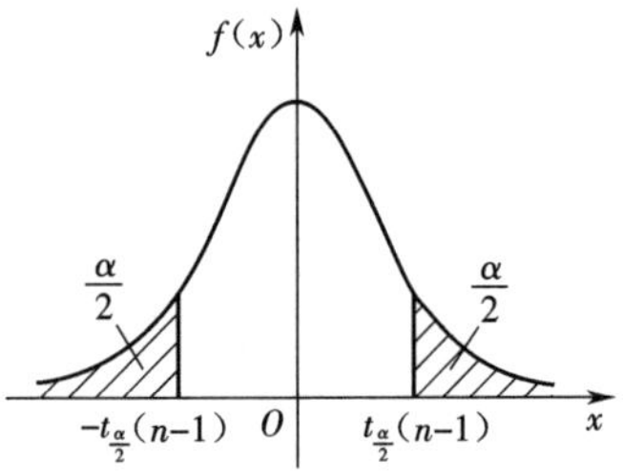

图 7.2

2) σ^2 未知

(1) 由于 σ^2 未知，所以 $Z=\frac{\bar{X}-\mu}{\sigma/\sqrt{n}}$ 不再为统计量，需要根据样本均值 $\bar{X}$ 重新构造一个与 σ 无关的合理统计量，由定理 6.5 知，

$$t=\frac{\bar{X}-\mu}{S/\sqrt{n}}\sim t(n-1),$$

t 分布已知且为仅含未知参数 μ 的样本的函数.

(2) 对于给定的置信水平 $1-\alpha$，确定

$$P\left\{a<\frac{\bar{X}-\mu}{S/\sqrt{n}}<b\right\}=1-\alpha,$$

由于 t 分布也具有对称性(图 7.2)，确定 a,b 应分别取 $1-\frac{\alpha}{2}$ 和 $\frac{\alpha}{2}$ 分位点. 得

$$P\left\{\left|\frac{\bar{X}-\mu}{S/\sqrt{n}}\right|<t_{\frac{\alpha}{2}}(n-1)\right\}=1-\alpha.$$

(3) 通过 $\left|\frac{\bar{X}-\mu}{S/\sqrt{n}}\right|<t_{\frac{\alpha}{2}}(n-1)$ 得 $\bar{X}-\frac{S}{\sqrt{n}}t_{\frac{\alpha}{2}}(n-1)<\mu<\bar{X}+\frac{S}{\sqrt{n}}t_{\frac{\alpha}{2}}(n-1)$，即

$$P\left\{\bar{X}-\frac{S}{\sqrt{n}}t_{\frac{\alpha}{2}}(n-1)<\mu<\bar{X}+\frac{S}{\sqrt{n}}t_{\frac{\alpha}{2}}(n-1)\right\}=1-\alpha,$$

因此 μ 的置信水平为 $1-\alpha$ 的置信区间为

$$\left(\bar{X}-\frac{S}{\sqrt{n}}t_{\frac{\alpha}{2}}(n-1),\bar{X}+\frac{S}{\sqrt{n}}t_{\frac{\alpha}{2}}(n-1)\right). \tag{7.9}$$

例 7.13 在一项关于软塑料管的实用研究中，工程师们想估计软管所承受的平均压力，记为 μ. 他们随机抽取了 9 个压力读数，样本均值和标准差分别为 3.56 kg 和 0.36 kg. 假定压力读数近似服从正态分布 $N(\mu,\sigma^2)$，设(1) $\sigma^2=0.01$；(2) σ^2 未知，分别求总体平均压力 μ 的置信水平为 99% 的置信区间.

解 由题意可知，样本均值 $\bar{x}=3.56$，样本标准差 $s=0.36$，置信水平为 99%，则 $\alpha=0.01$，样本容量 $n=9$.

(1)当 $\sigma^2=0.01$ 时,构造统计量 $Z=\dfrac{\bar{X}-\mu}{\sigma/\sqrt{n}}\sim N(0,1)$,$\mu$ 的置信水平为 99% 的置信区间为

$$\left(\bar{X}-\frac{\sigma}{\sqrt{n}}Z_{0.005},\bar{X}+\frac{\sigma}{\sqrt{n}}Z_{0.005}\right),$$

这里 $Z_{0.005}=2.58$,又样本均值为 $\bar{x}=3.56$,代入得

$$\left(3.56-\frac{0.1}{\sqrt{9}}Z_{0.005},3.56+\frac{0.1}{\sqrt{9}}Z_{0.005}\right)=(3.474,3.646).$$

(2)当 σ^2 未知时,构造统计量 $t=\dfrac{\bar{X}-\mu}{S/\sqrt{n}}\sim t(n-1)$,$\mu$ 的置信水平为 99% 的置信区间为

$$\left(\bar{X}-\frac{S}{\sqrt{n}}t_{0.005}(n-1),\bar{X}+\frac{S}{\sqrt{n}}t_{0.005}(n-1)\right),$$

这里 $t_{0.005}(8)=3.355$,代入得

$$\left(3.56-\frac{0.36}{\sqrt{9}}t_{0.005}(8),3.56+\frac{0.36}{\sqrt{9}}t_{0.005}(8)\right)=(3.157,3.962).$$

2. 总体方差 σ^2 的置信区间

对于总体方差 σ^2 的置信区间,只介绍 μ 未知的情形. 事实上,这种情形比 μ 已知的情形在实际应用中更广泛.

(1)由于 μ,σ^2 未知,样本均值 S^2 是总体方差 σ^2 的无偏、一致估计量,由定理6.4 知,

$$\frac{(n-1)S^2}{\sigma^2}\sim\chi^2(n-1).$$

(2)对于给定的置信水平 $1-\alpha$,确定

$$P\left\{a<\frac{(n-1)S^2}{\sigma^2}<b\right\}=1-\alpha,$$

选取 a,b 分别取 $1-\dfrac{\alpha}{2}$ 和 $\dfrac{\alpha}{2}$ 分位点(图 7.3),得

$$P\left\{\chi^2_{1-\frac{\alpha}{2}}(n-1)<\frac{(n-1)S^2}{\sigma^2}<\chi^2_{\frac{\alpha}{2}}(n-1)\right\}=1-\alpha.$$

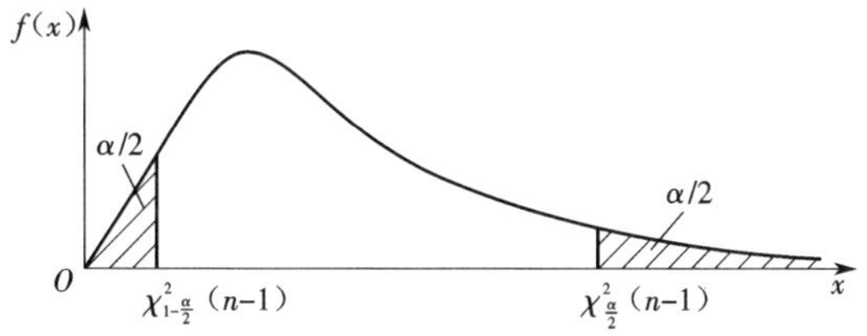

图 7.3

(3)确定

$$P\left\{\frac{(n-1)S^2}{\chi^2_{\frac{\alpha}{2}}(n-1)}<\sigma^2<\frac{(n-1)S^2}{\chi^2_{1-\frac{\alpha}{2}}(n-1)}\right\}=1-\alpha,$$

因此 σ^2 的置信水平为 $1-\alpha$ 的置信区间为

$$\left(\frac{(n-1)S^2}{\chi^2_{\frac{\alpha}{2}}(n-1)},\frac{(n-1)S^2}{\chi^2_{1-\frac{\alpha}{2}}(n-1)}\right). \tag{7.10}$$

同理,可得标准差 σ 的置信区间为

$$\left(\sqrt{\frac{(n-1)S^2}{\chi^2_{\frac{\alpha}{2}}(n-1)}},\sqrt{\frac{(n-1)S^2}{\chi^2_{1-\frac{\alpha}{2}}(n-1)}}\right). \tag{7.11}$$

例 7.14(续例 7.13) 在一项关于软塑料管的实用研究中,工程师们想估计软管所承受的平均压力和压力方差,分别记为 μ,σ^2. 他们随机抽取了 9 个压力读数,样本均值和标准差分别为 3.56 kg 和 0.36 kg. 假定压力读数近似服从正态分布 $N(\mu,\sigma^2)$,试求若 μ,σ^2 均未知,压力方差 σ^2 的置信水平为 90% 的置信区间.

解 由题意可知,样本均值为 $\bar{x}=3.56$,样本标准差 $s=0.36$,置信水平 $1-\alpha=0.9$,则 $\alpha=0.1$,样本容量 $n=9$. 由附表 2 查出两个分位点分别为

$$\chi^2_{1-\frac{\alpha}{2}}(n-1)=\chi^2_{0.95}(8)=2.733,\quad \chi^2_{\frac{\alpha}{2}}(n-1)=\chi^2_{0.05}(8)=15.507,$$

则得 σ^2 的置信水平为 90% 的置信区间为

$$\left(\frac{(n-1)S^2}{\chi^2_{\frac{\alpha}{2}}(n-1)},\frac{(n-1)S^2}{\chi^2_{1-\frac{\alpha}{2}}(n-1)}\right)=\left(\frac{8\times0.36^2}{15.507},\frac{8\times0.36^2}{2.733}\right)=(0.0669,0.3793).$$

7.3.3 两个正态总体的区间估计

在许多实际生产问题中,需要通过一定的样本信息去评估生产条件的优劣,例如已知某产品的某一质量指标服从正态分布,但由于生产过程中原料、设备、操作人员等各种生产条件的不同,会引起估计出的产品的总体均值、总体方差有所改变. 这就需要我们考虑两个正态总体的均值差和方差比的估计问题.

两个正态总体的参数估计主要考虑均值差估计和方差比估计两种情形,方法类似于单个正态总体的参数估计. 设两个正态总体分别为 $X\sim N(\mu_1,\sigma_1^2)$,$Y\sim N(\mu_2,\sigma_2^2)$,$X_1,X_2,\cdots,X_{n_1}$是来自总体 X 的简单随机样本,$Y_1,Y_2,\cdots,Y_{n_2}$是来自总体 Y 的简单随机样本,$\bar{X}=\frac{1}{n_1}\sum\limits_{i=1}^{n_1}X_i$,$\bar{Y}=\frac{1}{n_2}\sum\limits_{i=1}^{n_2}Y_i$ 分别为相应的样本均值,$S_1^2=\frac{1}{n_1-1}\sum\limits_{i=1}^{n_1}(X_i-\bar{X})^2$,$S_2^2=\frac{1}{n_2-1}\sum\limits_{i=1}^{n_2}(Y_i-\bar{Y})^2$ 分别为相应的样本方差.

1. 均值差 $\mu_1-\mu_2$ 的区间估计

1) σ_1^2 和 σ_2^2 已知

首先需要构造一个合理的统计量,由定理 6.6 知,

$$Z=\frac{(\bar{X}-\bar{Y})-(\mu_1-\mu_2)}{\sqrt{\frac{\sigma_1^2}{n_1}+\frac{\sigma_2^2}{n_2}}}\sim N(0,1),$$

对于给定的置信水平 $1-\alpha$,确定

$$P\{a<Z<b\}=1-\alpha,$$

由于标准正态分布的对称性(图 7.1)，确定 a,b 应分别取 $1-\frac{\alpha}{2}$ 和 $\frac{\alpha}{2}$ 分位点，得

$$P\{|Z|<Z_{\frac{\alpha}{2}}\}=1-\alpha.$$

通过不等式的恒等变换，得 $\mu_1-\mu_2$ 的置信水平为 $1-\alpha$ 的置信区间为

$$(\bar{X}-\bar{Y})-Z_{\frac{\alpha}{2}}\sqrt{\frac{\sigma_1^2}{n_1}+\frac{\sigma_2^2}{n_2}}<\mu_1-\mu_2<(\bar{X}-\bar{Y})+Z_{\frac{\alpha}{2}}\sqrt{\frac{\sigma_1^2}{n_1}+\frac{\sigma_2^2}{n_2}},$$

即

$$P\left\{(\bar{X}-\bar{Y})-Z_{\frac{\alpha}{2}}\sqrt{\frac{\sigma_1^2}{n_1}+\frac{\sigma_2^2}{n_2}}<\mu_1-\mu_2<(\bar{X}-\bar{Y})+Z_{\frac{\alpha}{2}}\sqrt{\frac{\sigma_1^2}{n_1}+\frac{\sigma_2^2}{n_2}}\right\}=1-\alpha,$$

因此 $\mu_1-\mu_2$ 的置信水平为 $1-\alpha$ 的置信区间为

$$\left((\bar{X}-\bar{Y})\pm Z_{\frac{\alpha}{2}}\sqrt{\frac{\sigma_1^2}{n_1}+\frac{\sigma_2^2}{n_2}}\right).\tag{7.12}$$

2) $\sigma_1^2=\sigma_2^2=\sigma^2$，且 σ^2 未知

首先构造一个合理的统计量，由定理 6.7 知，

$$t=\frac{(\bar{X}-\bar{Y})-(\mu_1-\mu_2)}{S_w\sqrt{\frac{1}{n_1}+\frac{1}{n_2}}}\sim t(n_1+n_2-2),$$

其中 $$S_w=\sqrt{\frac{(n_1-1)S_1^2+(n_2-1)S_2^2}{(n_1+n_2-2)}}.$$

对于给定的置信水平 $1-\alpha$，确定

$$P\{|t|<t_{\frac{\alpha}{2}}(n_1+n_2-2)\}=1-\alpha,$$

因此 $\mu_1-\mu_2$ 的置信水平为 $1-\alpha$ 的置信区间为

$$(\bar{X}-\bar{Y})-S_wt_{\frac{\alpha}{2}}(n_1+n_2-2)\sqrt{\frac{1}{n_1}+\frac{1}{n_2}}<\mu_1-\mu_2<(\bar{X}-\bar{Y})+S_wt_{\frac{\alpha}{2}}(n_1+n_2-2)\sqrt{\frac{1}{n_1}+\frac{1}{n_2}},$$

即

$$\left((\bar{X}-\bar{Y})\pm S_wt_{\frac{\alpha}{2}}(n_1+n_2-2)\sqrt{\frac{1}{n_1}+\frac{1}{n_2}}\right).\tag{7.13}$$

需要注意的是，式(7.13)的使用条件为两个总体方差未知且相等，即 $\sigma_1^2=\sigma_2^2=\sigma^2$.

2. 方差比 $\frac{\sigma_1^2}{\sigma_2^2}$ 的区间估计(μ_1 和 μ_2 均未知)

由定理 6.8 知，

$$\frac{S_1^2}{S_2^2}\cdot\frac{\sigma_2^2}{\sigma_1^2}\sim F(n_1-1,n_2-1),$$

对于给定的置信水平 $1-\alpha$，确定

$$P\left\{a<\frac{S_1^2}{S_2^2}\cdot\frac{\sigma_2^2}{\sigma_1^2}<b\right\}=1-\alpha,$$

确定 a,b 应分别取 $1-\frac{\alpha}{2}$ 和 $\frac{\alpha}{2}$ 分位点，得

$$P\left\{F_{1-\frac{\alpha}{2}}(n_1-1,n_2-1)<\frac{S_1^2}{S_2^2}\cdot\frac{\sigma_2^2}{\sigma_1^2}<F_{\frac{\alpha}{2}}(n_1-1,n_2-1)\right\}=1-\alpha,$$

则$\frac{\sigma_1^2}{\sigma_2^2}$的置信水平为 $1-\alpha$ 的置信区间为

$$\frac{S_1^2}{S_2^2}\cdot\frac{1}{F_{\frac{\alpha}{2}}(n_1-1,n_2-1)}<\frac{\sigma_1^2}{\sigma_2^2}<\frac{S_1^2}{S_2^2}\cdot\frac{1}{F_{1-\frac{\alpha}{2}}(n_1-1,n_2-1)},$$

即

$$P\left\{\frac{S_1^2}{S_2^2}\cdot\frac{1}{F_{\frac{\alpha}{2}}(n_1-1,n_2-1)}<\frac{\sigma_1^2}{\sigma_2^2}<\frac{S_1^2}{S_2^2}\cdot\frac{1}{F_{1-\frac{\alpha}{2}}(n_1-1,n_2-1)}\right\}=1-\alpha,$$

也可将$\frac{\sigma_1^2}{\sigma_2^2}$的置信水平为 $1-\alpha$ 的置信区间写为

$$\left(\frac{S_1^2}{S_2^2}\cdot\frac{1}{F_{\frac{\alpha}{2}}(n_1-1,n_2-1)},\frac{S_1^2}{S_2^2}\cdot\frac{1}{F_{1-\frac{\alpha}{2}}(n_1-1,n_2-1)}\right). \tag{7.14}$$

为方便读者阅读,现将正态总体的各种情形下参数的置信水平为 $1-\alpha$ 的置信区间总结于表 7.1 中.

表 7.1

	待估参数	其他参数	统计量的分布	置信区间
单个正态总体	μ	σ^2 已知	$\frac{\bar{X}-\mu}{\sigma/\sqrt{n}}\sim N(0,1)$	$\left(\bar{X}\pm\frac{\sigma}{\sqrt{n}}Z_{\frac{\alpha}{2}}\right)$
		σ^2 未知	$\frac{\bar{X}-\mu}{S/\sqrt{n}}\sim t(n-1)$	$\left(\bar{X}\pm\frac{S}{\sqrt{n}}t_{\frac{\alpha}{2}}(n-1)\right)$
	σ^2	μ 未知	$\frac{(n-1)S^2}{\sigma^2}\sim\chi^2(n-1)$	$\left(\frac{(n-1)S^2}{\chi^2_{\frac{\alpha}{2}}(n-1)},\frac{(n-1)S^2}{\chi^2_{1-\frac{\alpha}{2}}(n-1)}\right)$
两个正态总体	$\mu_1-\mu_2$	σ_1^2,σ_2^2 已知	$\frac{(\bar{X}-\bar{Y})-(\mu_1-\mu_2)}{\sqrt{\frac{\sigma_1^2}{n_1}+\frac{\sigma_2^2}{n_2}}}\sim N(0,1)$	$\left((\bar{X}-\bar{Y})\pm Z_{\frac{\alpha}{2}}\sqrt{\frac{\sigma_1^2}{n_1}+\frac{\sigma_2^2}{n_2}}\right)$
		$\sigma_1^2=\sigma_2^2$ 未知	$\frac{(\bar{X}-\bar{Y})-(\mu_1-\mu_2)}{S_w\sqrt{\frac{1}{n_1}+\frac{1}{n_2}}}\sim t(n_1+n_2-2)$	$\left((\bar{X}-\bar{Y})\pm S_w t_{\frac{\alpha}{2}}(n_1+n_2-2)\sqrt{\frac{1}{n_1}+\frac{1}{n_2}}\right)$
	$\frac{\sigma_1^2}{\sigma_2^2}$	μ_1,μ_2 未知	$\frac{S_1^2}{S_2^2}\cdot\frac{\sigma_2^2}{\sigma_1^2}\sim F(n_1-1,n_2-1)$	$\left(\frac{S_1^2}{S_2^2}\cdot\frac{1}{F_{\alpha/2}(n_1-1,n_2-1)},\frac{S_1^2}{S_2^2}\cdot\frac{1}{F_{1-\alpha/2}(n_1-1,n_2-1)}\right)$

例 7.15　党的十九届六中全会指出:要大力弘扬伟大建党精神,以史为鉴,开创未来;要埋头苦干,勇毅前行,为实现第二个百年奋斗目标不懈努力. 某企业把党的十九届六中全会精神贯彻在行动上,落实到企业发展中,努力做到提高产能、扩大产量、优化产品质量. 现有两种原料 A 和 B 生产的导线,为比较两种原料的好坏,从两批产品中分别抽取样本,测得它们的电阻(单位:Ω)如下.

第一批:0.143,0.142,0.143,0.138.

第二批:0. 140,0. 142,0. 136,0. 140,0. 138.

设两批导线的电阻分别服从正态分布 $X \sim N(\mu_1,\sigma_1^2)$, $Y \sim N(\mu_2,\sigma_2^2)$,其中 $\mu_1,\mu_2,\sigma_1^2=\sigma_2^2$ 均未知,求这两批导线均值差 $\mu_1-\mu_2$ 的置信水平为 90% 的置信区间.

解　由题意可知

$$n_1=4,\quad \bar{x}=0.1415,\quad S_1^2=5.67\times10^{-6}.$$

$$n_2=5,\quad \bar{y}=0.1392,\quad S_1^2=5.20\times10^{-6}.$$

$$S_w=\sqrt{\frac{(n_1-1)S_1^2+(n_2-1)S_2^2}{(n_1+n_2-2)}}=\sqrt{\frac{3\times5.67\times10^{-6}+4\times5.20\times10^{-6}}{7}}\approx2.324\times10^{-3}.$$

置信水平 $1-\alpha=0.9$, $\alpha=0.1$,由附表 3 可得 $t_{\frac{\alpha}{2}}(n_1+n_2-2)=t_{0.05}(7)=1.895$,因此代入 $\left((\bar{X}-\bar{Y})\pm S_w t_{\frac{\alpha}{2}}(n_1+n_2-2)\sqrt{\frac{1}{n_1}+\frac{1}{n_2}}\right)$ 中,得 $\mu_1-\mu_2$ 的置信水平为 90% 的置信区间为 $(-0.0007, 0.0053)$.

习题 7

A 组

7.1　设总体 X 服从参数为 $\lambda(\lambda>0)$ 的指数分布,即 $X\sim e(\lambda)$, $X_1,X_2,\cdots,X_n$ 为来自总体 X 的简单随机样本,求未知参数 λ 的矩估计.

7.2　设总体 X 在区间 $[a,b]$ 上服从均匀分布, a 和 b 均为未知参数,求区间端点 a 和 b 的矩估计量.

7.3　设总体 X 服从正态分布 $N(\mu,\sigma^2)$,即 $X\sim N(\mu,\sigma^2)$, $X_1,X_2,\cdots,X_n$ 是来自总体 X 的简单随机样本. 求:

(1)当参数 σ^2 已知, μ 未知时,总体 X 的 8 个样本观测值为 3,1,3,0,3,1,2,3,未知参数 μ 的矩估计值;

(2)当参数 σ^2,μ 均未知时,未知参数 σ^2,μ 的矩估计量.

7.4　设总体 X 服从参数为 $\lambda(\lambda>0)$ 的泊松分布,即 $X\sim P(\lambda)$,分布律为 $p(x;\lambda)=P\{X=x\}=\frac{\lambda^x e^{-\lambda}}{x!}$, $x=0,1,2,\cdots,n$, $X_1,X_2,\cdots,X_n$ 为来自总体 X 的简单随机样本. 求:

(1)未知参数 λ 的矩估计;

(2)未知参数 λ 的最大似然估计.

7.5　设总体 X 的概率密度为

$$f(x;\theta)=\begin{cases}\frac{3x^2}{\theta^3}, & 0<x<\theta,\\ 0, & \text{其他},\end{cases}$$

$X_1,X_2,\cdots,X_n$ 为来自总体 X 的简单随机样本,未知参数 $\theta>0$,分别求未知参数 θ 的矩估计和最大似然估计.

7.6　设总体 X 服从几何分布,其分布律为

$$P\{X=k\}=p(1-p)^{k-1},k=0,1,2,\cdots,0<p<1,$$

$X_1,X_2,\cdots,X_n$ 为来自总体 X 的简单随机样本,p 为未知参数,求参数 p 的最大似然估计.

7.7 设总体 X 的概率密度函数为

$$f(x;\alpha)=\begin{cases}(\alpha+1)x^{\alpha}, & 0<x<1,\\ 0, & \text{其他},\end{cases}$$

$X_1,X_2,\cdots,X_n$ 为来自总体 X 的简单随机样本,未知参数 $\alpha>-1$,分别求未知参数 α 的矩估计和最大似然估计.

7.8 设总体 X 的分布律为

X	1	2	3
p_i	θ^2	$2\theta(1-\theta)$	$(1-\theta)^2$

其中 $\theta(0<\theta<1)$ 为未知参数,已取得 5 个样本值为 2,1,3,1,1. 试求 θ 的矩估计值和最大似然估计值.

7.9 设总体 X 的分布律为

X	0	1	2	3
p_i	θ^2	$2\theta(1-\theta)$	θ^2	$1-2\theta$

其中 $\theta\left(0<\theta<\frac{1}{2}\right)$ 为未知参数,已取得 8 个样本值为 2,1,2,3,0,1,2,3. 试求 θ 的矩估计值和最大似然估计值.

7.10 设总体 X 的均值和方差都存在,且设 $E(X)=\mu,D(X)=\sigma^2$,从总体 X 中抽取样本 X_1,X_2,X_3,构造 μ 的 3 个估计量:

$$\hat{\mu}_1=\frac{1}{3}X_1+\frac{2}{3}X_3,\quad \hat{\mu}_2=\frac{1}{4}X_1+\frac{2}{4}X_2+\frac{1}{4}X_3,\quad \hat{\mu}_3=\frac{1}{5}X_1+\frac{2}{5}X_2+\frac{2}{5}X_3.$$

证明 3 个估计量都是 μ 的无偏估计,并指出哪一个更有效.

7.11 设总体 X 的均值和方差都存在,且设 $E(X)=\mu,D(X)=\sigma^2$,从总体 X 中抽取样本 X_1,X_2,X_3,X_4,构造 μ 的 3 个估计量:

$$\hat{\mu}_1=\frac{1}{4}X_1+\frac{1}{4}X_2+\frac{1}{4}X_3+\frac{1}{4}X_4,$$

$$\hat{\mu}_2=\frac{1}{4}X_1+\frac{2}{4}X_2+\frac{1}{4}X_3,$$

$$\hat{\mu}_3=\frac{1}{5}X_1+\frac{2}{5}X_2+\frac{2}{5}X_3+\frac{1}{5}X_4,$$

试判断 3 个估计量中哪些是 μ 的无偏估计,并指出无偏估计中哪一个更有效.

7.12 某车间生产的图钉,其直径服从正态分布,由过去经验知道 $\sigma^2=0.06$,现随机抽取 6 个样本,测得其直径为(单位:mm)14.7,15.0,14.8,14.9,15.1,15.2. 试求 μ 的置信水平为 95% 的置信区间.

7.13 设某砖头的抗压强度 $X\sim N(\mu,\sigma^2)$,现随机抽取 20 块砖头,测得其样本均值 $\bar{x}=76.6$,样本方差 $s^2=329$,求 μ 的置信水平为 95% 的置信区间.

7.14 设总体为 $N(\mu,\sigma^2)$,$\sigma=3$. 若要使得 μ 的置信水平为 90% 的置信区间的长度不

超过 2,需要抽取的样本容量 n 应该为多少.

7.15　某军械厂进行某手枪发射速度测验,其枪口子弹发射速度服从正态分布,现随机发射 9 发子弹,测得其枪口速度的样本方差 $s^2=43\ \mathrm{m/s}$,试求枪口速度的方差 σ^2 的置信水平为 90% 的置信区间.

7.16　对导线中含铜的比重进行 16 次测量,得其样本均值 $\bar{x}=2.705$,样本标准差 $s=0.029$,若导线含铜比重服从正态分布,试分别求含铜比重的均值 μ 和方差 σ^2 的置信水平为 0.95 的置信区间.

B 组

一、填空题

7.17　假设总体 $X\sim N(\mu,0.81)$,$X_1,X_2,\cdots,X_9$ 为来自总体 X 的简单随机样本,测得样本均值 $\bar{x}=5$,则 μ 的置信水平为 0.95 的置信区间为______.

7.18　设总体 X 服从二项分布,即 $X\sim B(n,p)$,n 已知,$X_1,X_2,\cdots,X_n$ 为来自总体 X 的简单随机样本,$\bar{X}$ 为样本均值,则 p 的矩估计量为______.

二、选择题

7.19　设 μ 是总体 X 的数学期望,σ 是总体 X 的标准差,即 $E(X)=\mu$, $D(X)=\sigma^2$. X_1, $X_2,\cdots,X_n$ 为来自总体 X 的简单随机样本,下面结论错误的是(　　).

A. $\hat{\mu}_1=\bar{X}$ 是 μ 的无偏估计

B. $\hat{\mu}_2=X_1$ 是 μ 的无偏估计

C. $\hat{\mu}_1$ 比 $\hat{\mu}_2$ 更有效

D. $\dfrac{1}{n}\sum\limits_{i=1}^{n}(X_i-\mu)^2$ 是 σ^2 的最大似然估计

7.20　在区间估计中,$P(\hat{\theta}_1<\theta<\hat{\theta}_2)=1-\alpha$ 的正确含义是(　　).

A. θ 以 $1-\alpha$ 的概率落在区间 $(\hat{\theta}_1,\hat{\theta}_2)$ 内

B. θ 落在区间 $(\hat{\theta}_1,\hat{\theta}_2)$ 以外的概率为 α

C. θ 不落在区间 $(\hat{\theta}_1,\hat{\theta}_2)$ 以外的概率为 α

D. 随机区间 $(\hat{\theta}_1,\hat{\theta}_2)$ 包含 θ 的概率为 $1-\alpha$

7.21　设一批零件的长度(单位:cm)服从正态分布 $N(\mu,\sigma^2)$,其中 μ,σ^2 均未知. 现从中随机抽取 16 个零件,测得样本均值 $\bar{x}=25$ cm,样本标准差 $s=1$ cm, 则 μ 的置信水平为 0.90 的置信区间是(　　).

A. $\left(25-\dfrac{1}{4}t_{0.05}(16),25+\dfrac{1}{4}t_{0.05}(16)\right)$　　B. $\left(25-\dfrac{1}{4}t_{0.1}(16),25+\dfrac{1}{4}t_{0.1}(16)\right)$

C. $\left(25-\dfrac{1}{4}t_{0.05}(15),25+\dfrac{1}{4}t_{0.05}(15)\right)$　　D. $\left(25-\dfrac{1}{4}t_{0.1}(15),25+\dfrac{1}{4}t_{0.1}(15)\right)$

7.22　设一批螺丝钉的长度(单位:cm)服从正态分布 $N(\mu,\sigma^2)$,其中 μ 未知,$\sigma^2=0.01$. 现从中随机抽取 9 个样本,测得样本均值 $\bar{x}=20$ cm,样本标准差 $s=1$ cm, 则 μ 的置信水平为 0.95 的置信区间是(　　).

A. $\left(20-\dfrac{0.1}{3}Z_{0.025},20+\dfrac{0.1}{3}Z_{0.025}\right)$　　B. $\left(20-\dfrac{0.1}{3}Z_{0.05},20+\dfrac{0.1}{3}Z_{0.05}\right)$

C. $\left(20-\frac{0.1}{3}t_{0.025}(8),20+\frac{0.1}{3}t_{0.025}(8)\right)$ D. $\left(20-\frac{0.1}{3}t_{0.025}(9),20+\frac{0.1}{3}t_{0.025}(9)\right)$

7.23 设 $\hat{\mu}_1,\hat{\mu}_2,\hat{\mu}_3$ 都是参数 μ 的无偏估计量，若使 $\hat{\mu}=a\hat{\mu}_1+b\hat{\mu}_2+c\hat{\mu}_3$ 也是参数 μ 的无偏估计量，则 a,b,c 应满足(　　).

A. $a+b+c=0$ B. $a+b+c=1$ C. $a+b-c=1$ D. 以上都不对

三、计算题

7.24 设总体 X 的概率密度为

$$f(x;\theta)=\theta c^{\theta}x^{-(\theta+1)},x>c,\theta>1,c>0\text{ 且 }c\text{ 已知},$$

其中 θ 是未知参数，$X_1,X_2,\cdots,X_n$ 为来自总体 X 的简单随机样本，试求未知参数 θ 的最大似然估计.

7.25 设总体 X 的概率密度为

$$f(x)=\begin{cases}2\lambda^2 x\mathrm{e}^{-\lambda x}, & x>0,\\ 0, & x\leqslant 0,\end{cases}$$

其中参数 λ ($\lambda>0$)未知，$X_1,X_2,\cdots,X_n$ 为来自总体 X 的简单随机样本，求：

(1)参数 λ 的矩估计量；

(2)参数 λ 的最大似然估计量.

7.26 用两台机器生产同一零件，从第一台机器生产的零件中任取 8 件，从第二台机器生产的零件中任取 9 件，测得零件长度(单位:mm)如下.

第一台:15.0,14.8,15.2,15.4,14.9,15.1,15.2,14.8.

第二台:15.2,15.0,14.8,15.1,15.0,14.6,14.8,15.1,14.5.

若两台机器生产的零件分别服从正态分布，并且两总体方差 $\sigma_1^2=\sigma_2^2$，试求在置信水平为 0.95 下两零件平均长度差 $\mu_1-\mu_2$ 的置信区间.

7.27 设总体 X 服从参数为 n,p 的二项分布，$X_1,X_2,\cdots,X_n$ 为来自总体 X 的样本，试求参数 p 的矩估计量和最大似然估计量.

四、证明题

7.28 设总体 $X\sim P(\lambda)$，$X_1,X_2,\cdots,X_n$ 为其样本，试证 λ^2 的一个无偏估计量为 $\bar{X}^2-\frac{\bar{X}}{n}$.

7.29 设 $X_1,X_2,\cdots,X_n$ 是来自参数为 λ 的泊松分布的样本，试证对任意常数 k，统计量 $k\bar{X}+(1-k)S^2$ 是 λ 的无偏估计量.

“参数估计”数学史

在数理统计中，参数估计是和假设检验并行的两个基本分支，是研究统计推理的两种基本形式之一，其理论和方法已成为许多学科的研究依据，进而得到广泛应用. 如果说假设检验这个分支可以算是“世纪同龄人”，那么参数估计则是数理统计学科“与生俱来”的. 收集数据的目的总是为了估计点什么. 费歇尔在其《理论统计学的数学基础》一文中还曾感叹对理论统计学的忽视，而他指出的两个原因之一是 “参数估计”. 这样来看，可以把参数估计看作一个到 20 世纪才有的分支. 不过如果我们不拘泥于形式而注重问题的实质,则不能不承认在 1900 年之前,数理统计学中处理的问题绝大部分属于如今我们归入"参数估计"名目下的那一些,且基本上可归为三大类:频率估计概率、估计平均以及最小二乘法.

自 19 世纪末以来,确切地说是 1894—1912 年,又发生了两件大事,使参数估计在形成一个数理统计的分支的征途中又上了一个台阶. 一件是 1894 年卡尔・皮尔逊提出的分布族及为确定族中参数值而提出的矩估计法. 卡尔・皮尔逊(Karl Pearson,1857—1936 年)是个传奇人物,1879 年在剑桥大学国王学院获得数学学位,以后几年间曾对德国史、物理学和科学哲学感兴趣,1884 年成为伦敦大学应用数学教授. 他是公认的现代统计学奠基人之一,在统计学上有多方面的贡献. 另一件是 1912 年费歇尔在《关于拟合频率曲线的一个绝对准则》一文中提出了极大似然估计法. 这两件工作的意义在于:它们不像此前的估计法只是一些可用在特定场合的方法(如估计频率、估计均值 $\bar{x}$ 之类),而是从特殊到一般有了一个一般框架,所提出的方法具有普适性,如估计均值、方差和相关系数等各种问题.

所以,到 1910 年,参数估计的局面可比拟为一张有 4 条腿的桌子,这 4 条腿分别是矩估计法、极大似然估计法、最小二乘法和贝叶斯法. 但对矩估计法和极大似然估计法也有一些批评的声音,20 世纪初几位统计学重量级人物,包括卡尔・皮尔逊和费歇尔以及后来的奈曼和爱根・皮尔逊,都对其持批判态度,费歇尔在其著作中批评矩估计法的言论甚多,至于卡尔・皮尔逊,终其一生都没有被其论据所动,他最后一篇反驳的文章《矩法和极大似然法》发表于他逝世的那一年——1936 年.

1812 年,拉普拉斯的著作《概率的分析理论》是关于用频率估计概率的问题,他把对参数的估计表示成区间的形式,标志着区间估计的开始. 到 1930 年初,奈曼把待估计的参数 θ 视为一个固定的未知量,构建了一套区间估计的理论. 奈曼认为,区间估计$(\hat{\theta}_1,\hat{\theta}_2)$是一个依赖于样本 $X_1,X_2,\cdots X_n$ 的随机区间(这一点与贝叶斯法和费歇尔的信任分布法没有差别),其置信度则是这个区间能包含 θ 的概率 $P(\hat{\theta}_1<\theta<\hat{\theta}_2)$. 奈曼这个想法最初应用于其 1934 年一项关于抽样调查的论文《论代表性抽样的两个不同方面》中. 以后的几年,他致力于研究这种方法的理论基础,即与这种估计有关的优良性准则的问题,相关文章发表于 1937 年,题为《基于经典概率论的统计估计理论》. 这就是我们现在从教科书上看到的奈曼置信区间理论的主要内容,其中心思想是在置信区间与假设检验之间建立一种联系,从而可以把有关假设检验的优良性的结果转化为有关区间估计的优良性的结果.

奈曼在 1936 年 9 月将其想法写成文章投寄给《生物计量》杂志. 当时爱根・皮尔逊认为奈曼的论文"许多部分异乎寻常得好",但对于发表此文则有所保留:一个是文章太长(后来在《皇家学会哲学会报》上发表时占了近 50 页的篇幅);另一个是爱根・皮尔逊认为该文太理论化、太数学化,不易为实用统计学家所接受. 几经反复后,爱根・皮尔逊决定不采用这篇文章.

论文被退稿使奈曼很伤心,因为他对此文倾注了许多心血,他甚至把此文的分量放在他与爱根・皮尔逊合作的假设检验论文之上. 他设法寻找出路,最后决定到英国最权威的科学杂志——《皇家学会哲学会报》试一试.

他想找当时英国的权威统计学家约尔把此文推荐给《皇家学会哲学会报》,约尔表示为难,因为他是偏实用派,不能理解奈曼的工作. 最后他找到当时英国贝叶斯学派的领袖杰弗里斯,他答应了推荐. 推荐后还需 2 人审稿,审稿人之一约尔做了否定的评语,幸而另一位审稿人,也是当时英国统计学界的权威人物艾特肯教授,做了肯定的评价,且他的理由比约尔的理由更有力,此文才得以通过.

奈曼的这篇论文给他在英国这一段时间的工作,也可以说是给他长达五十余年的统计生涯中最富创造性的时期,划上了一个句号. 数学是奇妙的,数学需要多次试验,认真思考,多去创新,经过一次又一次的失败也不放弃. 科学成就是由一点一滴积累起来的,唯有长期的积聚才能由点滴汇成大海.

本章总结视频

本章测试题

第 8 章　假设检验

假设检验是统计推断的另一个重要问题，是在总体的分布函数完全未知或只知其形式但参数未知的情况下，为了推断总体的某些特征，首先对总体做出某个假设，再根据样本信息对所提假设做出合理推断——接受或拒绝，并使这种推断具有一定的可靠性和合理性. 假设检验可分为参数假设检验和非参数假设检验，参数假设检验是仅涉及总体未知参数的假设检验，与之不同的假设检验问题归类为非参数假设检验.

本章主要介绍假设检验的基本思想和概念以及参数的显著性假设检验.

8.1　假设检验的基本概念

8.1.1　假设检验的基本思想

首先举个例子来说明假设检验的基本思想和概念.

例 8.1　为培养大学生德智体美劳全面发展，保持良好的身心健康，某学校为鼓励学生课余时间走进操场，欲购置一批网球. 设网球的标准直径 μ 为 3 英尺(1 英寸 = 2.54 *cm*)，正常情况下制造商生产的网球的直径服从正态分布 $N(3,0.04)$，根据长期经验知其分布和标准差不变. 为了检验某制造商生产的某批网球是否符合标准，随机抽取 36 个网球进行检验，其平均直径 $\bar{x}=3.07$ 英尺，试确定该批网球是否符合标准.

解　这个例子要求推断“网球是否符合标准”，我们要验证推断的只有两种可能结果——“符合”或“不符合”. 这类问题就属于假设检验问题，下面进行分析.

一般地，网球的标准直径为 3 英尺，且服从正态分布 $N(3,0.04)$，根据长期经验知其分布和标准差不变，假设这批网球的直径 $X\sim N(\mu,0.04)$，要想知道其是否符合标准，就要推断 μ 是否等于 3. 因此，我们提出两个相互对立的假设：如果符合标准，则 $\mu=3$，记为 H_0；如果不符合，则 $\mu\neq3$，记为 H_1. 由于 $\bar{X}$ 是 μ 的无偏、一致点估计，故如果假设该批网球符合标准，即假定 $\mu=3$，H_0 成立. 在这种假设下，样本均值与总体均值偏差应很小，即应该有 $|\bar{X}-3|$ 很小；如果 $|\bar{X}-3|$ 很大，则认为该批网球不符合标准，显然 H_0 不成立，H_1 成立. 但单纯的描述偏差很大或很小不易于界定，因此我们希望从定性转换成定量，也就是大有多大、小又有多小的问题.

为了解决这一问题，我们给定一个阈值 c_0，若 $|\bar{X}-3|\leqslant c_0$，则认为该批网球符合标准；若 $|\bar{X}-3|>c_0$，则认为该批网球不符合标准. 虽然给定了这样一个定量准则就可以进行假设检验，但在此过程中我们发现如果 c_0 取值过小，那么可能该批网球符合标准但却因为 c_0 太小而被认为不符合，并且 c_0 越小犯这种错误的风险越大；相反，如果 c_0 取值过大，那么可能该批网球不符合标准但却因为 c_0 太大而被认为符合，并且 c_0 越大犯这种错误的风险越大. 由

于样本是随机抽取的,因此不可避免地会出现这样两种错误:一是“弃真”,即该批网球符合标准,但推断结果是不符合;二是“取伪”,即该批网球不符合标准,但推断结果是符合.因此,需要科学地确定 c_0,来减小两类错误发生的概率,但可以发现这两类错误发生的概率不可能同时小,在显著性检验中,通常控制第一类错误发生的概率,使第二类错误发生的概率尽可能小.

首先,给定一个很小的正数 α,如取 $\alpha=0.05$,由

$$P\{|\bar{X}-3|>c_0|\text{符合标准}\}=\alpha, \tag{8.1}$$

即由 $P\{|\bar{X}-3|>c_0|\mu=3\}=\alpha$ 来确定 c_0. 其含义是该批网球符合标准却被误判成不符合标准的概率被控制在5%. 若假定 $\mu=3$,总体 X 服从正态分布 $N(3,0.04)$,则 $\bar{X}\sim N\left(3,\frac{0.04}{36}\right)$.

为确定 c_0,需借助检验统计量 $Z=\frac{\bar{X}-\mu}{\sigma/\sqrt{n}}$,且 Z 分布已知为

$$\frac{\bar{X}-\mu}{\sigma/\sqrt{n}}=\frac{\bar{X}-3}{0.2/\sqrt{36}}\sim N(0,1),$$

所以得

$$P\left\{\left|\frac{\bar{X}-3}{0.2/\sqrt{36}}\right|>\frac{6c_0}{0.2}\middle|\mu=3\right\}=P\left\{|Z|>\frac{6c_0}{0.2}\right\}=0.05,$$

解得 $\frac{6c_0}{0.2}=Z_{0.025}=1.96$,因此 $c_0=0.065$.

由此得到推断准则:若 $|\bar{X}-3|<0.065$,认为该批网球符合标准,否则不符合标准. 现有 $\bar{x}=3.07$ 英尺,因此 $|\bar{X}-3|=|3.07-3|=0.07>0.065$,所以认为该批网球不符合标准. 如果在真实情况下,该批网球符合标准的话,那么这个结论就是错误的,而犯这种错误的概率只有5%,这是有说服力的,若要更有说服力,可以将 α 取得更小一点.

因此,我们认为

$$P\{|\bar{X}-3|>0.065|\mu=3\}=0.05, \tag{8.2}$$

即在假设该批网球符合标准的情况下,$|\bar{X}-3|>0.065$ 是小概率事件,在一次试验中一般不会发生. 如果在一次试验中它发生了,就有理由怀疑它的前提条件“符合标准”是错误的,即做出该批网球不符合标准的推断结论. 这就是假设检验的基本思想:“小概率事件在一次试验中几乎不可能发生”,也叫实际推断原理,它的理论基础就是定理5.4(伯努利大数定律). 从例8.1还可以看出,假设检验采用的推断方法是概率意义下的反证法.

8.1.2 假设检验的基本概念

在例8.1中,我们根据样本建立了两个相互对立的假设 H_0 和 H_1,在假设检验问题中,分别称为原假设和备择假设. 原假设是指样本准予接受或拒绝的假设,记为 H_0;与原假设对立的假设称为备择假设,记为 H_1. 假设检验的最终结果是需要在这两者之间做出决策.

为了更好地做出决策,我们进行定量分析,给定一个阈值 c_0,若 $|\bar{X}-3|\leqslant c_0$,则认为该批网球符合标准,接受原假设 H_0;若 $|\bar{X}-3|>c_0$,则认为该批网球不符合标准,拒绝原假设 H_0.

因此，称拒绝原假设 H_0 的区域 W_1 为拒绝域；称接受原假设 H_0 的区域 W_0 为接受域. 当我们发现收集的样本落在了 W_1，则检验结果应为拒绝原假设；相反，当我们发现收集的样本落在了 W_0，则检验结果应为接受原假设. 在例 8.1 中，$|\bar{X}-3|>0.065$ 为拒绝域，而样本显示 $\bar{x}=3.07$ 英尺，恰好落在此区域内，所以拒绝原假设.

在假设检验过程中，即使根据样本做出了决策，但由于样本的随机性，也有可能做出错误的决策，从而导致犯检验错误，所犯错误可分为两类：一种是当原假设为真时，根据样本做出决策是拒绝原假设，称为"弃真"，也称犯第一类错误；另一种是当原假设为假时，根据样本做出决策是接受原假设，称为"取伪"，也称犯第二类错误. 为使推断结论更有说服力，我们自然希望犯两类错误的概率都很小，但在样本容量固定的条件下，两类错误发生的概率不可能同时都小，为保证检验结果尽可能正确，通常控制第一类错误发生的概率，使第二类错误发生的概率尽可能小，这种只控制第一类错误的检验称为显著性假设检验. 通常将第一类错误的发生概率记为 α，表示为 $P\{拒绝\ H_0|H_0\ 真\}=\alpha$；第二类错误发生的概率记为 β，表示为 $P\{接受\ H_0|H_0\ 不真\}=\beta$.

从例 8.1 可以看出，我们通常给定一个较小的 α 来代表第一类错误发生的概率，这里数 α 称为显著性水平，通常 α 取 0.1，0.05，0.01，0.005.

因此，假设检验问题可以叙述为在显著性水平 α 下，建立假设，原假设为 H_0，备择假设为 H_1，选用哪个命题作为原假设，要视具体问题的目的和要求而定. 基于控制第一类错误发生的概率 α 较小的原则，即 $P\{拒绝\ H_0|H_0\ 真\}=P\{拒绝域\ W_1|H_0\ 真\}=\alpha$ 较小，确定一个拒绝域 W_1，当发现采集的样本参数恰属于拒绝域时，则拒绝原假设 H_0；反之，接受原假设 H_0.

在显著性水平 α 下，拒绝 H_0 是有说服力的，因为犯第一类错误的概率只有 α. 但接受原假设 H_0 不代表原假设 H_0 是正确的，因为没有控制犯第二类错误的概率，严格地讲应为不拒绝原假设 H_0. 检验结果的可能情形见下表 8.1.

表 8.1

真实情况	推断结果	
	拒绝 H_0	接受 H_0
H_0 真	犯第一类错误	正确
H_0 不真	正确	犯第二类错误

8.1.3　显著性假设检验的基本步骤

(1) 根据实际问题需要，提出原假设 H_0 和备择假设 H_1.

(2) 在原假设 H_0 为真的情况下，构造适当的检验统计量 T，T 的分布已知.

(3) 在给定显著性水平 α 下，通过控制第一类错误发生的概率确定拒绝域，即 $P\{T\in W_1|H_0\ 真\}=\alpha$，确定拒绝域 W_1.

(4) 通过样本观测值计算 T 的相应参数 t，代入拒绝域 W_1，做出决策，即若 $t\in W_1$，拒绝

H_0,否则接受(不拒绝)H_0.

8.2 单个正态总体参数的假设检验

现实生活中的许多自然现象和社会经济现象,都可以近似地用正态分布描述,正态分布由于其函数和图像的简洁性而被广泛地研究与关注,正态分布有比较简单的数学表达式. 关于正态分布参数的假设检验,不但在实际中应用广泛,且方法典型、结果完善. 本节介绍单个正态总体的均值与方差的假设检验.

设总体 $X \sim N(\mu,\sigma^2)$,$X_1,X_2,\cdots,X_n$ 为来自总体 X 的简单随机样本,$\bar{X}$ 是样本均值,S^2 是样本方差.

常见的假设检验问题可分为两类:双边检验和单边检验. 单边检验又可分为右边检验和左边检验.

关于总体均值 μ 的假设检验,最常见的 3 类如下:

(1) $H_0:\mu=\mu_0,H_1:\mu\neq\mu_0$;

(2) $H_0:\mu\leqslant\mu_0,H_1:\mu>\mu_0$;

(3) $H_0:\mu\geqslant\mu_0,H_1:\mu<\mu_0$;

其中 μ_0 是已知常数.

关于总体方差 σ^2 的假设检验,最常见的 3 类如下:

(4) $H_0:\sigma^2=\sigma_0^2,H_1:\sigma^2\neq\sigma_0^2$;

(5) $H_0:\sigma^2\leqslant\sigma_0^2,H_1:\sigma^2>\sigma_0^2$;

(6) $H_0:\sigma^2\geqslant\sigma_0^2,H_1:\sigma^2<\sigma_0^2$,

其中 σ_0^2 是已知常数.

形如(1)(4)的检验问题称为双边检验;形如(2)(5)的检验问题称为右边检验;形如(3)(6)的检验问题称为左边检验. 确定是双边检验还是单边检验取决于备择假设 H_1. 当推断总体的均值或方差是否有显著变化时,采用双边检验(1)和(4);当推断总体的均值或方差是否有显著降低(或变大、或减少)时,采用右边检验(2)和(5);当推断总体的均值或方差是否有显著减少(或变小、或降低)时,采用左边检验(3)和(6).

下面讨论常见参数的显著性假设检验.

8.2.1 总体均值 μ 的假设检验

1. Z 检验

1) 双边检验

首先考虑总体方差 σ^2 已知时,总体均值 μ 的假设检验.

关于双边检验,建立假设

$$H_0:\mu=\mu_0,\quad H_1:\mu\neq\mu_0,$$

其中 μ_0 是已知常数. 由于样本均值 $\bar{X}$ 是 μ 的无偏、一致估计,且

$$\bar{X} \sim N\left(\mu, \frac{\sigma^2}{n}\right), \quad \frac{\bar{X}-\mu}{\sigma/\sqrt{n}} \sim N(0,1),$$

故构造检验统计量

$$Z = \frac{\bar{X}-\mu_0}{\sigma/\sqrt{n}}. \tag{8.3}$$

当原假设 H_0 成立时，$Z \sim N(0,1)$，且 $|\bar{X}-\mu_0|$ 的取值应很小. 因此，当 $|\bar{X}-\mu_0|$ 的取值过大时，就拒绝原假设 H_0. 这样就可得到这个双边检验的拒绝域为

$$W = \{ |\bar{X}-\mu_0| > C_0 \},$$

由于 σ^2 已知，变形可得拒绝域为

$$W = \left\{ \left| \frac{\bar{X}-\mu_0}{\sigma/\sqrt{n}} \right| > C_1 \right\} = \{ |Z| > C_1 \},$$

其中 C_0 是待定常数，且 $C_1 = \frac{C_0}{\sigma/\sqrt{n}}$. 对于给定的显著性水平 α，根据控制犯第一类错误的原则，也就是等式

$$P\{ |Z| > C_1 | H_0 \text{ 真} \} = \alpha$$

成立. 利用标准正态分布的上 $\frac{\alpha}{2}$ 分位点的定义，可得到 $C_1 = Z_{\frac{\alpha}{2}}$. 所以这个双边检验的拒绝域为

$$W = \{ |Z| > Z_{\frac{\alpha}{2}} \}. \tag{8.4}$$

因此，采集样本，将样本均值代入，若有 $|Z| > Z_{\frac{\alpha}{2}}$，则拒绝原假设 H_0，即认为 $\mu \neq \mu_0$，也就是认为总体均值和 μ_0 有显著的差异；否则，接受原假设 H_0，即认为 $\mu = \mu_0$，自然认为总体均值和 μ_0 没有显著的差异.

例 8.2（续例 8.1）　为培养大学生德智体美劳全面发展，保持良好的身心健康，某学校为鼓励学生课余时间走进操场，欲购置一批网球. 设网球的标准直径 μ 为 3 英尺，正常情况下制造商生产的网球的直径服从正态分布 $N(3,0.04)$，根据长期经验知其分布和标准差不变. 为了检验某制造商生产的某批网球是否符合标准，随机抽取 36 个网球进行检验，其平均直径 $\bar{x} = 3.07$ 英尺，试确定该批网球是否符合标准.（取显著性水平 $\alpha = 0.5$）

解　在例 8.1 中，为了阐述假设检验的基本思想，给出的是一个分析的答案. 下面给出规范的解答，初学者应参照此例中的解题步骤解答假设检验问题.

建立假设

$$H_0: \mu = 3, \quad H_1: \mu \neq 3.$$

由于总体方差已知，$\sigma = 0.2$，因此做 Z 检验，有

$$Z = \frac{\bar{X}-\mu_0}{\sigma/\sqrt{n}} = \frac{3.07-3}{0.2/\sqrt{36}} = 2.1,$$

对于 $\alpha = 0.05$，查附表 1 得标准正态分布的上 $\frac{\alpha}{2}$ 分位点 $Z_{\frac{\alpha}{2}} = Z_{0.025} = 1.96$，则拒绝域为

$$W = \{ |Z| > Z_{\frac{\alpha}{2}} \} = \{ |Z| > 1.96 \}.$$

而$|Z|=2.1>1.96$在拒绝域内，因此拒绝H_0，即认为该批网球不符合标准.

2)单边检验

在实际问题中，若关心总体均值是否显著变大，则需建立右边检验，即

$$H_0:\mu\leqslant\mu_0,\quad H_1:\mu>\mu_0.$$

借助检验统计量$Z=\dfrac{\bar{X}-\mu_0}{\sigma/\sqrt{n}}\sim N(0,1)$，寻找拒绝域，也就是接受$H_1$，因此可得拒绝域中样本均值应比$\mu_0$偏大，所以当$\bar{X}-\mu_0$的取值过大时，也就是$Z=\dfrac{\bar{X}-\mu_0}{\sigma/\sqrt{n}}$取值过大时，就拒绝原假设$H_0$，也即接受备择假设$H_1$. 这样就可得到这个右边检验的拒绝域的形式为

$$W=\{Z>C_0\},$$

其中C_0是待定常数. 对于给定的显著性水平α，选取C_0，使得

$$P\{Z>C_0|H_0\text{ 为真}\}=\alpha.$$

利用标准正态分布的上分位点定义，查附表1可以得到$C_0=Z_\alpha$，从而这个单边检验的拒绝域为

$$W=\{Z>Z_\alpha\}. \tag{8.5}$$

若$Z>Z_\alpha$，则拒绝原假设H_0，即认为总体均值显著大于μ_0；否则接受H_0，即不能认为总体均值显著大于μ_0.

同理可得，若关心总体均值是否显著变小，则建立左边检验，即

$$H_0:\mu\geqslant\mu_0,\quad H_1:\mu<\mu_0.$$

只有当检验统计量$Z=\dfrac{\bar{X}-\mu_0}{\sigma/\sqrt{n}}$的取值过小时，才能拒绝原假设$H_0$，而接受备择假设$H_1$，从而得到这个左边检验的拒绝域为

$$W=\{Z<C_0\},$$

其中C_0是待定常数. 对于给定的显著性水平α，选取C_0，使得

$$P\{Z<C_0|H_0\text{ 为真}\}=\alpha.$$

利用标准正态分布的上分位点定义，查附表1可以得到$C_0=Z_{1-\alpha}=-Z_\alpha$，从而这个单边检验的拒绝域为

$$W=\{Z<-Z_\alpha\}. \tag{8.6}$$

若$Z<-Z_\alpha$，则拒绝原假设H_0，即认为总体均值显著小于μ_0；否则接受H_0，即不能认为总体均值显著小于μ_0.

上述在总体方差σ^2已知时，总体均值μ的假设检验(无论是单边检验还是双边检验)统称为Z检验或U检验.

例8.3 某厂生产的灯泡的使用寿命服从正态分布$N(1\ 020,100^2)$. 现从最近生产的一批产品中随机抽取16个灯泡，测得样本平均寿命为1 080小时，试在显著性水平$\alpha=0.05$下判断这批产品的使用寿命是否有显著提高.

解 建立假设

$$H_0:\mu\leqslant 1\ 020,\quad H_1:\mu>1\ 020.$$

由于总体方差已知，$\sigma = 100$，因此做 Z 检验，有

$$Z=\frac{\bar{X}-\mu_0}{\sigma/\sqrt{n}}=\frac{1\ 080-1020}{100/\sqrt{16}}=2.4,$$

对于 $\alpha=0.05$，查附表 1 得标准正态分布的上 α 分位点 $Z_\alpha=Z_{0.05}=1.65$，则拒绝域为

$$W=\{Z>Z_\alpha\}=\{Z>1.65\}.$$

而 $Z=2.4>1.65$ 在拒绝域内，因此拒绝 H_0，即认为这批灯泡的使用寿命有明显提高.

2. t 检验

当总体方差 σ^2 未知时，总体均值 μ 的假设检验.

1）双边检验

先考虑双边检验，建立假设

$$H_0:\mu=\mu_0,\quad H_1:\mu\neq\mu_0,$$

其中 μ_0 是已知常数. 由于 σ^2 未知，$Z=\dfrac{\bar{X}-\mu_0}{\sigma/\sqrt{n}}$不再是统计量，由定理 6.5，构造检验统计量

$$t=\frac{\bar{X}-\mu_0}{S/\sqrt{n}},\tag{8.7}$$

当原假设 H_0 成立时，$t\sim t(n-1)$. 同样，当 $|\bar{X}-\mu_0|$ 的取值过大时，就拒绝原假设 H_0. 这样就可得到这个双边检验的拒绝域为

$$W=\{|\bar{X}-\mu_0|>C_0\},$$

变形即可得

$$W=\left\{\left|\frac{\bar{X}-\mu_0}{S/\sqrt{n}}\right|>C_1\right\}=\{|t|>C_1\},$$

其中 C_0 是待定常数，$C_1=\dfrac{C_0}{S/\sqrt{n}}$. 对于给定的显著性水平 α，选取 C_1，使得

$$P\{|t|>C_1|H_0\text{ 为真}\}=\alpha.$$

由 t 分布的上$\dfrac{\alpha}{2}$分位点的定义，可以得到 $C_1=t_{\frac{\alpha}{2}}(n-1)$. 所以这个双边检验的拒绝域为

$$W=\{|t|>t_{\frac{\alpha}{2}}(n-1)\}.\tag{8.8}$$

2）单边检验

同理可得左边检验和右边检验的拒绝域. 若关心总体均值是否显著变大，为右边检验问题，建立假设

$$H_0:\mu\leqslant\mu_0,\quad H_1:\mu>\mu_0,$$

则拒绝域为

$$W=\{t>t_\alpha(n-1)\}.\tag{8.9}$$

若关心总体均值是否显著变小，为左边检验问题，建立假设

$$H_0:\mu\geqslant\mu_0,\quad H_1:\mu<\mu_0,$$

则拒绝域为

$$W=\{t<-t_{\alpha}(n-1)\}. \tag{8.10}$$

上述在总体方差 σ^2 未知时,总体均值 μ 的假设检验(无论是单边检验还是双边检验)统称为 t 检验.

例 8.4 某机器制造出的肥皂厚度为 5 cm,假定制造出的肥皂厚度服从正态分布 $N(\mu,\sigma^2)$. 现欲了解该机器性能是否良好,随机抽取 9 块肥皂,测得平均厚度为 5.2 cm,标准差为 0.3 cm,在显著性水平为 0.01 下,试检验该机器是否性能良好.

解 建立假设

$$H_0:\mu=5,\quad H_1:\mu\neq 5.$$

由于总体方差 σ^2 未知,已知 $\bar{x}=5.2, s=0.3$,因此做 t 检验,有

$$t=\frac{\bar{X}-\mu_0}{S/\sqrt{n}}=\frac{5.2-5}{0.3/\sqrt{9}}=2,$$

对于 $\alpha=0.01$,查附表 3 得 t 分布的上 $\frac{\alpha}{2}$ 分位点 $t_{\frac{\alpha}{2}}(n-1)=t_{0.005}(8)=3.355$,则拒绝域为

$$W=\{|t|>t_{\frac{\alpha}{2}}(n-1)\}=\{|t|>3.355\}.$$

而 $|t|=2<3.355$ 不在拒绝域内,因此接受 H_0,即认为该机器性能良好.

例 8.5 根据某地环境保护的规定,倾入河流的废水中一种有毒化学物质的平均含量要低于 3 ppm. 已知废水中该有毒化学物质的含量 X 服从正态分布 $N(\mu,\sigma^2)$. 该地区环保组织对沿河一工厂进行检查,测定其每天倾入河流的废水中该有毒化学物质的含量,15 天的数据如下(单位为 ppm):

3.1, 3.2, 3.3, 2.9, 3.5, 3.4, 2.5, 4.3, 2.9, 3.6, 3.2, 3.0, 2.7, 3.5, 2.9.

在显著性水平 $\alpha=0.05$ 下,试判断该工厂的排放是否符合环保规定.

解 建立假设

$$H_0:\mu\geqslant 3,\quad H_1:\mu<3.$$

由于总体方差 σ^2 未知,已知 $\bar{x}=3.2, s^2=0.19$,因此做 t 检验,有

$$t=\frac{\bar{X}-\mu_0}{S/\sqrt{n}}=\frac{3.2-3}{\sqrt{0.17}/\sqrt{15}}=1.78,$$

对于 $\alpha=0.05$,查附表 3 得 t 分布的上 α 分位点 $t_{\alpha}(n-1)=t_{0.05}(14)=1.761$,则拒绝域为

$$W=\{t<-t_{\alpha}(n-1)\}=\{t<-1.761\}.$$

而 $t=1.78>-1.761$ 不在拒绝域内,因此接受 H_0,即认为该工厂排放不符合环保规定.

综上所述,对于正态总体均值 μ 的假设检验,若总体方差 σ^2 已知,用 Z 检验;若总体方差 σ^2 未知,用 t 检验.

8.2.2 总体方差 σ^2 的假设检验

我们只讨论当总体均值 μ 未知时,总体方差 σ^2 的假设检验. 设总体 $X\sim N(\mu,\sigma^2)$, $X_1, X_2,\cdots,X_n$ 为来自总体 X 的简单随机样本, $\bar{X}$ 是样本均值, S^2 是样本方差.

1. 双边检验

先考虑双边检验,建立假设

$$H_0:\sigma^2=\sigma_0^2,\quad H_1:\sigma^2\neq\sigma_0^2,$$

由于样本方差 S^2 是总体方差 σ^2 的无偏估计,由定理 6.4,构造检验统计量

$$\chi^2=\frac{(n-1)S^2}{\sigma_0^2}, \tag{8.11}$$

当原假设 H_0 成立时,$\chi^2\sim\chi^2(n-1)$,且$\frac{S^2}{\sigma_0^2}$的值应在 1 附近摆动,不应过分大或过分小. 因此,当原假设 H_0 成立时,检验统计量 χ^2 的取值也不能过大或过小. 如果 χ^2 的取值过大或过小,理应拒绝原假设 H_0. 故 σ^2 的双边检验的拒绝域为

$$W=\{\chi^2<C_1 \text{ 或 } \chi^2>C_2\},$$

其中 C_1,C_2 是待定常数. 对于给定的显著性水平 α,选取合适的 C_1,C_2,使得

$$P\{\chi^2<C_1 \text{ 或 } \chi^2>C_2 \mid H_0 \text{ 为真}\}=\alpha.$$

通常选取 C_1,C_2,满足

$$P\{\chi^2<C_1 \mid H_0 \text{ 为真}\}=P\{\chi^2>C_2 \mid H_0 \text{ 为真}\}=\frac{\alpha}{2}.$$

由 χ^2 分布的分位点的定义,可以得到 $C_1=\chi^2_{1-\frac{\alpha}{2}}(n-1)$,$C_2=\chi^2_{\frac{\alpha}{2}}(n-1)$,所以拒绝域为

$$W=\{\chi^2<\chi^2_{1-\frac{\alpha}{2}}(n-1) \text{ 或 } \chi^2>\chi^2_{\frac{\alpha}{2}}(n-1)\}. \tag{8.12}$$

2. 单边检验

对于右边检验问题,建立假设

$$H_0:\sigma^2\leqslant\sigma_0^2,\quad H_1:\sigma^2>\sigma_0^2,$$

只有当检验统计量 $\chi^2=\frac{(n-1)S^2}{\sigma_0^2}$ 的取值过大时,才有把握拒绝原假设 H_0,故拒绝域为

$$W=\{\chi^2>C_0\},$$

其中 C_0 是待定常数. 对于给定的显著性水平 α,选取 C_0,使得

$$P\{\chi^2>C_0 \mid H_0 \text{ 为真}\}=\alpha.$$

很容易得出 $C_0=\chi^2_\alpha(n-1)$,所以拒绝域为

$$W=\{\chi^2>\chi^2_\alpha(n-1)\}. \tag{8.13}$$

同理,对于左边假设检验,建立假设

$$H_0:\sigma^2\geqslant\sigma_0^2,\quad H_1:\sigma^2<\sigma_0^2,$$

求得其拒绝域为

$$W=\{\chi^2<\chi^2_{1-\alpha}(n-1)\}. \tag{8.14}$$

上述关于总体方差 σ^2 的假设检验(无论是单边检验还是双边检验)统称为 χ^2 检验,其中右边检验和左边检验分别关心的是方差是否有显著变大和显著变小两类问题.

例 8.6(续例 8.4) 某机器制造肥皂,按设计要求,该机器制造的肥皂每块厚度误差上下不超过 0.1 cm. 如果达到设计要求,表明机器稳定性非常好. 假定该机械制造出的肥皂厚度服从正态分布 $N(\mu,\sigma^2)$. 现欲了解该机器稳定性是否良好,随机抽取 9 块肥皂,测得标准差为 0.13 cm,在显著性水平为 0.05 下,试检验该机器是否稳定性良好.

解 建立假设

$$H_0:\sigma^2=0.1,\quad H_1:\sigma^2\neq 0.1.$$

由于总体均值μ未知,已知$s=0.13$,因此做χ^2检验,有

$$\chi^2=\frac{(n-1)S^2}{\sigma_0^2}=\frac{8\times 0.13^2}{0.1^2}=13.52.$$

对于$\alpha=0.05$,查附表2得χ^2分布的上$\frac{\alpha}{2}$和$1-\frac{\alpha}{2}$分位点分别为

$$\chi^2_{\frac{\alpha}{2}}(n-1)=\chi^2_{0.025}(8)=17.535,\quad \chi^2_{1-\frac{\alpha}{2}}(n-1)=\chi^2_{0.975}(8)=2.18,$$

则拒绝域为

$$W=\{\chi^2<\chi^2_{1-\frac{\alpha}{2}}(n-1)\text{或}\chi^2>\chi^2_{\frac{\alpha}{2}}(n-1)\}.$$

而$2.18<\chi^2=13.52<17.535$不在拒绝域内,因此接受H_0,即认为该机器稳定性良好.

对单个正态总体均值和方差的假设检验(显著性水平为α)进行汇总,见表8.2.

表8.2

参数	条件	H_0	H_1	检验统计量	拒绝域 W
μ的假设检验	σ^2已知	$\mu=\mu_0$	$\mu\neq\mu_0$	$Z=\frac{\bar{X}-\mu_0}{\sigma/\sqrt{n}}$	$\{\lvert Z\rvert>Z_{\frac{\alpha}{2}}\}$
		$\mu\leqslant\mu_0$	$\mu>\mu_0$		$\{Z>Z_\alpha\}$
		$\mu\geqslant\mu_0$	$\mu<\mu_0$		$\{Z<-Z_\alpha\}$
	σ^2未知	$\mu=\mu_0$	$\mu\neq\mu_0$	$t=\frac{\bar{X}-\mu_0}{S/\sqrt{n}}$	$\{\lvert t\rvert>t_{\frac{\alpha}{2}}(n-1)\}$
		$\mu\leqslant\mu_0$	$\mu>\mu_0$		$\{t>t_\alpha(n-1)\}$
		$\mu\geqslant\mu_0$	$\mu<\mu_0$		$\{t<-t_\alpha(n-1)\}$
σ^2的假设检验	μ未知	$\sigma^2=\sigma_0^2$	$\sigma^2\neq\sigma_0^2$	$\chi^2=\frac{(n-1)S^2}{\sigma_0^2}$	$\{\chi^2<\chi^2_{1-\frac{\alpha}{2}}(n-1)\text{或}\chi^2>\chi^2_{\frac{\alpha}{2}}(n-1)\}$
		$\sigma^2\leqslant\sigma_0^2$	$\sigma^2>\sigma_0^2$		$\{\chi^2>{\chi_\alpha}^2(n-1)\}$
		$\sigma^2\geqslant\sigma_0^2$	$\sigma^2<\sigma_0^2$		$\{\chi^2<\chi^2_{1-\alpha}(n-1)\}$

8.3 两个正态总体参数的假设检验

对于两个正态总体参数的假设检验,本节只讨论以下两种类型:两个正态总体均值差的假设检验和两个正态总体方差比的假设检验.具体方法类似于单个正态总体参数的假设检验.请读者理解性掌握.

设有两个正态总体$X\sim N(\mu_1,\sigma_1^2)$,$Y\sim N(\mu_2,\sigma_2^2)$,分别独立地抽取样本$X_1,X_2,\cdots,X_{n_1}$和$Y_1,Y_2,\cdots,Y_{n_2}$,得样本均值$\bar{X}$和$\bar{Y}$,样本方差$S_1^2$和$S_2^2$:

$$\bar{X}=\frac{1}{n_1}\sum_{i=1}^{n_1}X_i,\quad \bar{Y}=\frac{1}{n_2}\sum_{i=1}^{n_2}Y_i,$$

$$S_1^2=\frac{1}{n_1-1}\sum_{i=1}^{n_1}(X_i-\bar{X})^2,\quad S_2^2=\frac{1}{n_2-1}\sum_{i=1}^{n_2}(Y_i-\bar{Y})^2.$$

8.3.1　两个正态总体均值差的假设检验

1. Z 检验

当两个正态总体方差 σ_1^2 和 σ_2^2 都已知时,建立双边假设检验,检验两个总体的均值是否有显著差异,即

$$H_0:\mu_1=\mu_2,\quad H_1:\mu_1\neq\mu_2,$$

等价于

$$H_0:\mu_1-\mu_2=0,\quad H_1:\mu_1-\mu_2\neq 0.$$

由定理 6.6,构造检验统计量

$$Z=\frac{\bar{X}-\bar{Y}}{\sqrt{\frac{\sigma_1^2}{n_1}+\frac{\sigma_2^2}{n_2}}},\tag{8.15}$$

当原假设 H_0 成立时,$Z\sim N(0,1)$. 对于给定的显著性水平 α,有

$$P\{|Z|>Z_{\frac{\alpha}{2}}|H_0\text{ 为真}\}=\alpha,$$

因此拒绝域为

$$W=\{|Z|>Z_{\frac{\alpha}{2}}\}.\tag{8.16}$$

若 $|Z|>Z_{\frac{\alpha}{2}}$,则拒绝原假设 H_0,即认为 $\mu_1\neq\mu_2$,两个总体的均值有显著的差异;否则不拒绝 H_0,即认为两个总体的均值没有显著的差异.

右边假设检验用于检验第一个总体的均值是否显著大于第二个总体的均值,建立假设

$$H_0:\mu_1\leqslant\mu_2,\quad H_1:\mu_1>\mu_2,$$

等价于检验假设

$$H_0:\mu_1-\mu_2\leqslant 0,\quad H_1:\mu_1-\mu_2>0.$$

拒绝域为

$$W=\{Z>Z_\alpha\}.\tag{8.17}$$

若 $Z>Z_\alpha$,则拒绝原假设 H_0,即认为 $\mu_1>\mu_2$,第一个总体的均值显著大于第二个总体的均值;否则不拒绝 H_0,即认为第一个总体的均值不显著大于第二个总体的均值.

左边假设检验用于检验第一个总体的均值是否显著小于第二个总体的均值,建立假设

$$H_0:\mu_1\geqslant\mu_2,\quad H_1:\mu_1<\mu_2,$$

等价于检验假设

$$H_0:\mu_1-\mu_2\geqslant 0,\quad H_1:\mu_1-\mu_2<0.$$

拒绝域为

$$W=\{Z<-Z_\alpha\}.\tag{8.18}$$

若 $Z<-Z_\alpha$,则拒绝原假设 H_0,即认为 $\mu_1<\mu_2$,第一个总体的均值显著小于第二个总体的均值;否则不拒绝 H_0,即认为第一个总体的均值不显著大于第二个总体的均值.

上述在两个总体方差已知时,两个正态总体均值差的假设检验也称为 Z 检验或 U 检验.

2. t 检验

当 $\sigma_1^2=\sigma_2^2$ 且未知时，建立双边假设检验，检验两个总体的均值是否有显著差异，即

$$H_0:\mu_1=\mu_2,\quad H_1:\mu_1\neq\mu_2,$$

由定理6.7，构造检验统计量

$$t=\frac{\bar{X}-\bar{Y}}{S_w\sqrt{\frac{1}{n_1}+\frac{1}{n_2}}},\tag{8.19}$$

其中

$$S_w=\sqrt{\frac{(n_1-1)S_1^2+(n_2-1)S_2^2}{n_1+n_2-2}}.$$

当原假设 H_0 成立时，$t\sim t(n_1+n_2-2)$. 所以对于给定的显著性水平 α，有

$$P\{|t|>t_{\frac{\alpha}{2}}(n_1+n_2-2)|H_0\text{ 为真}\}=\alpha,$$

拒绝域为

$$W=\{|t|>t_{\frac{\alpha}{2}}(n_1+n_2-2)\}.\tag{8.20}$$

右边假设检验问题，建立假设

$$H_0:\mu_1\leqslant\mu_2,\quad H_1:\mu_1>\mu_2,$$

拒绝域为

$$W=\{t>t_\alpha(n_1+n_2-2)\}.\tag{8.21}$$

左边假设检验问题，建立假设

$$H_0:\mu_1\geqslant\mu_2,\quad H_1:\mu_1<\mu_2$$

拒绝域为

$$W=\{t<-t_\alpha(n_1+n_2-2)\}.\tag{8.22}$$

上述在两个总体方差未知但相等时，两个正态总体均值差的假设检验也称为 t 检验.

例 8.7 从两所学校同一年级中分别随机抽取 16 名学生参加评估考试. 第一个学校学生平均成绩为 74 分，标准差为 8 分；第二个学校学生平均成绩为 78 分，标准差为 7 分. 假定考试成绩服从正态分布，且两所学校总体学生成绩标准差相等，在显著性水平 $\alpha=0.05$ 下，试确定两所学校学生成绩是否有显著差异.

解 由已知可得 $\bar{x}=74,s_1=8;\bar{y}=78,s_2=7,n_1=n_2=16$，且两个总体方差相等且未知，因此进行 t 检验.

建立假设

$$H_0:\mu_1=\mu_2,\quad H_1:\mu_1\neq\mu_2,$$

构造检验统计量

$$t=\frac{\bar{X}-\bar{Y}}{S_w\sqrt{\frac{1}{n_1}+\frac{1}{n_2}}}=\frac{74-78}{7.52\times\sqrt{\frac{1}{16}+\frac{1}{16}}}=-1.504,$$

其中

$$S_w=\sqrt{\frac{(n_1-1)S_1^2+(n_2-1)S_2^2}{n_1+n_2-2}}=\sqrt{\frac{15\times8^2+15\times7^2}{16+16-2}}=7.52.$$

由显著性水平 $\alpha=0.05$,查附表 3 得

$$t_{\frac{\alpha}{2}}(n_1+n_2-2)=t_{0.025}(30)=2.042,$$

则拒绝域为

$$W=\{|t|>t_{\frac{\alpha}{2}}(n_1+n_2-2)\}=\{|t|>2.042\}.$$

由于$|t|=1.504<2.042$ 不在拒绝域内,因此接受 H_0,即认为两所学校学生成绩没有显著差异.

8.3.2　两个正态总体方差比的假设检验

我们仍然仅对 μ_1 和 μ_2 都未知这种最常用情形进行两个正态总体方差是否相等的假设检验.

建立双边假设检验,有

$$H_0:\sigma_1^2=\sigma_2^2,\quad H_1:\sigma_1^2\neq\sigma_2^2,$$

等价于

$$H_0:\frac{\sigma_1^2}{\sigma_2^2}=1,\quad H_1:\frac{\sigma_1^2}{\sigma_2^2}\neq 1.$$

由于 S_1^2,S_2^2 分别为 σ_1^2,σ_2^2 的无偏估计,故构造检验统计量

$$F=\frac{S_1^2}{S_2^2}. \tag{8.23}$$

当原假设 H_0 成立时,由定理6.8 知 $F\sim F(n_1-1,n_2-1)$,F 的值应在 1 附近随机波动.只有当 F 的值过大或过小时,才有很大把握拒绝原假设 H_0. 因此,拒绝域为

$$W=\{F<C_1 \text{ 或 } F>C_2\},$$

其中 C_1,C_2 是待定常数. 对于给定的显著性水平 α,选取合理的 C_1,C_2,使得

$$P\{F<C_1 \text{ 或 } F>C_2 | H_0 \text{ 为真}\}=\alpha.$$

通常选取 C_1,C_2,满足

$$P\{F<C_1|H_0 \text{ 为真}\}=P\{F>C_2|H_0 \text{ 为真}\}=\frac{\alpha}{2}.$$

由 F 分布的上分位点的定义,可得

$$C_1=F_{1-\frac{\alpha}{2}}(n_1-1,n_2-1),\quad C_2=F_{\frac{\alpha}{2}}(n_1-1,n_2-1).$$

因此,拒绝域为

$$W=\{F<F_{1-\frac{\alpha}{2}}(n_1-1,n_2-1) \text{或} F>F_{\frac{\alpha}{2}}(n_1-1,n_2-1)\}. \tag{8.24}$$

类似地,对于给定的显著性水平 α,进行右边假设检验,建立假设

$$H_0:\sigma_1^2\leqslant\sigma_2^2,\quad H_1:\sigma_1^2>\sigma_2^2,$$

其拒绝域为

$$W=\{F>F_{\alpha}(n_1-1,n_2-1)\}. \tag{8.25}$$

进行左边假设检验,建立假设

$$H_0:\sigma_1^2 \geqslant \sigma_2^2,\quad H_1:\sigma_1^2 < \sigma_2^2,$$

其拒绝域为

$$W=\{F<F_{1-\alpha}(n_1-1,n_2-1)\}=\left\{F<\frac{1}{F_\alpha(n_2-1,n_1-1)}\right\}. \tag{8.26}$$

一般地，当两个正态总体均值均未知时，两个正态总体的方差比的假设检验称为 F 检验.

对两个正态总体均值差和方差的假设检验（显著性水平为 α）进行汇总，见表 8.3.

表 8.3

	情形	H_0	H_1	检验统计量	拒绝域 W
均值差的假设检验	σ_1^2,σ_2^2 已知	$\mu_1=\mu_2$	$\mu_1\neq\mu_2$	$Z=\dfrac{\bar X-\bar Y}{\sqrt{\dfrac{\sigma_1^2}{n_1}+\dfrac{\sigma_2^2}{n_2}}}$	$\{\lvert Z\rvert>Z_{\frac{\alpha}{2}}\}$
		$\mu_1\leqslant\mu_2$	$\mu_1>\mu_2$		$\{Z>Z_\alpha\}$
		$\mu_1\geqslant\mu_2$	$\mu_1<\mu_2$		$\{Z<-Z_\alpha\}$
	$\sigma_1^2=\sigma_2^2$ 未知	$\mu_1=\mu_2$	$\mu_1\neq\mu_2$	$t=\dfrac{\bar X-\bar Y}{S_w\sqrt{\dfrac{1}{n_1}+\dfrac{1}{n_2}}}$	$\{\lvert t\rvert>t_{\frac{\alpha}{2}}(n_1+n_2-2)\}$
		$\mu_1\leqslant\mu_2$	$\mu_1>\mu_2$		$\{t>t_\alpha(n_1+n_2-2)\}$
		$\mu_1\geqslant\mu_2$	$\mu_1<\mu_2$		$\{t<-t_\alpha(n_1+n_2-2)\}$
方差比的假设检验	μ_1,μ_2 未知	$\sigma_1^2=\sigma_2^2$	$\sigma_1^2\neq\sigma_2^2$	$F=\dfrac{S_1^2}{S_2^2}$	$\{F<F_{1-\frac{\alpha}{2}}(n_1-1,n_2-1)$ 或 $F>F_{\frac{\alpha}{2}}(n_1-1,n_2-1)\}$
		$\sigma_1^2\leqslant\sigma_2^2$	$\sigma_1^2>\sigma_2^2$		$\{F>F_\alpha(n_1-1,n_2-1)\}$
		$\sigma_1^2\geqslant\sigma_2^2$	$\sigma_1^2<\sigma_2^2$		$\{F<F_{1-\alpha}(n_1-1,n_2-1)\}$

例 8.8（续例 8.7） 从两所学校同一年级中分别随机抽取 16 名学生参加评估考试. 第一个学校学生成绩标准差为 8 分，第二个学校学生成绩标准差为 7 分. 假定考试成绩服从正态分布，在显著性水平 $\alpha=0.05$ 下，试确定两所学校学生成绩标准差是否有显著差异.

解 由已知可得 $s_1=8,s_2=7,n_1=n_2=16$，由于总体均值均未知，因此进行 F 检验，建立假设

$$H_0:\sigma_1^2=\sigma_2^2,\quad H_1:\sigma_1^2\neq\sigma_2^2$$

构造检验统计量

$$F=\frac{S_1^2}{S_2^2}=\frac{8^2}{7^2}=1.306,$$

由显著性水平 $\alpha=0.05$，查附表 4 得

$$F_{\frac{\alpha}{2}}(n_1-1,n_2-1)=F_{0.025}(15,15)=2.86,$$

$$F_{1-\frac{\alpha}{2}}(n_1-1,n_2-1)=\frac{1}{F_{0.025}(15,15)}=0.349,$$

则拒绝域为

$$W=\{F<F_{1-\frac{\alpha}{2}}(n_1-1,n_2-1)\text{或}F>F_{\frac{\alpha}{2}}(n_1-1,n_2-1)\}=\{F<0.349\text{或}F>2.86\}.$$

由于 $0.349 < F = 1.306 < 2.86$ 不在拒绝域内，因此接受 H_0，即认为两所学校学生成绩标准差没有显著差异.

习题 8

A 组

8.1　某厂生产一种螺丝钉，标准长度要求是 68 mm，实际生产产品的长度服从正态分布 $N(\mu, 3.6^2)$，为检验某批螺丝钉是否符合标准，随机抽取 9 个样本，其长度均值 $\bar{x} = 66.7$ mm. 试确定在显著性水平 $\alpha = 0.05$ 下，该批螺丝钉是否符合标准.

8.2　假设某批矿砂平均含镍量为 3.25%，从中随机抽取 5 个样本，经测定含镍量(%)分别为

$$3.24, 3.26, 3.25, 3.27, 3.24.$$

设含镍量服从正态分布 $N(\mu, \sigma^2)$，试确定在显著性水平 $\alpha = 0.01$ 下能否接受该假设.

8.3　根据资料，使用某种旧安眠药时，平均睡眠时间为 20.8 h，标准差为 1.6 h. 有一种新安眠药，据说在一定剂量下，能比旧安眠药平均增加睡眠时间 3 h. 为了检验这个说法是否正确，收集到一组使用新安眠药的睡眠时间(单位：h)为 26.7, 22.0, 24.1, 21.0, 27.2, 25.0, 23.4. 试确定这组数据能否说明新安眠药已达到药效(假定睡眠时间服从正态分布，$\alpha = 0.05$).

8.4　从某次英语联考中随机抽取 20 份试卷，其平均分为 67.5 分，标准差为 4.5 分，根据历年资料显示，英语联考成绩服从正态分布，去年英语联考的平均分为 65 分. 试确定在显著性水平为 0.05 下，今年英语联考成绩与去年相比是否有显著下降.

8.5　某厂生产的零件，由于使用磨损而导致使用寿命减损，并测得其寿命长期服从方差 $\sigma^2 = 2\,500\ \mathrm{h}^2$ 的正态分布. 现有一批该零件，由于生产环境的因素影响，其寿命可能波动，先从该批零件中随机抽取 16 件，测得其寿命的样本方差 $s^2 = 4\,200\ \mathrm{h}^2$. 试问确定在显著性水平 $\alpha = 0.01$ 下，该批零件寿命是否有显著增加.

8.6　原有一台仪器测量电阻值时，相应误差 $X \sim N(\mu, 0.06)$，现有一台新仪器，对一个电阻测量 10 次，所得电阻值为

$$1.101, 1.103, 1.105, 1.098, 1.099, 1.101, 1.105, 1.104, 1.100, 1.095.$$

试确定在显著性水平 $\alpha = 0.05$ 下，新仪器的精度是否有所提高.

8.7　对于机器自动包装食盐，设每袋食盐的净重服从正态分布，规定每袋食盐的标准净重为 500 g，符合此标准视为正常工作，标准差不超过 10g 认为机器工作稳定. 某天开工，为检查机器是否正常以及其稳定性，从已经包装好的食盐中随机抽取 9 袋，测其净重(g)为：

$$497, 507, 510, 475, 484, 488, 524, 491, 515.$$

试确定：(1)这天自动包装机是否正常工作；

(2)这天自动包装机稳定性是否有显著变化.($\alpha = 0.05$)

8.8　已知某物体用精确方法测得其温度真值是 1 271 ℃，现用某台仪器间接测量该物

体温度,得 5 个数据为

1 250,1 265,1 245,1 270,1 265.

设该物体温度服从正态分布,试确定这台仪器是否存在系统误差($\alpha=0.05$).

8.9 按工厂要求,每组工人平均每天至少要加工 100 个零件,标准差不得超过 5 个. 今年年终考核按组发放奖金,随机抽取一组 9 个工人,当天加工零件数为 102,106,98,101,103,94,105,99,103. 试确定在显著性水平 $\alpha=0.05$ 下,该组工人能否拿到奖金.

8.10 为了提高振动板的硬度,热处理车间选择两种淬火温度 T_1 和 T_2 进行试验,分别抽取 8 组样本,测得振动板的硬度数据在 T_1 温度下的平均硬度 $\bar{x}=85.7$,标准差 $s_1^2=0.035$;在 T_2 温度下的平均硬度 $\bar{x}=86$,标准差 $s_2^2=0.08$. 设两种淬火温度下振动板的硬度都服从正态分布,试检验在显著性水平为 0.05 下两种淬火温度对振动板硬度是否有显著影响.

B 组

一、选择题

8.11 在假设检验中,显著性水平 α 用来控制( ).

A. H_0 为真,经检验拒绝 H_0 的概率

B. H_0 为真,经检验接受 H_0 的概率

C. H_0 为不真,经检验拒绝 H_0 的概率

D. H_0 为不真,经检验接受 H_0 的概率

8.12 设总体 $X\sim N(\mu,\sigma^2)$,σ^2 未知,$X_1,X_2,\cdots,X_n$ 为其样本,检验假设 $H_0:\mu=\mu_0$,要用统计量( ).

A. $\dfrac{\bar{X}-\mu}{\sigma/\sqrt{n}}\sim N(0,1)$　　B. $\dfrac{\bar{X}-\mu}{S/\sqrt{n}}\sim t(n-1)$

C. $\dfrac{\sigma/\sqrt{n}}{\bar{X}}\sim N(0,1)$　　D. $\dfrac{\bar{X}-\mu}{S}\sim t(n-1)$

8.13 假设 $H_0:\mu=\mu_0,H_1:\mu\neq\mu_0$,采用 t 检验法,则拒绝域为( ).

A. $\dfrac{\bar{X}-\mu_0}{S/\sqrt{n}}>t_\alpha(n-1)$

B. $-t_{\frac{\alpha}{2}}(n-1)<\dfrac{\bar{X}-\mu_0}{S/\sqrt{n}}<t_{\frac{\alpha}{2}}(n-1)$

C. $\dfrac{\bar{X}-\mu_0}{S/\sqrt{n}}<-t_\alpha(n-1)$

D. $t_{\frac{\alpha}{2}}(n-1)<\dfrac{\bar{X}-\mu_0}{S/\sqrt{n}}$或$\dfrac{\bar{X}-\mu_0}{S/\sqrt{n}}<-t_{\frac{\alpha}{2}}(n-1)$

二、填空题

8.14 设总体 $X\sim N(\mu,\sigma^2)$,$X_1,X_2,\cdots,X_n$ 是来自总体 X 的简单随机样本,其中参数 μ,σ^2 未知. 记 $\bar{X}=\dfrac{1}{n}\sum\limits_{i=1}^{n}X_i$,$Q^2=\sum\limits_{i=1}^{n}(X_i-\bar{X})^2$,则假设 $H_0:\mu=0$ 的 t 检验统计量为________.

8.15　若取显著性水平为 α，且 $X_1,X_2,\cdots,X_n$ 是来自总体 $X\sim N(\mu,\sigma^2)$ 的简单随机样本，其中参数 μ,σ^2 未知，则假设 $H_0:\sigma^2\leqslant\sigma_0^2,H_1:\sigma^2>\sigma_0^2$ 的拒绝域为________.

三、计算题

8.16　设 $X_1,X_2,\cdots,X_{25}$ 是取自正态总体 $N(\mu,4)$ 的样本，其中 μ 为未知参数，如果对检验问题 $H_0:\mu=1,H_1:\mu=2.5$，取检验拒绝域为 $W=\{\bar{X}>2\}$，其中 $\bar{X}$ 为样本均值.

(1)当 $n=9$ 时，求犯两类错误的概率 α 和 β；

(2)证明当 $n\to+\infty$ 时，$\alpha\to 0$.

8.17　某苗圃采用两种方法做育苗试验，已知苗高服从正态分布，标准差分别为 $\sigma_1=20$ cm，$\sigma_2=18$ cm. 现各抽取 66 株，算得平均苗高分别为 $\bar{x}_1=59.34$ cm，$\bar{x}_2=49.16$ cm，试在显著性水平 $\alpha=0.05$ 下，检验两种育苗方案对苗高是否有显著影响.

8.18　甲、乙两车间生产同一型号球体零件，已知其直径服从正态分布，现分别从两车间抽取 9 件零件，测得甲车间零件直径的样本方差为 $s_1^2=0.0957$，乙车间零件直径的样本方差 $s_2^2=0.0263$. 试确定在显著性水平 $\alpha=0.05$ 下，甲、乙车间零件直径的方差是否有显著差异.

“假设检验”数学史

对近代意义下的假设检验，就其理论体系的建立来说，始于奈曼和爱根 · 皮尔逊在 20 世纪 20—30 年代的工作；就其实用层面来说，则由卡尔 · 皮尔逊和费歇尔两位大师所主导. 卡尔 · 皮尔逊于 1900 年在《哲学杂志》上发表了一篇被认为是假设检验的开山之作，卡尔 · 皮尔逊引进了一个刻画其偏差的量记作卡方统计量. 随后，奈曼、Student 和费歇尔等的工作也标志着统计学告别以描述性为主要特征的时代，而全面进入以严格的概率方法为基础的推断时代.

爱根 · 皮尔逊与奈曼二人合作建立了假设检验理论，两人也因这项成就而载入 20 世纪统计学发展的史册. 对奈曼而言，除此项成就外，另一项广为人知的有基本意义的成就是在 20 世纪 30 年代建立了置信区间理论. 他们二人的合作大体上可分成两个阶段，以 1930 年初为界，前期起主导作用的是爱根 · 皮尔逊，而后期则是奈曼. 特别是，最初提出这个问题的是爱根 · 皮尔逊. 1926 年末，爱根 · 皮尔逊把在心中酝酿已久的想法写信告诉奈曼，这是两人合作的第一篇文章的大纲，其中包括两类错误、控制第一类错误的原则、备择假设以及似然比，此文于 1928 年发表在《生物计量》杂志上. 费歇尔关于假设检验的主要著作包括 3 篇论文：《回归公式的拟合优度及回归系数的分布》(1922 年)、《关于一个引出若干周知统计量的误差函数的分布》(1924 年)及《Student 分布的应用》(1925 年). 在这些奠基性工作中，费歇尔创立了在实用中常用的基于 t 分布和 F 分布的检验. 费歇尔还于 1925 年发表《研究工作者用的统计方法》，其中有好几章的内容与假设检验有关，包括拟合优度检验、均值和回归系数的显著性检验、方差分析及其应用等，主要通过数字实例来演示统计方法的使用；于 1936 年发表《试验设计》，其中阐述了他的显著性检验的思想，提出了有关设计试验和进行显著性检验的一些基本原则，解释了零假设、枢轴量和拒绝域的含义，尽管当时没有进行相应的命名.

爱根·皮尔逊(Egon Pearson,1895—1980年)的经历比较简单,年轻时即追随其父卡尔·皮尔逊学习和研究统计学.1925年秋,奈曼到大学学院参加卡尔·皮尔逊主持的研究生班,爱根·皮尔逊在班上协助其父进行辅导,1933年卡尔·皮尔逊退休,并将其职务一分为二,爱根·皮尔逊接替了其父统计系主任的工作直至退休.

据说爱根·皮尔逊为人性格比较内向,不善与人交往.在当时统计学界中,唯有Student与他保持良好的关系.他1926年开始与Student通信,书信往来一直到Student去世的1937年,他很珍视这份友谊.去世前两年他还在编辑与Student的往来信件,共百余封,其中包含了不少这段时期有关统计学的珍贵史料.

比起爱根·皮尔逊,奈曼(1894—1981年)的经历就显得复杂多样了.他1894年出生在俄国临近罗马尼亚的杰宾里,1912年举家迁至哈尔科夫,当年进入哈尔科夫大学学习数学和物理.在这里发生了一件对他一生有重大影响的事件,即他听了当时著名概率学者伯恩斯坦的讲课.他在年轻时即对纯数学有了强烈的兴趣并有很高的素养,这与伯恩斯坦等名师的熏陶有关,也对他日后研究数理统计学的风格留下了印记.

1921年,他因第一次世界大战后的《里加条约》,作为交换移民随家迁往波兰,到波兰后,奈曼到彼得奇什的国立农业学院申请工作,任高级统计助理,这是他统计生涯的开始.1925年得到政府资助去卡尔·皮尔逊那里深造.在这期间,经Student介绍,他于1926年7月见到了费歇尔.他在卡尔·皮尔逊那里呆了一年,于1926年秋因洛克菲勒基金的资助,在巴黎进修了一年.据说他离开大学学院的原因是对那里的统计学表示失望,认为没有多少数学.由此看来,他这种重视统计学中数学严格性的观点是早已形成并终其一生一以贯之的.在巴黎期间,他听过勒维、勒贝格和波莱尔等大师的讲课,对他影响很大.20世纪30年代后期的美国统计学与英国相比,尚属"第三世界"的性质.美国加州伯克利大学当时的数学系主任埃文斯是一个很重视应用数学的人,也了解统计学的重要性,因此学校在他的建议下着手从英国引进一位统计界重量级人物来加入数学系,当时考虑了包括费歇尔及其弟子在内的一些人,最后眼光锁定在奈曼身上.其中除其他一些因素外,奈曼关于在统计学中坚持严谨数学的主张起了一定的作用,因为埃文斯主张严谨的统计学是数学的一个组成部分.

奈曼不负众望,他大力抓人才队伍建设.据说有一个时期,统计实验室的研究生数目占到全部研究生数目的将近一半,在他周围集结了一批新秀,其中有勒康、莱曼、斯坦因、勃莱克威尔和歇菲等后来成为美国统计界重量级的人物.自1945年开始,奈曼主持了多届伯克利国际概率统计讨论会,对推动国际统计学的研究和国际统计学术交流起了重大的作用.

数学家们热爱数学、沉迷数学,才有了如今的辉煌.当代青年应当多思考、多动脑、多创新,努力让这份辉煌传承下去.

像奈曼这样的统计学家,他们热爱研究、把握机会、沉迷知识,促成了学科发展,才有了今天我们所学的系统的知识体系,他们有理想、能吃苦、敢创新、肯奋斗的精神永远值得我们当代人去学习和传颂.这样的精神同样体现在我国的科学家身上,如钱学森、袁隆平等.在他们的伟大贡献下,我们的祖国实现了一步步的科技进步.党的二十大报告指出,当代中国青年生逢其时,施展才干的舞台无比广阔,实现梦想的前景无比光明.广大青年要坚定不移听党话、跟党走,既怀抱梦想又脚踏实地,既敢想敢为又善作善成,立志做有理想、敢担当、能吃苦、肯奋斗的新时代好青年,让青春在全面建设社会主义现代化国家的火热实践中绽放绚丽之花.

本章总结视频

本章测试题

* 第 9 章　回归分析与线性模型

9.1　引言

回归分析是数理统计学的一个重要分支,它的任务是研究变量之间的相互关系、建立变量之间的经验公式,以便达到预测和控制的目的.

线性模型是数理统计学中一种应用十分广泛的模型,线性回归分析、方差分析、试验设计后的数据分析等都可以归结为线性模型.

9.1.1　变量之间的相互关系

变量之间如果不是毫无关系,那么它们之间的关系可以分为两种类型:确定性关系(或称函数关系)与相关关系.

确定性关系是指某些变量值确定以后,另一些变量就可以完全被确定的关系. 例如,电压 U、电阻 R、电流 I 之间有关系式 $I=\frac{U}{R}$,其中变量 I 的值被变量 R 和 U 的值完全确定,I 与 R 和 U 的关系就是确定性关系.

相关关系是指一些变量的值确定以后,另一些变量的值并不能完全确定,但与前者有某种联系. 例如,一个人的身高与体重的关系,一个人身高越高,体重一般也越重,但身高与体重之间并不是严格的函数关系,有些人个子不高,但很重,也有些人个子很高,但体重不太重. 如果记身高为 x,体重为 Y,则我们可以用如下的数学表达式表示它们之间的关系:

$$Y=a+bx+\varepsilon,$$

其中 ε 是一个随机项,此式说明身高越高,体重也应越大,但可能有随机摆动 ε. 类似地,一个随机变量 Y 对多个变量 $x_1,x_2,\cdots,x_p$ 的相关关系一般写作

$$Y=f(x_1,x_2,\cdots,x_p)+\varepsilon,$$

这里 f 是确定性函数,ε 是期望为零的随机变量.

9.1.2　回归分析

统计学中回归分析的任务就是要研究随机变量 Y 与变量 $x_1,x_2,\cdots,x_p$ 之间的关系:

(1)是否有相关关系,即 $x_1,x_2,\cdots,x_p$ 的值确定以后,Y 的值是否在某个确定的范围内;

(2)若有相关关系,如何找出适当的函数 $f(x_1,x_2,\cdots,x_p)$,使得

$$Y=f(x_1,x_2,\cdots,x_p)+\varepsilon, \tag{9.1}$$

其中 ε 在某种意义下很小;

(3)如果式(9.1)中 ε 的方差很小,则有

$$y \approx f(x_1, x_2, \cdots, x_p),$$

称此式为回归关系式或经验公式,它可以用于预测和控制.

所谓预测,是指当 $x_1, x_2, \cdots, x_p$ 取值为 $x_1^0, x_2^0, \cdots, x_p^0$ 时,求相应的 Y 大约是多少. 例如通过分析知道人的身高与体重之间有回归关系式 $Y \approx a + bx$,现已知某人身高为 x^0,那么就可知此人体重大约为 $a + bx^0$.

如果变量 $x_1, x_2, \cdots, x_p$ 是可以控制取值的,而 Y 不能直接控制,Y 与 $x_1, x_2, \cdots, x_p$ 之间有回归关系式 $Y \approx f(x_1, x_2, \cdots, x_p)$,所谓控制是指如果要控制 Y 在区间 (A, B) 内,则可以利用 $Y \approx f(x_1, x_2, \cdots, x_p)$ 的关系通过控制 $x_1, x_2, \cdots, x_p$ 来实现. 例如通过分析知道,在对某种产品表面进行腐蚀刻线时,腐蚀时间 x 与腐蚀深度 Y 之间有回归关系 $Y \approx a + bx$. 现在要控制腐蚀深度 Y 在区间 (A, B) 内,则可通过控制腐蚀时间 x 来实现.

回归分析就是寻找相关关系变量之间的数学表达式,并进行统计推断的一种数学方法,即通过一个变量或几个变量的取值去估计另一个变量的取值. 在这种相关关系中最简单的是线性回归.

9.2　一元线性回归

9.2.1　问题的提出

假设随机变量 Y 与普通变量 x 之间存在某种相关关系,变量 x 是可以控制或可以精确观测的,例如人的身高、试验时的温度、施加的压力、电压与时间等. 给定 $x_i (i = 1, 2, \cdots, n)$,通过观测或试验得到 Y 的试验值 y_i,即得到 n 对数据 $(x_1, y_1), (x_2, y_2), \cdots, (x_n, y_n)$. 在此基础上,如何获得 Y 对 x 的经验公式呢? 下面先看一个例子.

例 9.1　测量 16 名成年女子的身高与腿长,所得数据见表 9.1.

表 9.1　　cm

身高 x	143	145	146	147	149	150	153	154
腿长 y	88	85	88	91	92	93	93	95
身高 x	155	156	157	158	159	160	162	164
腿长 y	96	98	97	96	98	99	100	102

我们以 (x, y) 为坐标把这个 16 对数据画到平面直角坐标系内(图 9.1),称这样的图为散点图.

从图 9.1 可以看出,这些点大体上散布在某条直线周围,这说明腿长 y 与身高 x 之间大致呈线性关系 $y \approx a + bx$. 因此,就想到如何取 a, b,才能使直线 $y = a + bx$ 最接近图中的 16 个点.

9.2.2　最小二乘估计

设随机变量 Y 与普通变量 x 之间存在的相关关系为

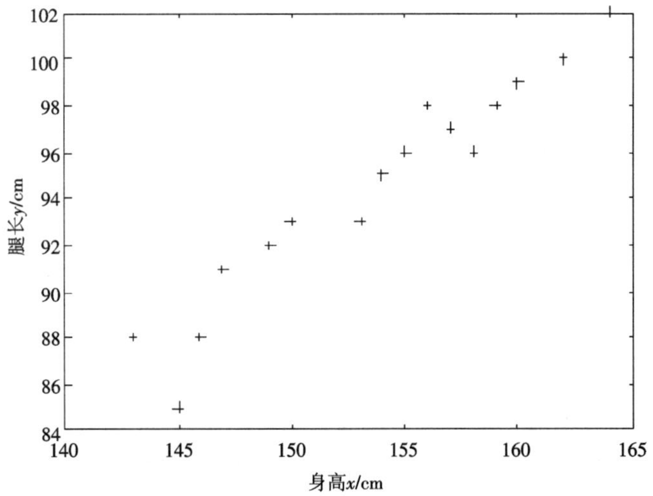

图9.1

$$Y = a + bx + \varepsilon, \tag{9.2}$$

其中 ε 是随机项,$\varepsilon \sim N(0,\sigma^2)$.

为了衡量一条直线 $y = a + bx$ 与 n 个点$(x_1,y_1),(x_2,y_2),\cdots,(x_n,y_n)$的接近程度,可用

$$Q(a,b) = \sum_{i=1}^{n} [y_i - (a + bx_i)]^2 \tag{9.3}$$

的大小来刻画. 它是直线与各散点在垂直方向(纵轴方向)上的距离的平方和. $Q(a,b)$越小,则直线 $y = a + bx$ 越靠近所给的 n 个点. 因此,只要取 $\hat{a},\hat{b}$ 使

$$Q(\hat{a},\hat{b}) = \min_{a,b} Q(a,b), \tag{9.4}$$

则直线与散点可以很靠近. 用这样的方法来确定 a,b,统称最小二乘法,意思是使平方和最小的参数估计方法. 这样得到的 $\hat{a},\hat{b}$ 称为 a,b 的最小二乘估计.

定理 9.1 对 n 对数值$(x_1,y_1),(x_2,y_2),\cdots,(x_n,y_n)$,如果 $x_1,x_2,,\cdots,x_n$ 不全相等,则 a,b 的最小二乘估计值为

$$\hat{a} = \bar{y} - \hat{b}\bar{x}, \quad \hat{b} = \frac{\sum_{i=1}^{n} (x_i - \bar{x})(y_i - \bar{y})}{\sum_{i=1}^{n} (x_i - \bar{x})^2}, \tag{9.5}$$

其中 $\bar{x} = \frac{1}{n}\sum_{i=1}^{n} x_i, \bar{y} = \frac{1}{n}\sum_{i=1}^{n} y_i$.

证明 由式(9.4),求 a,b 的最小二乘估计在数学上可归结为求二元函数 $Q(a,b)$的最小值问题. 根据微分学知识,将 $Q(a,b)$分别对 a,b 求偏导数,并令它们等于零,得到方程组

$$\begin{cases} \dfrac{\partial Q(a,b)}{\partial a} = 0, \\ \dfrac{\partial Q(a,b)}{\partial b} = 0, \end{cases}$$

即

$$\begin{cases}\dfrac{\partial Q(a,b)}{\partial a}=-2\sum\limits_{i=1}^{n}(y_i-a-bx_i)=0,\\ \dfrac{\partial Q(a,b)}{\partial b}=-2\sum\limits_{i=1}^{n}(y_i-a-bx_i)x_i=0,\end{cases}$$

得到关于未知参数 a,b 的方程组

$$\begin{cases}na+(\sum\limits_{i=1}^{n}x_i)b=\sum\limits_{i=1}^{n}y_i,\\ (\sum\limits_{i=1}^{n}x_i)a+(\sum\limits_{i=1}^{n}x_i^2)b=\sum\limits_{i=1}^{n}x_iy_i.\end{cases}\tag{9.6}$$

式(9.6)称为正规方程组.

由于 x_i 不全相等,正规方程组的系数行列式为

$$\begin{vmatrix} n & \sum\limits_{i=1}^{n}x_i\\ \sum\limits_{i=1}^{n}x_i & \sum\limits_{i=1}^{n}x_i^2\end{vmatrix}=n\sum_{i=1}^{n}x_i^2-(\sum_{i=1}^{n}x_i)^2=n\sum_{i=1}^{n}(x_i-\bar{x})^2\neq 0,$$

故方程组(9.6)有唯一的一组解,可解得 b,a 的最小二乘估计值为

$$\hat{b}=\frac{n\sum\limits_{i=1}^{n}x_iy_i-(\sum\limits_{i=1}^{n}x_i)(\sum\limits_{i=1}^{n}y_i)}{n\sum\limits_{i=1}^{n}x_i{}^2-(\sum\limits_{i=1}^{n}x_i)^2}=\frac{\sum\limits_{i=1}^{n}(x_i-\bar{x})(y_i-\bar{y})}{\sum\limits_{i=1}^{n}(x_i-\bar{x})^2},$$

$$\hat{a}=\frac{1}{n}\sum_{i=1}^{n}y_i-\frac{\hat{b}}{n}\sum_{i=1}^{n}x_i=\bar{y}-\hat{b}\bar{x},$$

其中 $\bar{x}=\dfrac{1}{n}\sum\limits_{i=1}^{n}x_i,\bar{y}=\dfrac{1}{n}\sum\limits_{i=1}^{n}y_i$.

可以证明,当 $\varepsilon\sim N(0,\sigma^2)$ 时,式(9.5)给出的 $\hat{a},\hat{b}$ 也是 a,b 的最大似然估计值.请读者自行证明.

为了计算上的方便,我们引入下述记号:

$$\begin{cases}l_{xx}=\sum\limits_{i=1}^{n}(x_i-\bar{x})^2=\sum\limits_{i=1}^{n}x_i^2-\dfrac{1}{n}(\sum\limits_{i=1}^{n}x_i)^2,\\ l_{yy}=\sum\limits_{i=1}^{n}(y_i-\bar{y})^2=\sum\limits_{i=1}^{n}y_i^2-\dfrac{1}{n}(\sum\limits_{i=1}^{n}y_i)^2,\\ l_{xy}=\sum\limits_{i=1}^{n}(x_i-\bar{x})(y_i-\bar{y})=\sum\limits_{i=1}^{n}x_iy_i-\dfrac{1}{n}(\sum\limits_{i=1}^{n}x_i)(\sum\limits_{i=1}^{n}y_i).\end{cases}\tag{9.7}$$

这样 a,b 的最小二乘估计值可写成

$$\hat{b}=\frac{l_{xy}}{l_{xx}},\quad \hat{a}=\bar{y}-\hat{b}\bar{x}.\tag{9.8}$$

称

$$\hat{y}=\hat{a}+\hat{b}x \tag{9.9}$$

为随机变量 Y 关于 x 的线性回归方程，简称回归方程. 由回归方程决定的直线称为回归直线. 在符号 y 上加"尖"记号是为了区别于 y 的实际值. $\hat{y}$ 称作对应于 x 的回归值.

可证：

$$E(\hat{a})=a;\quad E(\hat{b})=b;\quad D(\hat{b})=\frac{\sigma^2}{l_{xx}}. \tag{9.10}$$

读者可以作为练习，进行证明.

例 9.2（续例 9.1） 求 Y 关于 x 的线性回归方程.

解 现在 $n=16$，经计算得到表 9.2.

表 9.2

编号	x	y	x^2	y^2	xy
1	143	88	20 449	7 744	12 584
2	145	85	21 025	7 225	12 325
3	146	88	21 316	7 744	12 848
4	147	91	21 609	8 281	13 377
5	149	92	22 201	8 464	13 708
6	150	93	22 500	8 649	13 950
7	153	93	23 409	8 649	14 229
8	154	95	23 716	9 025	14 630
9	155	96	24 025	9 216	14 880
10	156	98	24 336	9 604	15 288
11	157	97	24 649	9 409	15 229
12	158	96	24 964	9 216	15 168
13	159	98	25 281	9 604	15 582
14	160	99	25 600	9 801	15 840
15	162	100	26 244	10 000	16 200
16	164	102	26 896	10 404	16 728
Σ	2 458	1 511	378 220	143 035	232 566

由式(9.7)，得

$$l_{xx}=378\ 220-\frac{1}{16}\times 2\ 458^2=609.75,$$

$$l_{xy}=232\ 566-\frac{1}{16}\times 2\ 458\times 1\ 511=438.625.$$

故由式(9.8)得到

$$\hat{b}=\frac{l_{xy}}{l_{xx}}=0.719\ 4,$$

$$\hat{a}=\frac{1}{16}\times 1\,511-0.719\,4\times\frac{1}{16}\times 2\,458=-16.080\,3.$$

于是得到 Y 关于 x 的线性回归方程为

$$\hat{y}=-16.080\,3+0.719\,4x.$$

对于随机变量 Y,其观测值 y_i 与其回归值 $\hat{y}_i=\hat{a}+\hat{b}x_i$ 的差 $y_i-\hat{y}_i$ 称为在 x_i 处的残差. 所有残差的平方和 $\sum\limits_{i=1}^{n}(y_i-\hat{y}_i)^2$ 称为残差平方和(或剩余平方和),记为 Q_e,即

$$Q_e=\sum_{i=1}^{n}(y_i-\hat{y}_i)^2. \tag{9.11}$$

由式(9.9),注意到

$$\hat{y}_i=\hat{a}+\hat{b}x_i=\bar{y}+\hat{b}(x_i-\bar{x}), \tag{9.12}$$

故

$$\begin{aligned}Q_e&=\sum_{i=1}^{n}(y_i-\hat{y}_i)^2=\sum_{i=1}^{n}[y_i-\bar{y}-\hat{b}(x_i-\bar{x})]^2\\&=\sum_{i=1}^{n}(y_i-\bar{y})^2-2\hat{b}\sum_{i=1}^{n}(x_i-\bar{x})(y_i-\bar{y})+\hat{b}^2\sum_{i=1}^{n}(x_i-\bar{x})^2\\&=l_{yy}-2\hat{b}l_{xy}+\hat{b}^2l_{xx}.\end{aligned} \tag{9.13}$$

利用式(9.8),可以得到对残差平方和 Q_e 的两种分解形式为

$$Q_e=l_{yy}-\hat{b}l_{xy}, \tag{9.14}$$

或

$$Q_e=l_{yy}-\hat{b}^2l_{xx}. \tag{9.15}$$

这两个式子都便于实际中的计算. 如果将 y_i 换成 Y_i,则相应得到的统计量仍记为 Q_e. 下面讨论 Q_e 的期望,从而得到 σ^2 的估计.

一方面,

$$\begin{aligned}E(l_{yy})&=E\Big[\sum_{i=1}^{n}(Y_i-\bar{Y})^2\Big]=\sum_{i=1}^{n}E(Y_i)^2-nE(\bar{Y}^2)\\&=\sum_{i=1}^{n}\{D(Y_i)+[E(Y_i)]^2\}-n\{D(\bar{Y})+[E(\bar{Y})]^2\}\\&=\sum_{i=1}^{n}[\sigma^2+(a+bx_i)^2]-n\Big[\frac{\sigma^2}{n}+(a+b\bar{x})^2\Big]\\&=(n-1)\sigma^2+b^2\Big(\sum_{i=1}^{n}x_i^2-n\bar{x}^2\Big)\\&=(n-1)\sigma^2+b^2\sum_{i=1}^{n}(x_i-\bar{x})^2=(n-1)\sigma^2+b^2l_{xx}.\end{aligned}$$

另一方面,

$$E(\hat{b}^2l_{xx})=E(\hat{b}^2)l_{xx}=\{D(\hat{b})+[E(\hat{b})]^2\}l_{xx}=\left(\frac{\sigma^2}{l_{xx}}+b^2\right)l_{xx}=\sigma^2+b^2l_{xx}.$$

所以

$$E(Q_e)=E(l_{yy})-E(\hat{b}^2l_{xx})=(n-2)\sigma^2. \tag{9.16}$$

由上式显然有 $E\left(\frac{Q_e}{n-2}\right)=\sigma^2$，说明统计量$\frac{Q_e}{n-2}$是未知参数 σ^2 的无偏估计，故取

$$\hat{\sigma}^2=\frac{Q_e}{n-2}. \tag{9.17}$$

下面讨论$\frac{Q_e}{\sigma^2}$的分布. 由于 $\hat{a},\hat{b}$ 是正规方程组(9.6)的解，所以

$$\sum_{i=1}^{n}(y_i-\hat{y}_i)=0,\quad \sum_{i=1}^{n}(y_i-\hat{y}_i)x_i=0. \tag{9.18}$$

上式说明 $\hat{\sigma}^2=\frac{\sum_{i=1}^{n}(y_i-\hat{y}_i)^2}{n-2}$中的 n 个正态变量 $y_i-\hat{y}_i(i=1,2,\cdots,n)$之间有两个独立的线性约束条件，故 $\hat{\sigma}^2$ 的自由度为 $n-2$. 因此

$$\frac{(n-2)\hat{\sigma}^2}{\sigma^2}=\frac{Q_e}{\sigma^2}\sim\chi^2(n-2). \tag{9.19}$$

例 9.3(续例 9.1) 求例 9.1 中 σ^2 的无偏估计.

解 $l_{yy}=\sum_{i=1}^{n}(y_i-\bar{y})^2=\sum_{i=1}^{n}y_i^2-\frac{1}{n}(\sum_{i=1}^{n}y_i)^2=143\ 035-\frac{1}{16}\times 1\ 511^2=339.937\ 5$,

又已知 $l_{xy}=438.625$, $\hat{b}=0.719\ 4$. 所以

$$Q_e=l_{yy}-\hat{b}l_{xy}=24.390\ 7,$$

$$\hat{\sigma}^2=\frac{Q_e}{n-2}=\frac{24.390\ 7}{14}=1.742\ 2.$$

9.2.3 线性关系的检验

已知任何一组数据$(x_1,y_1),(x_2,y_2),\cdots,(x_n,y_n)$，都可以由式(9.8)计算出最小二乘估计 $\hat{a},\hat{b}$，从而得到 Y 和 x 之间的一个线性回归方程 $\hat{y}=\hat{a}+\hat{b}x$，但这并不能说明 Y 与 x 之间真有近似的线性关系. 求得的线性回归方程是否具有实用价值，一般来说需要经过假设检验才能确定.

为了建立统计上的假设检验，需要先做一些数学上的假定. 设

$$Y_i=a+bx_i+\varepsilon_i,\quad i=1,2,\cdots,n,$$

其中 $\varepsilon_1,\varepsilon_2,\cdots,\varepsilon_n$ 为相互独立同分布 $N(0,\sigma^2)$ 的随机变量($\sigma^2>0$ 未知). 因此我们需要对假设

$$H_0:b=0,\quad H_1:b\neq 0,$$

进行显著性检验. 由式(9.10)和式(9.19)可知

$$\hat{b}\sim N\left(b,\frac{\sigma^2}{l_{xx}}\right),\quad \frac{Q_e}{\sigma^2}=\frac{(n-2)\hat{\sigma}^2}{\sigma^2}\sim\chi^2(n-2),$$

且 $\hat{b}$ 与 Q_e 相互独立，故

$$\frac{\hat{b}-b}{\sqrt{\sigma^2/l_{xx}}}\Bigg/\sqrt{\frac{(n-2)\hat{\sigma}^2}{\sigma^2}/(n-2)}\sim t(n-2),$$

即

$$\frac{\hat{b}-b}{\hat{\sigma}}\sqrt{l_{xx}}\sim t(n-2). \tag{9.20}$$

因此,构造统计量

$$t=\frac{\hat{b}}{\hat{\sigma}}\sqrt{l_{xx}} \tag{9.21}$$

当 H_0 为真时,$t\sim t(n-2)$,则对于给定的显著性水平 α,假设 H_0 的拒绝域为

$$W=\{|t|>t_{\frac{\alpha}{2}}(n-2)\}. \tag{9.22}$$

当拒绝原假设 H_0 时,则认为回归效果是显著的;反之,就认为回归效果不显著.

例 9.4(续例 9.1)　检验例 9.1 中回归效果是否显著(取 $\alpha=0.05$).

解　由例 9.2、例 9.3 得知 $l_{xx}=609.75$,$\hat{b}=0.7194$,$\hat{\sigma}^2=1.7422$,查附表 3 得

$$t_{\frac{\alpha}{2}}(n-2)=t_{0.025}(14)=2.145.$$

假设 $H_0:b=0$,$H_1:b\neq0$ 的拒绝域为

$$W=\{|t|>2.145\}.$$

现在

$$|t|=\frac{0.7194}{\sqrt{1.7422}}\sqrt{609.75}=13.4585>2.145,$$

故拒绝原假设 H_0,即认为回归效果是显著的.

9.2.4　系数 b 的置信区间

当回归效果显著时,通常需要对系数 b 进行区间估计. 由式(9.20),有

$$t=\frac{\hat{b}-b}{\hat{\sigma}}\sqrt{l_{xx}}\sim t(n-2),$$

则 b 的置信水平为 $1-\alpha$ 的置信区间为

$$\left(\hat{b}\pm t_{\frac{\alpha}{2}}(n-2)\cdot\frac{\hat{\sigma}}{\sqrt{l_{xx}}}\right). \tag{9.23}$$

例 9.1 中 b 的置信水平为 0.95 的置信区间为

$$\left(0.7194\pm2.145\times\frac{\sqrt{1.7422}}{\sqrt{609.75}}\right)=(0.6047,\ 0.8341).$$

9.2.5　预测值、预测区间

由于 x 与 Y 并非确定性关系,因此对任意给定的 $x=x^*$,无法精确知道相应的 y^* 值,但如果建立了回归方程并验证了回归效果是显著的,则可以以一定的置信水平预测对应的 Y 的观察值的取值范围,即对 y^* 做区间估计.

若回归方程为 $\hat{y}=\hat{a}+\hat{b}x$，当自变量 x 取值为 x^* 时，显然由回归方程得到其预测值 $\hat{y}^*=\hat{a}+\hat{b}x^*$. 预测值 $\hat{y}^*$ 与试验观测值(真值)y^* 之间的误差 $y^*-\hat{y}^*$ 为预测误差，显然其数学期望 $E(y^*-\hat{y}^*)=0$，还可以推出方差

$$D(y^*-\hat{y}^*)=E(y^*-\hat{y}^*)^2=E[y^*-E(y^*)]^2+E[E(y^*)-\hat{y}^*]^2$$
$$=(1+\frac{1}{n}+\frac{(x^*-\bar{x})^2}{l_{xx}})\sigma^2.$$

对应于自变量 x^*，因变量取值 $y^*=a+bx^*+\varepsilon^*\sim N(a+bx^*,\sigma^2)$，可以得到预测误差

$$y^*-\hat{y}^*\sim N\left(0,\left(1+\frac{1}{n}+\frac{(x^*-\bar{x})^2}{l_{xx}}\right)\sigma^2\right),$$

即

$$U=\frac{y^*-\hat{y}^*}{\sigma\sqrt{1+\frac{1}{n}+\frac{(x^*-\bar{x})^2}{l_{xx}}}}\sim N(0,1),$$

且可以证明 U 与 $\frac{(n-2)\hat{\sigma}^2}{\sigma^2}$ 独立(证明略). 于是

$$\frac{y^*-\hat{y}^*}{\sigma\sqrt{1+\frac{1}{n}+\frac{(x^*-\bar{x})^2}{l_{xx}}}}\Big/\sqrt{\frac{(n-2)\hat{\sigma}^2}{\sigma^2}/(n-2)}\sim t(n-2),$$

即

$$t=\frac{y^*-\hat{y}^*}{\hat{\sigma}\sqrt{1+\frac{1}{n}+\frac{(x^*-\bar{x})^2}{l_{xx}}}}\sim t(n-2).$$

于是对于给定的置信水平 $1-\alpha$，有

$$P\{|t|<t_{\frac{\alpha}{2}}(n-2)\}=1-\alpha.$$

由此可得到预测区间为

$$\left(\hat{y}^*\pm t_{\frac{\alpha}{2}}(n-2)\hat{\sigma}\sqrt{1+\frac{1}{n}+\frac{(x^*-\bar{x})^2}{l_{xx}}}\right).\tag{9.24}$$

例 9.5(续例 9.1)　求回归方程在 $x=158$ 处的值，并求其置信水平为 0.95 的预测区间.

解　由例 9.2、例 9.3 已知 $\hat{b}=0.719\ 4$，$\hat{a}=-16.080\ 3$，$l_{xx}=609.75$，$\hat{\sigma}^2=1.742\ 2$，$\bar{x}=153.625$，查附表 3 得 $t_{0.025}(14)=2.145$，即得

$$y^*|_{x=158}=\hat{a}+\hat{b}x^*|_{x=158}=-16.080\ 3+0.719\ 4\times158=97.584\ 9,$$

$$t_{\frac{\alpha}{2}}(n-2)\hat{\sigma}\sqrt{1+\frac{1}{n}+\frac{(x^*-\bar{x})^2}{l_{xx}}}=2.145\times\sqrt{1.742\ 2}\times\sqrt{1+\frac{1}{16}+\frac{(158-153.625)^2}{609.75}}$$
$$=2.961\ 2,$$

则置信水平为 0.95 的预测区间为

$$(97.584\ 9\pm2.961\ 2)=(94.623\ 7,\ 100.546\ 1).$$

9.2.6　可化为线性回归的情形

以上讨论了一元线性回归问题,在实际中经常会遇到更为复杂的回归问题,但在某些情况下,可以通过适当的变量替换化成一元线性回归来处理. 下面介绍几种常见的可以化为线性回归的模型.

(1) $y = ae^{bx} \cdot \varepsilon, \ln \varepsilon \sim N(0,\sigma^2)$,其中 a,b,σ^2 是与 x 无关的未知参数. 对 $y = ae^{bx} \cdot \varepsilon$ 两边取对数,得到

$$\ln y = \ln a + bx + \ln \varepsilon.$$

令 $Y = \ln y, A = \ln a, B = b, \varepsilon' = \ln \varepsilon$,可转化为一元线性回归模型,即

$$Y = A + Bx + \varepsilon'.$$

(2) $y = ax^b \cdot \varepsilon, \ln \varepsilon \sim N(0,\sigma^2)$,其中 a,b,σ^2 是与 x 无关的未知参数. 对 $y = ax^b \cdot \varepsilon$ 两边取对数,得到

$$\ln y = \ln a + b\ln x + \ln \varepsilon.$$

令 $Y = \ln y, A = \ln a, B = b, x' = \ln x, \varepsilon' = \ln \varepsilon$,可转化为一元线性回归模型,即

$$Y = A + Bx' + \varepsilon'.$$

(3) $y = a + bh(x) + \varepsilon$, $\varepsilon \sim N(0,\sigma^2)$,其中 a,b,σ^2 是与 x 无关的未知参数,$h(x)$是 x 的已知函数,令

$$Y = y, A = a, B = b, x' = h(x),$$

可转化为一元线性回归模型,即

$$Y = A + Bx' + \varepsilon.$$

例 9.6　出钢时所用的盛钢水的钢包,由于钢水对耐火材料的侵蚀,容积不断增大. 我们希望知道使用次数与增大的容积之间的关系,故对一钢包做试验,测得的数据列于表 9.3.

表 9.3

使用次数	增大容积	使用次数	增大容积
2	6.42	10	10.49
3	8.20	11	10.59
4	9.58	12	10.60
5	9.50	13	10.80
6	9.70	14	10.60
7	10.00	15	10.90
8	9.93	16	10.76
9	9.99		

解　先由 15 组试验观测值$(x_i,y_i)(i=1,2,\cdots,15)$,画出散点图(图 9.2).

由散点图可以选配曲线 $y = ae^{b/x}$. 做变量替换 $Y = \ln y, A = \ln a, B = b, X = 1/x$,得到

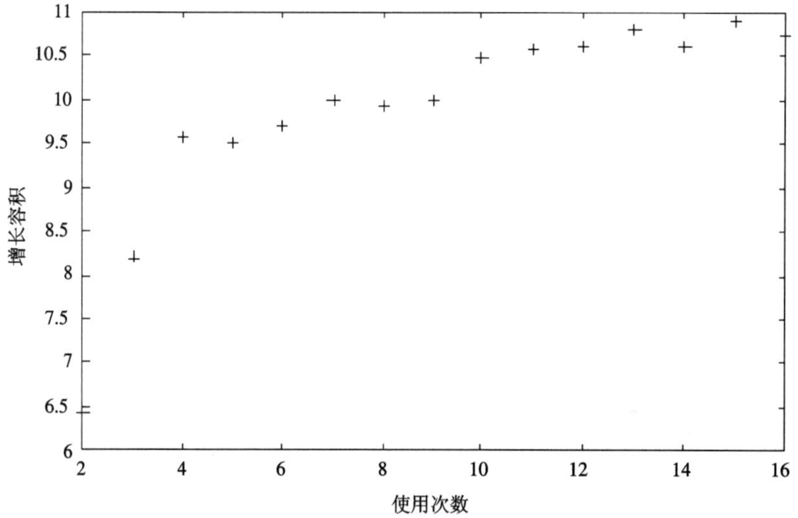

图 9.2

$Y=A+BX$. 由 15 组试验数据计算出的(X,Y)值见表 9.4. 经计算得到 $l_{XX}=0.2065$, $l_{XY}=-0.2293$, $\hat{B}=-1.1104$, $\hat{A}=2.4577$, 故 $\hat{a}=\mathrm{e}^{\hat{A}}=11.6780$. 最后得到 $y=11.6780\mathrm{e}^{-\frac{1.1104}{x}}$.

表 9.4

X	0.500 0	0.333 3	0.250 0	0.200 0	0.166 7	0.142 9	0.125 0	0.111 1
Y	1.859 4	2.104 1	2.259 7	2.251 3	2.272 1	2.302 6	2.295 6	2.301 6
X	0.100 0	0.090 9	0.083 3	0.076 9	0.071 4	0.066 7	0.062 5	
Y	2.350 4	2.359 9	2.360 9	2.379 5	2.360 9	2.388 8	2.375 8	

9.3 多元线性回归

在实际问题中,通常影响随机变量 Y 的因素往往不止一个,设有 p 个,记为 $x_1,x_2,\cdots,x_p$. 对于自变量 $x_1,x_2,\cdots,x_p$ 的一组确定的值,Y 有它的分布. 如果 Y 的数学期望存在,则它是 $x_1,x_2,\cdots,x_p$ 的函数,记为 $\mu(x_1,x_2,\cdots,x_p)$,它就是 Y 关于 x 的回归函数. 在这里只讨论 $\mu(x_1,x_2,\cdots,x_p)$是 $x_1,x_2,\cdots,x_p$ 的线性函数的情况,即

$$Y=\beta_0+\beta_1x_1+\beta_2x_2+\cdots+\beta_px_p+\varepsilon, \tag{9.25}$$

其中 $\beta_0,\beta_1,\cdots,\beta_p$ 都是与 $x_1,x_2,\cdots,x_p$ 无关的未知参数,$\varepsilon\sim N(0,\sigma^2)$. 记 $\boldsymbol{\beta}=(\beta_0,\beta_1,\cdots,\beta_p)$.

9.3.1 未知参数的最小二乘估计

设有样本容量为 n 的一组样本$(x_{i1},x_{i2},\cdots,x_{ip},y_i)$, $i=1,2,\cdots,n$. 类似于一元线性回归的情形,用最小二乘法来估计参数 β,即选取 $\beta_0,\beta_1,\cdots,\beta_p$,使得

$$Q=\sum_{i=1}^{n}\left[y_i-(\beta_0+\beta_1x_{i1}+\beta_2x_{i2}+\cdots+\beta_px_{ip})\right]^2$$

达到最小.

求 Q 分别关于 $\beta_0,\beta_1,\beta_2,\cdots,\beta_p$ 的偏导数,并令其等于零,得到

$$\begin{cases}\dfrac{\partial Q}{\partial\beta_0}=-2\sum\limits_{i=1}^{n}\left[y_i-(\beta_0+\beta_1x_{i1}+\beta_2x_{i2}+\cdots+\beta_px_{ip})\right]=0,\\ \dfrac{\partial Q}{\partial\beta_j}=-2\sum\limits_{i=1}^{n}\left[y_i-(\beta_0+\beta_1x_{i1}+\beta_2x_{i2}+\cdots+\beta_px_{ip})\right]x_{ij}=0,\quad j=1,2,\cdots,p.\end{cases}$$

化简可得

$$\begin{cases}\beta_0n+\beta_1\sum\limits_{i=1}^{n}x_{i1}+\beta_2\sum\limits_{i=1}^{n}x_{i2}+\cdots+\beta_p\sum\limits_{i=1}^{n}x_{ip}=\sum\limits_{i=1}^{n}y_i,\\ \beta_0\sum\limits_{i=1}^{n}x_{i1}+\beta_1\sum\limits_{i=1}^{n}x_{i1}^2+\beta_2\sum\limits_{i=1}^{n}x_{i1}x_{i2}+\cdots+\beta_p\sum\limits_{i=1}^{n}x_{i1}x_{ip}=\sum\limits_{i=1}^{n}x_{i1}y_i,\\ \qquad\vdots\\ \beta_0\sum\limits_{i=1}^{n}x_{ip}+\beta_1\sum\limits_{i=1}^{n}x_{ip}x_{i1}+\beta_2\sum\limits_{i=1}^{n}x_{ip}x_{i2}+\cdots+\beta_p\sum\limits_{i=1}^{n}x_{ip}^2=\sum\limits_{i=1}^{n}x_{ip}y_i.\end{cases}\tag{9.26}$$

式(9.26)称为正规方程组.为了表达简捷与求解方便,使用线性代数的知识,记

$$\boldsymbol{X}=\begin{bmatrix}1&x_{11}&x_{12}&\cdots&x_{1p}\\1&x_{21}&x_{22}&\cdots&x_{2p}\\\vdots&\vdots&\vdots&&\vdots\\1&x_{n1}&x_{n2}&\cdots&x_{np}\end{bmatrix},\quad\boldsymbol{Y}=\begin{bmatrix}y_1\\y_2\\\vdots\\y_n\end{bmatrix},\quad\boldsymbol{B}=\begin{bmatrix}\beta_0\\\beta_1\\\vdots\\\beta_p\end{bmatrix},\quad\boldsymbol{\varepsilon}=\begin{bmatrix}\varepsilon_1\\\varepsilon_2\\\vdots\\\varepsilon_n\end{bmatrix},$$

于是正规方程组(9.26)可以写成如下矩阵形式:

$$\boldsymbol{X}^{\mathrm{T}}\boldsymbol{X}\boldsymbol{B}=\boldsymbol{X}^{\mathrm{T}}\boldsymbol{Y}.\tag{9.27}$$

在式(9.27)两边左乘$(\boldsymbol{X}^{\mathrm{T}}\boldsymbol{X})^{-1}$得到 $\boldsymbol{B}$ 的最小二乘估计为

$$\hat{\boldsymbol{B}}=\begin{bmatrix}\hat\beta_0\\\hat\beta_1\\\vdots\\\hat\beta_p\end{bmatrix}=(\boldsymbol{X}^{\mathrm{T}}\boldsymbol{X})^{-1}\boldsymbol{X}^{\mathrm{T}}\boldsymbol{Y}.\tag{9.28}$$

事实上,它也是 $\boldsymbol{B}$ 的最大似然估计.方程

$$\hat y=\hat\beta_0+\hat\beta_1x_1+\hat\beta_2x_2+\cdots+\hat\beta_px_p\tag{9.29}$$

称为 p 元经验线性回归方程. $\hat y=\hat\beta_0+\hat\beta_1x_1+\hat\beta_2x_2+\cdots+\hat\beta_px_p$ 作为 $\mu(x_1,x_2,\cdots,x_p)$ 的估计.

与一元回归分析类似,可以通过残差向量 $\hat{\boldsymbol{\varepsilon}}=\boldsymbol{Y}-\boldsymbol{X}\hat{\boldsymbol{B}}$ 来构造方差 σ^2 的估计.若记

$$\hat\sigma^2=\frac{\sum\limits_{i=1}^{n}\hat\varepsilon_i^2}{n-p-1}=\frac{\hat{\boldsymbol{\varepsilon}}'\hat{\boldsymbol{\varepsilon}}}{n-p-1}\tag{9.30}$$

其中 $\hat\varepsilon_i$ 为 $\hat{\boldsymbol{\varepsilon}}$ 的第 i 个分量,则可以证明 $\hat\sigma^2$ 是 σ^2 的一个无偏估计.

下面不加证明地给出最小二乘估计 $\hat{\boldsymbol{B}}$ 和 $\hat\sigma^2$ 的性质.

(1) $E(\hat{\boldsymbol{B}})=\boldsymbol{B}, E(\hat{\sigma}^2)=\sigma^2$，即 $\hat{\boldsymbol{B}}$ 和 $\hat{\sigma}^2$ 分别是 $\boldsymbol{B}$ 和 σ^2 的无偏估计.

(2) $\hat{\boldsymbol{B}} \sim N_p(\boldsymbol{B}, \sigma^2(\boldsymbol{X}^{\mathrm{T}}\boldsymbol{X})^{-1})$，$\dfrac{(n-p-1)\hat{\sigma}^2}{\sigma^2} \sim \chi^2(n-p-1)$，且两者相互独立.

9.3.2 回归方程的显著性检验

一般并不知道因变量 Y 与自变量 $x_1, x_2, \cdots, x_p$ 之间是否存在真正的线性相关关系，模型只是一种假设. 因此，在获得了最小二乘估计后，还需要对回归方程的合理性进行检验. 一般地，如果 Y 与 $x_1, x_2, \cdots, x_p$ 之间都没有线性相关关系，那么式(9.25)中所有的 β_i 都应为零，因此建立假设

$$H_0: \beta_1=\beta_2=\cdots=\beta_p=0; \quad H_1: \beta_1, \beta_2, \cdots, \beta_p \text{ 不全为 } 0.$$

如果经检验拒绝了原假设 H_0，则称回归方程通过了显著性检验，即认为回归方程是有意义的，但这只说明至少有一个 $\beta_i \neq 0$；如果经检验不拒绝原假设 H_0，则表明 Y 与 $x_1, x_2, \cdots, x_p$ 确实无线性相关关系.

记 $\hat{y}_i=\hat{\beta}_0+\hat{\beta}_1 x_{i1}+\hat{\beta}_2 x_{i2}+\cdots+\hat{\beta}_p x_{ip}$，称其为第 i 个试验点 $(x_{i1}, x_{i2}, \cdots, x_{ip}, y_i)$ 的回归值，则总变差平方和

$$\begin{aligned} Q_T &= \sum_{i=1}^n (y_i-\bar{y})^2 = \sum_{i=1}^n (y_i-\hat{y}_i+\hat{y}_i-\bar{y})^2 \\ &= \sum_{i=1}^n (y_i-\hat{y}_i)^2 + \sum_{i=1}^n (\hat{y}_i-\bar{y})^2. \end{aligned} \tag{9.31}$$

令

$$Q_E=\sum_{i=1}^n (y_i-\hat{y}_i)^2, \quad Q_R=\sum_{i=1}^n (\hat{y}_i-\bar{y})^2, \tag{9.32}$$

其中 Q_E, Q_R 分别称为剩余平方和及回归平方和. 它们的自由度分别为 $n-p-1$ 和 $p-1$. 可以证明，当原假设 H_0 成立时，有

$$F=\frac{Q_R/(p-1)}{Q_E/(n-p-1)} \sim F(p-1, n-p-1). \tag{9.33}$$

对于给定的显著性水平 α，若 $F>F_\alpha(p-1, n-p-1)$，则拒绝原假设，即说明 Y 与 $x_1, x_2, \cdots, x_p$ 之间确实存在多重线性关系；否则就不拒绝原假设，即说明 Y 与 $x_1, x_2, \cdots, x_p$ 之间不存在多重线性回归关系.

习题 9

9.1 在钢线含碳量对于电阻的效应的研究中，得到以下数据：

含碳量 x	0.10%	0.30%	0.40%	0.55%	0.70%	0.80%	0.95%
常温下电阻/Ω	15	18	19	21	22.6	23.8	26

(1) 画出散点图；

(2)求线性回归方程 $\hat{y}=\hat{a}+\hat{b}x$；

(3)求方差 σ^2 的无偏估计；

(4)对显著性水平 $\alpha=0.05$，检验假设 $H_0:b=0,H_1:b\neq0$；

(5)若回归效果显著，求 b 的置信水平为 0.95 的置信区间；

(6)求在 $x=0.50$ 处的预测值，并求其置信水平为 0.95 的预测区间.

9.2　以 x 与 y 分别表示人的脚长与手长(单位：in，1 in = 2.54 cm)，下面给出 15 名女子的脚长与手长的样本值：

x	9.00	8.50	9.25	9.75	9.00	10.00	9.50	9.00
y	6.50	6.25	7.25	7.00	6.75	7.00	6.50	7.00
x	9.25	9.50	9.25	10.00	10.00	9.75	9.50	
y	7.00	7.00	7.00	7.50	7.25	7.25	7.25	

试求：(1)x 与 y 的线性回归方程 $\hat{y}=\hat{a}+\hat{b}x$；

(2)b 的置信水平为 0.95 的置信区间.

9.3　某种化工产品的得率 y 与反应温度 x_1、反应时间 x_2 及某反应物浓度 x_3 有关，今得试验结果如下：

反应温度 x_1	−1	−1	−1	−1	1	1	1	1
反应时间 x_2	−1	−1	1	1	−1	−1	1	1
反应物浓度 x_3	−1	1	−1	1	−1	1	−1	1
得率 y	7.6	10.3	9.2	10.2	8.4	11.1	9.8	12.6

(1)求线性回归方程 $\hat{y}=\hat{b}_0+\hat{b}_1x_1+\hat{b}_2x_2+\hat{b}_3x_3$；

(2)若认为反应时间不影响得率，求线性回归方程 $\hat{y}=\hat{b}_0+\hat{b}_1x_1+\hat{b}_3x_3$.

本章总结视频

本章测试题

习题参考答案

习题 1

1.1 (1)$AB\overline{C}\overline{D}$； (2)$A\cup B\cup C\cup D$；

(3)$AB\overline{C}\overline{D}\cup A\overline{B}C\overline{D}\cup A\overline{B}\overline{C}D\cup \overline{A}\overline{B}CD\cup \overline{A}B\overline{C}D\cup \overline{A}BC\overline{D}$；

(4)$ABC\cup ABD\cup ACD\cup BCD$；

(5)$A\overline{B}\overline{C}\overline{D}\cup \overline{A}B\overline{C}\overline{D}\cup \overline{A}\overline{B}C\overline{D}\cup \overline{A}\overline{B}\overline{C}D\cup \overline{A}\overline{B}\overline{C}\overline{D}$； (6)$\overline{A}\overline{B}\overline{C}\overline{D}$.

1.2 (1)$\Omega=\{HHH,HHT,HTH,THH,TTH,THT,HTT,TTT\}$(以 H 表示出现正面)；

$A=\{HHH,HHT,HTH,HTT\}$，$B=\{HHH,TTT\}$，$C=\Omega-\{TTT\}$.

(2)$\Omega=\{(x,y):x,y=1,2,\cdots,6\}$；

$A=\{(1,1),(2,2),(3,3),(4,4),(5,5),(6,6)\}$；

$B=\{(1,2),(2,4),(3,6),(2,1),(4,2),(6,3)\}$；

$C=\{(1,5),(2,4),(3,3),(4,2),(5,1)\}$.

(3)$\Omega=\{(x,y):x^2+y^2<1\}$.

1.3 (1)成立；(2)成立；(3)不成立；(4)成立；(5)不成立.

1.4 $\frac{2}{3}$.

1.5 0.7，0.8.

1.6 (1)$\frac{C_{200}^{50}C_{1\,000}^{50}}{C_{1\,200}^{100}}$；(2)$1-\frac{C_{1\,000}^{100}}{C_{1\,200}^{100}}-\frac{C_{200}^{1}C_{1\,000}^{99}}{C_{1\,200}^{100}}-\frac{C_{200}^{2}C_{1\,000}^{98}}{C_{1\,200}^{100}}$.

1.7 $\frac{25}{42}$.

1.8 $\frac{17}{72}$.

1.9 $\frac{3}{8}$，$\frac{9}{16}$，$\frac{1}{16}$.

1.10 (1)$\frac{1}{3}$；(2)0.1，0.8，$\frac{3}{7}$，$\frac{3}{4}$.

1.11 $\frac{9}{1\,078}$.

1.12 (1)$\frac{28}{45}$；(2)$\frac{1}{45}$；(3)$\frac{16}{45}$；(4)$\frac{9}{45}$.

1.13 (1)0.028 75；(2)$\frac{9}{23}$.

1.14 $\frac{53}{99}$.

1.15 (1)0.26;(2)0.96.

1.16 (1)0.943;(2)0.848.

1.17 0.91.

1.18 $p(p^2+p-p^3)$.

1.19 0.458.

1.20 $\frac{1}{16}$.

1.21 0.4.

1.22 0.36.

1.23 $\frac{63}{64}$.

1.24 B.

1.25 A.

1.26 B.

1.27 B.

1.28 A.

1.29 D.

1.30 D.

1.31 0.25.

1.32 (1)0.40;(2)0.486.

1.33 (1)必然错;(2)必然错;(3)必然错;(4)可能对.

1.34 $\frac{3}{4}$.

习题 2

2.1 (1)是;(2)不是;(3)不是.

2.2 $c=\frac{27}{40}$; $\frac{39}{40}$; $\frac{3}{10}$.

2.3

(1)

X	0	1	2
p_k	$\frac{1}{5}$	$\frac{3}{5}$	$\frac{1}{5}$

$$(2)F(x)=\begin{cases}0, & x<0,\\ \frac{1}{5}, & 0\leqslant x<1,\\ \frac{4}{5}, & 1\leqslant x<2,\\ 1, & x\geqslant 2.\end{cases}$$

2.4

X	1	2	3
p_k	0.7	0.21	0.09

$$F(x)=\begin{cases}0, & x<1,\\ 0.7, & 1\leqslant x<2,\\ 0.91, & 2\leqslant x<3,\\ 1, & x\geqslant 3.\end{cases}$$

2.5 (1)0.204 8;(2)0.057 92;(3) 0.993 28;(4)0.672 32.

2.6 (1)0.104 2;(2)0.889 3.

2.7

(1)

X	4	5	6	7	8	9
p_k	$\frac{1}{2}$	$\frac{5}{18}$	$\frac{5}{36}$	$\frac{5}{84}$	$\frac{5}{252}$	$\frac{1}{252}$

(2)$\frac{1}{42}$.

2.8 (1)不是;(2)不是.

2.9 (1)$\frac{6}{29}$;

$$(2)F(x)=\begin{cases}0, & x<1,\\ \frac{2}{29}(x^3-1), & 1\leqslant x<2,\\ \frac{1}{29}(3x^2+2), & 2\leqslant x<3,\\ 1, & x\geqslant 3;\end{cases}$$

(3)$\frac{83}{116}$.

2.10 (1)$A=\frac{1}{2},B=\frac{1}{\pi}$;(2)$\frac{1}{2}$;(3)$f(x)=\frac{1}{\pi}\cdot\frac{1}{1+x^2},-\infty<x<+\infty$.

2.11 $\frac{4}{5}$.

2.12 (1)0.892 5;(2) 0.883 1;(3)0.123 6.

2.13 (1)0.532 8;(2)$c=3$.

2.14 227.27.

2.15 (1)0.158 7;(2)0.819 0.

2.16 (1) $\frac{2}{3}$;(2) $\frac{8}{27}$;(3) $\frac{8}{9}$.

2.17 (1) e^{-2};(2)0.516 7.

2.18 (1) $\frac{1}{10}$;

(2)

Y	0	1	4	9
p_k	$\frac{1}{10}$	$\frac{3}{10}$	$\frac{3}{10}$	$\frac{3}{10}$

2.19 $f_Y(y)=\begin{cases}1, & 0<y<1,\\ 0, & \text{其他}.\end{cases}$

2.20 $f_Y(y)=\begin{cases}e^{-y}, & y>0,\\ 0, & \text{其他}.\end{cases}$

2.21 $f_Y(y)=\begin{cases}2ye^{-y^2}, & y>0,\\ 0, & y\leqslant 0.\end{cases}$

2.22

X	-1	1	3
p_k	0.2	0.5	0.3

2.23 4.

2.24 $e^{-\frac{1}{2}\lambda}-e^{-2\lambda}$.

2.25 C.

2.26 C.

2.27 A.

2.28 A.

2.29 $(e^{\lambda}-1)^{-1}$.

2.30 0.986 2.

2.31 0.004 7.

2.32 (1) 0.94^n;(2) $C_n^2\,0.06^2\times 0.94^{n-2}$;(3) $1-0.94^n-C_n^1 0.06\times 0.94^{n-1}$.

2.33 (1) $\frac{1}{2}$;(2) $1-\frac{5}{2}e^{-1}$;(3) $F(x)=\begin{cases}1-\left(\frac{1}{2}x^2+x+1\right)e^{-x}, & x\geqslant 0,\\ 0, & x<0.\end{cases}$

2.34 $F(x)=\begin{cases}0, & x<-1,\\ \frac{1}{\pi}x\sqrt{1-x^2}+\frac{1}{\pi}\arcsin x+\frac{1}{2}, & -1\leqslant x<1,\\ 1, & x\geqslant 1.\end{cases}$

2.35 $f_Y(y)=\frac{2e^y}{\pi(1+e^{2y})}$, $-\infty<y<+\infty$.

2.36 (1) $f_Y(y)=\begin{cases}\frac{1}{2y\sqrt{2\pi}}e^{-\frac{(\ln y)^2}{8}}, & y>0,\\ 0, & \text{其他};\end{cases}$

(2) $f_Y(y)=\begin{cases}\dfrac{2}{\sqrt{2\pi}}e^{-\frac{y^2}{2}}, & y>0,\\ 0, & y\leq 0.\end{cases}$

习题 3

3.1　$A=0.2$；$P\{X+Y\geq 1\}=0.25$.

3.2　(1) (X,Y) 的联合分布律为

X \ Y	0	1	2
0	1/9	2/9	1/9
1	2/9	2/9	0
2	1/9	0	0

(2) $P\{X\leq Y\}=\dfrac{2}{3}$.

3.3　(X,Y) 的联合分布律为

X \ Y	−1	1
−1	$\frac{1}{4}$	0
1	$\frac{1}{2}$	$\frac{1}{4}$

3.4　(1) $A=4$；

(2) $P\{X\leq 1,Y\leq 2\}=(1-e^{-2})(1-e^{-4})$；

(3) $P\{X+Y\leq 1\}=1-3e^{-2}$.

3.5　(1) $f(x,y)=f_X(x)f_Y(y)=\begin{cases}\dfrac{1}{2}e^{-\frac{y}{2}}, & 0\leq x\leq 1, y>0,\\ 0, & \text{其他};\end{cases}$

(2) $P\{X^2\geq Y\}=1-[\Phi(1)-\Phi(0)]\times\sqrt{2\pi}=0.144\,5$.

3.6　(1) (x_1,x_2) 的联合分布律为

X_1 \ X_2	0	1
0	0.1	0.2
1	0.7	0

(2) X_1 的边缘分布律为

X_1	0	1
p_k	0.3	0.7

X_2 的边缘分布律为

X_2	0	1
p_k	0.8	0.2

3.7　(X,Y) 的概率分布为

$$P\{X=m,Y=n\}=p^2(1-p)^{n-2},\quad n=2,3,\cdots;m=1,2,\cdots,n-1.$$

X 的边缘分布律为

$$P\{X=m\}=p(1-p)^{m-1},\quad m=1,2,\cdots.$$

Y 的边缘分布律为

$$P\{Y=n\}=(n-1)p^2(1-p)^{n-2},\quad n=2,3,\cdots.$$

3.8 $f(x,y)=\begin{cases}\dfrac{1}{4}, & (x,y)\in G,\\ 0, & \text{其他};\end{cases}$

$f_X(x)=\begin{cases}\dfrac{1}{2}, & 1\leqslant x\leqslant 3,\\ 0, & \text{其他};\end{cases}$

$f_Y(y)=\begin{cases}\dfrac{1}{2}, & 2\leqslant y\leqslant 4m,\\ 0, & \text{其他}.\end{cases}$

3.9 (1) $f_X(x)=\begin{cases}2x, & 0\leqslant x\leqslant 1,\\ 0, & \text{其他};\end{cases}$

$f_Y(y)=\begin{cases}1-\dfrac{y}{2}, & 0\leqslant y\leqslant 2,\\ 0, & \text{其他};\end{cases}$

(2) $f_X(x)=\begin{cases}xe^{-x}, & x>0,\\ 0, & \text{其他};\end{cases}$

$f_Y(y)=\begin{cases}e^{-y}, & y>0,\\ 0, & \text{其他}.\end{cases}$

3.10 (1) (X,Y) 的联合分布律及 X,Y 的边缘分布律为

Y \ X	0	1	2	3	$P\{Y=y_j\}$
0	0	0	3/35	2/35	5/35
1	0	6/35	12/35	2/35	20/35
2	1/35	6/35	3/35	0	10/35
$P\{X=x_i\}$	1/35	12/35	18/35	4/35	1

(2) 在 $Y=1$ 条件下,随机变量 X 的条件分布律为

X	1	2	3
$P\{X=x_i\mid Y=1\}$	3/10	6/10	1/10

3.11 (1) $f_X(x)=\begin{cases}2x, & 0\leqslant x\leqslant 1,\\ 0, & \text{其他},\end{cases}$

$f_Y(y)=\begin{cases}2y, & 0\leqslant y\leqslant 1,\\ 0, & \text{其他};\end{cases}$

(2)$f_{Y|X}(y|x)=\begin{cases}2y, & 0<y<1,\\ 0, & \text{其他};\end{cases}$

(3)X 与 Y 相互独立.

3.12 (1)$k=6$;

(2)X 与 Y 相互独立;

(3)$P\{X\leqslant Y\}=\frac{2}{5}$.

3.13 (1)X 与 Y 相互独立;

(2)$P\{X>1,Y>1\}=e^{-2}$.

3.14 X 和 Y 不相互独立.

3.15 (1)

Z	-1	0	1	2
p_k	0.05	0.35	0.6	0

(2)

M	0	1
p_k	0.25	0.75

(3)

N	-1	0
p_k	0.2	0.8

(4)

W	-1	0	1
p_k	0.15	0.85	0

3.16 (1)

Z	0	1	2	3	4	5	6
p_k	$\frac{1}{4}$	$\frac{1}{4}$	$\frac{3}{16}$	$\frac{3}{16}$	$\frac{5}{64}$	$\frac{1}{32}$	$\frac{1}{64}$

(2)

M	0	1	2	3
p_k	$\frac{1}{4}$	$\frac{5}{16}$	$\frac{13}{64}$	$\frac{15}{64}$

(3)

N	0	1	2	3
p_k	$\frac{3}{4}$	$\frac{6}{32}$	$\frac{3}{64}$	$\frac{1}{64}$

3.17 $f_Z(z)=\begin{cases}z^2, & 0\leqslant z<1,\\ -z^2+2z, & 1\leqslant z<2,\\ 0, & \text{其他}.\end{cases}$

3.18 $f_Z(z)=\begin{cases}z^2, & 0\leqslant z<1,\\ 1-(z-1)^2, & 1\leqslant z<2,\\ 0, & 其他.\end{cases}$

3.19

X \ Y	y_1	y_2	y_3	$p_{i\cdot}$
x_1	$\frac{1}{24}$	$\frac{1}{8}$	$\frac{1}{12}$	$\frac{1}{4}$
x_2	$\frac{1}{8}$	$\frac{3}{8}$	$\frac{1}{4}$	$\frac{3}{4}$
$p_{\cdot j}$	$\frac{1}{6}$	$\frac{1}{2}$	$\frac{1}{3}$	1

3.20 $a=0.4;b=0.1$.

3.21 $\frac{1}{9}$.

3.22

Z	-2	0	2
p_k	$\frac{1}{9}$	$\frac{4}{9}$	$\frac{4}{9}$

3.23 A.

3.24 B.

3.25 C.

3.26 D.

3.27 (1) $P\{X=1\mid Z=0\}=\frac{4}{9}$;

(2) (X,Y)的联合概率分布律为

Y \ X	0	1	2
0	1/4	1/6	1/36
1	1/3	1/9	0
2	1/9	0	0

3.28

N \ M	1	2
1	$\frac{4}{9}$	0
2	$\frac{4}{9}$	$\frac{1}{9}$

3.29 (1) $f_X(x)=\begin{cases}x, & 0<x\leqslant 1,\\ 2-x, & 1<x\leqslant 2,\\ 0, & 其他;\end{cases}$

(2) $f_{X|Y}(x|y)=\begin{cases}\frac{1}{2-2y}, & y<x<2-y,0<y<1,\\ 0, & 其他.\end{cases}$

3.30 (1) $f_X(x)=\begin{cases}6x(1-x), & 0<x<1,\\ 0, & \text{其他},\end{cases}$

$f_Y(y)=\begin{cases}3(1-y)^2, & 0<y<1,\\ 0, & \text{其他};\end{cases}$

(2) $f_{X|Y}(x|y)=\begin{cases}\dfrac{6x}{3(1-y)^2}, & 0<x<1-y,\\ 0, & \text{其他},\end{cases}$

$f_{Y|X}(y|x)=\begin{cases}\dfrac{1}{1-x}, & 0<y<1-x,\\ 0, & \text{其他};\end{cases}$

(3) $P\left\{Y\leqslant\dfrac{1}{3}\,\middle|\,X=\dfrac{1}{2}\right\}=\dfrac{2}{3}.$

3.31 (1) $P\{X>2Y\}=\dfrac{7}{24}$;

(2) $f_Z(z)=\begin{cases}2z-z^2, & 0<z<1,\\ (2-z)^2, & 1\leqslant z<2,\\ 0, & \text{其他}.\end{cases}$

3.32 $f_Z(z)=\begin{cases}0, & z<0,\\ -\dfrac{1}{2}e^{-z}+\dfrac{1}{2}, & 0\leqslant z<2,\\ -\dfrac{1}{2}e^{-z}+\dfrac{1}{2}e^{2-z}, & z\geqslant 2.\end{cases}$

3.33 (1) $P\{Z\leqslant\dfrac{1}{2}|X=0\}=\dfrac{1}{2}$;

(2) $f_Z(z)=\begin{cases}\dfrac{1}{3}, & -1\leqslant z<2,\\ 0, & \text{其他}.\end{cases}$

3.34 $f_Z(z)=\begin{cases}pe^{z}, & z<0,\\ 0, & z=0,\\ (1-p)e^{-z}, & z>0.\end{cases}$

3.35 (1) $f(x,y)=\begin{cases}3, & 0<x<1, x^2<y<\sqrt{x},\\ 0, & \text{其他};\end{cases}$

(2) X 和 U 不相互独立；

(3) $F_Z(z)=\begin{cases}0, & z<0,\\ \dfrac{3}{2}z^2-z^3, & 0\leqslant z<1,\\ 2(z-1)^{\frac{3}{2}}-\dfrac{3}{2}(z-1)^2+\dfrac{1}{2}, & 1\leqslant z<2,\\ 1, & z\geqslant 2.\end{cases}$

3.36 (1)$f_X(x)=\begin{cases}1, & 0<x<1,\\ 0, & 其他;\end{cases}$

(2)$f_Z(z)=\begin{cases}\dfrac{2}{(z+1)^2}, & z>1,\\ 0, & z\leqslant 1.\end{cases}$

习题 4

4.1 0.2.

4.2 $\dfrac{2n+1}{3}$.

4.3 (1)$A=3$;(2)$E(X)=\dfrac{3}{4}$.

4.4 (1)$a=\dfrac{3}{5}$,$b=\dfrac{6}{5}$;(2)$D(X)=\dfrac{2}{25}$.

4.5 $A=\dfrac{1}{21}$;$E(X)=\dfrac{13}{3}$;$E(2X^2+1)=43$.

4.6 1.

4.7 (1)1.25;(2)1.37;(3)2.62;(4)1.88.

4.8 $\dfrac{33}{20}$.

4.9 $E(X+Y)=\dfrac{7}{6}$;$E(XY)=\dfrac{1}{3}$.

4.10 (1)$k=8$;X 与 Y 不相互独立;(2)$\dfrac{8}{15}$;(3)$\dfrac{4}{3}$.

4.11 $E(X)=\dfrac{9}{5}$;$D(X)=\dfrac{14}{25}$.

4.12 $E(X)=0$;$D(X)=\dfrac{1}{6}$.

4.13 2.

4.14 $E(XY)=2$;$D(XY)=\dfrac{20}{3}$.

4.15 23.05.

4.16 $E(Y)=\dfrac{4}{3}$;$D(Y)=\dfrac{4}{45}$.

4.17 0.05.

4.18 (1)$\dfrac{5}{3}$;(2)$\dfrac{40}{21}$.

4.19 $\mathrm{Cov}(X,Y)=0.2$;$\rho_{XY}\approx 0.4428$.

4.20 $\mathrm{Cov}(X,Y)=\dfrac{8}{225}$;$\rho_{XY}=\dfrac{4}{\sqrt{66}}$.

4.21 不相互独立;相关.

4.22 6.

4.23 相互独立;不相关.

4.24 (1)$E(Z)=\frac{1}{3}$,$D(Z)=3$;(2)0.

4.25 -1.

4.26 $\frac{1}{2}$.

4.27 C.

4.28 B.

4.29 D.

4.30 D.

4.31 $E(X)=\frac{27}{16}$,$D(X)=\frac{87}{256}$.

4.32 $E(X)=10$.

4.33 $E(Z)=\frac{1}{2}$,$D(Z)=\frac{1}{4}$.

4.34 $E(X)=4$,$D(X)=\frac{1}{2}$.

4.35 (1)$(0.77)^8$;(2)6.16,1.416 8.

4.36 (1)$a=0.3$,$b=c=0.2$;(2)A与B不独立;(3)$X+Y$与$X-Y$相关.

4.37 $\sum_{i=1}^{m} p_i$.

4.38 $11\frac{2}{3}$(min).

4.39 $E(Z)=\sqrt{\frac{\pi}{2}}$;$D(Z)=\frac{4-\pi}{2}$.

4.40 $E(Z)=\frac{4}{3}$;$D(Z)=\frac{1}{18}$.

4.41 (1)不相关;(2)不相互独立.

习题 5

5.1 $\geqslant\frac{7}{8}$.

5.2 $\leqslant\frac{5}{36}$.

5.3 167.

5.4 0.158 7.

5.5 0.972 87.

5.6　0.158 7.

5.7　0.137 9.

5.8　$\frac{1}{36}$.

5.9　$1-\frac{16}{n\varepsilon^2}$.

5.10　C.

5.11　C.

5.12　$\leqslant\frac{1}{12}$.

习题 6

6.1　$P\{X_1=x_1,X_2=x_2,\cdots,X_n=x_n\}=\frac{\lambda^{\sum_{i=1}^{n}x_i}\mathrm{e}^{-n\lambda}}{\prod_{i=1}^{n}x_i!}$,　$x_i=0,1,2,\cdots$.

6.2　(1) $C=\frac{1}{27}$; (2) $a=\frac{1}{45}, b=\frac{1}{135}$.

6.3　0.986 5.

6.4　25.

6.5　(1) 0.5; (2) 0.421 5; (3) 0.158 1.

6.6　0.548 6.

6.7　0.631 2.

6.8　$N\left(\mu,\frac{\sigma^2}{n}\right),\chi^2(n-1)$.

6.9　t 分布,9.

6.10　t 分布,9.

6.11　F 分布,(1,1).

6.12　≈8.154.

6.13　C.

6.14　C.

6.15　B.

6.16　C.

6.17　C.

6.18　$\frac{2\sigma^4}{n-1}$.

6.19　$E(\bar{X})=m,\ D(\bar{X})=\frac{2m}{n},E(S^2)=2m$.

6.20　$t(n-1)$.

习题 7

7.1 $\hat{\lambda}=\frac{1}{\overline{X}}$.

7.2 $\hat{a}=\overline{X}-\sqrt{3}S^*$, $\hat{b}=\overline{X}+\sqrt{3}S^*$，其中 $S^{*2}=\frac{1}{n}\sum_{i=1}^{n}(X_i-\overline{X})^2$, $S^*=\sqrt{S^{*2}}$.

7.3 (1)$\hat{\mu}=2$;(2)$\hat{\mu}=\overline{X}$, $\hat{\sigma}^2=S^{*2}$.

7.4 (1)$\hat{\lambda}=\overline{X}$;(2)$\hat{\lambda}=\overline{X}$.

7.5 矩估计为 $\hat{\theta}=\frac{4}{3}\overline{X}$;极大似然估计为 $\hat{\theta}=\max\limits_{1\leqslant i\leqslant n}X_i$.

7.6 $\hat{p}=\frac{1}{\overline{X}}$.

7.7 $\hat{\alpha}=\frac{2\overline{X}-1}{1-\overline{X}}$;$\hat{\alpha}=-\frac{1}{\sum\limits_{i=1}^{n}\ln X_i}-1$.

7.8 $\hat{\theta}=\frac{7}{10}$;$\hat{\theta}=\frac{7}{10}$.

7.9 $\hat{\theta}=\frac{5}{16}$;$\hat{\theta}=\frac{9-\sqrt{11}}{14}$.

7.10 $\hat{\mu}_3$ 最有效.

7.11 $\hat{\mu}_1$, $\hat{\mu}_2$ 为无偏估计量;$\hat{\mu}_1$ 最有效.

7.12 (14.754,15.146).

7.13 (68.11,85.09).

7.14 $n\geqslant 34.57$.

7.15 (22.183,125.869).

7.16 (2.69,2.72);(0.000 459,0.002 015).

7.17 (4.412,5.588).

7.18 $\hat{p}=\frac{1}{n^2}\sum_{i=1}^{n}X_i$.

7.19 D.

7.20 D.

7.21 C.

7.22 A.

7.23 B.

7.24 $\hat{\theta}=\left(\frac{1}{n}\sum_{i=1}^{n}\ln X_i-\ln c\right)^{-1}$.

7.25 (1)$\hat{\lambda}=\frac{2}{\overline{X}}$;(2)$\hat{\lambda}=\frac{2}{\overline{X}}$.

7.26 (−0.071,0.371).

7.27 $\hat{p}=\frac{\overline{X}}{N}$;$\hat{p}=\frac{\overline{X}}{N}$.

7.28 略.

7.29 略.

习题 8

8.1 认为该批螺丝钉符合标准.

8.2 在显著性水平 $\alpha=0.01$ 下可以接受该假设.

8.3 认为新安眠药已达到新的药效.

8.4 不认为今年英语联考成绩与去年相比有显著下降.

8.5 认为该批零件寿命没有显著增加.

8.6 认为新仪器的精度有所提高.

8.7 (1)认为这天自动包装机工作不正常;

(2)认为这天自动包装机不稳定.

8.8 认为这台仪器存在系统误差.

8.9 认为该组工人能拿到奖金.

8.10 认为两种淬火温度对振动板硬度有显著影响.

8.11 A.

8.12 B.

8.13 D.

8.14 $\dfrac{\bar{X}}{Q}\sqrt{n(n-1)}$.

8.15 $\{\chi^2>\chi_\alpha^2(n-1)\}$.

8.16 (1)$\alpha=0.066\ 8$,$\beta=0.226\ 6$;

(2)略.

8.17 认为两种育苗方案对苗高有显著影响.

8.18 认为甲、乙车间零件直径的方差没有显著差异.

习题 9

9.1 (1)略;(2)$\hat{y}=13.957\ 8+12.551\ 4x$;(3)$\hat{\sigma}^2=0.041\ 7$;(4)回归效果显著;

(5)(11.8317, 13.271 1);(6)20.233 5,(19.671 4, 20.795 6).

9.2 (1)$\hat{y}=1.895\ 8+0.538\ 5x$;(2)(0.208 3, 0.868 7).

9.3 (1)$\hat{y}=9.9+0.575x_1+0.55x_2+1.15x_3$;(2)$\hat{y}=9.9+0.575x_1+1.15x_3$.

附　　表

附表 1　标准正态分布表

$$\Phi(x)=\int_{-\infty}^{x}\frac{1}{\sqrt{2\pi}}e^{-\frac{u^2}{2}}du$$

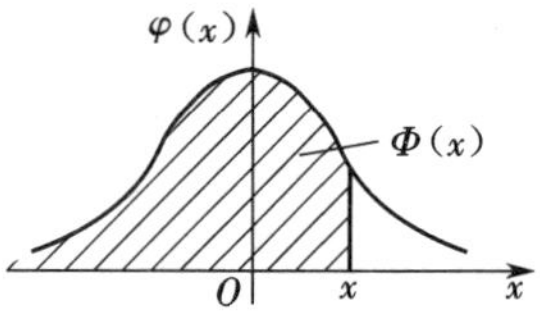

x	0.00	0.01	0.02	0.03	0.04	0.05	0.06	0.07	0.08	0.09
0.0	0.500 0	0.504 0	0.508 0	0.512 0	0.516 0	0.519 9	0.523 9	0.527 9	0.531 9	0.535 9
0.1	0.539 8	0.543 8	0.547 8	0.551 7	0.555 7	0.559 6	0.563 6	0.567 5	0.571 4	0.575 3
0.2	0.579 3	0.583 2	0.587 1	0.591 0	0.594 8	0.598 7	0.602 6	0.606 4	0.610 3	0.614 1
0.3	0.617 9	0.621 7	0.625 5	0.629 3	0.633 1	0.636 8	0.640 6	0.644 3	0.648 0	0.651 7
0.4	0.655 4	0.659 1	0.662 8	0.666 4	0.670 0	0.673 6	0.677 2	0.680 8	0.684 4	0.687 9
0.5	0.691 5	0.695 0	0.698 5	0.701 9	0.705 4	0.708 8	0.712 3	0.715 7	0.719 0	0.722 4
0.6	0.725 7	0.729 1	0.732 4	0.735 7	0.738 9	0.742 2	0.745 4	0.748 6	0.751 7	0.754 9
0.7	0.758 0	0.761 1	0.764 2	0.767 3	0.770 4	0.773 4	0.776 4	0.779 4	0.782 3	0.785 2
0.8	0.788 1	0.791 0	0.793 9	0.796 7	0.799 5	0.802 3	0.805 1	0.807 8	0.810 6	0.813 3
0.9	0.815 9	0.818 6	0.821 2	0.823 8	0.826 4	0.828 9	0.831 5	0.834 0	0.836 5	0.838 9
1.0	0.841 3	0.843 8	0.846 1	0.848 5	0.850 8	0.853 1	0.855 4	0.857 7	0.859 9	0.862 1
1.1	0.864 3	0.866 5	0.868 6	0.870 8	0.872 9	0.874 9	0.877 0	0.879 0	0.881 0	0.883 0
1.2	0.884 9	0.886 9	0.888 8	0.890 7	0.892 5	0.894 4	0.896 2	0.898 0	0.899 7	0.901 5
1.3	0.903 2	0.904 9	0.906 6	0.908 2	0.909 9	0.911 5	0.913 1	0.914 7	0.916 2	0.917 7
1.4	0.919 2	0.920 7	0.922 2	0.923 6	0.925 1	0.926 5	0.927 8	0.929 2	0.930 6	0.931 9
1.5	0.933 2	0.934 5	0.935 7	0.937 0	0.938 2	0.939 4	0.940 6	0.941 8	0.942 9	0.944 1
1.6	0.945 2	0.946 3	0.947 4	0.948 4	0.949 5	0.950 5	0.951 5	0.952 5	0.953 5	0.954 5
1.7	0.955 4	0.956 4	0.957 3	0.958 2	0.959 1	0.959 9	0.960 8	0.961 6	0.962 5	0.9633
1.8	0.964 1	0.964 9	0.965 6	0.966 4	0.967 1	0.967 8	0.968 6	0.969 3	0.969 9	0.970 6
1.9	0.971 3	0.971 9	0.972 6	0.973 2	0.973 8	0.974 4	0.975 0	0.975 6	0.976 1	0.976 7
2.0	0.977 2	0.977 8	0.978 3	0.978 8	0.979 3	0.979 8	0.980 3	0.980 8	0.981 2	0.981 7
2.1	0.982 1	0.982 6	0.983 0	0.983 4	0.983 8	0.984 2	0.984 6	0.985 0	0.985 4	0.985 7
2.2	0.986 1	0.986 4	0.986 8	0.987 1	0.987 5	0.987 8	0.988 1	0.988 4	0.988 7	0.989 0
2.3	0.989 3	0.989 6	0.989 8	0.990 1	0.990 4	0.990 6	0.990 9	0.991 1	0.991 3	0.991 6
2.4	0.991 8	0.992 0	0.992 2	0.992 5	0.992 7	0.992 9	0.993 1	0.993 2	0.993 4	0.993 6
2.5	0.993 8	0.994 0	0.994 1	0.994 3	0.994 5	0.994 6	0.994 8	0.994 9	0.995 1	0.995 2
2.6	0.995 3	0.995 5	0.995 6	0.995 7	0.995 9	0.996 0	0.996 1	0.996 2	0.996 3	0.996 4
2.7	0.996 5	0.996 6	0.996 7	0.996 8	0.996 9	0.997 0	0.997 1	0.997 2	0.997 3	0.997 4
2.8	0.997 4	0.997 5	0.997 6	0.997 7	0.997 7	0.997 8	0.997 9	0.997 9	0.998 0	0.998 1
2.9	0.998 1	0.998 2	0.998 2	0.998 3	0.998 4	0.998 4	0.998 5	0.998 5	0.998 6	0.998 6
3.0	0.998 7	0.998 7	0.998 7	0.998 8	0.998 8	0.998 9	0.998 9	0.998 9	0.999 0	0.999 0
3.1	0.999 0	0.999 1	0.999 1	0.999 1	0.999 2	0.999 2	0.999 2	0.999 2	0.999 3	0.999 3
3.2	0.999 3	0.999 3	0.999 4	0.999 4	0.999 4	0.999 4	0.999 4	0.999 5	0.999 5	0.999 5
3.3	0.999 5	0.999 5	0.999 5	0.999 6	0.999 6	0.999 6	0.999 6	0.999 6	0.999 6	0.999 7
3.4	0.999 7	0.999 7	0.999 7	0.999 7	0.999 7	0.999 7	0.999 7	0.999 7	0.999 7	0.999 8

附表 2　χ^2 分布上分位点表

$\chi^2 \sim \chi^2(n), P\{\chi^2 > \chi^2_\alpha(n)\} = \alpha$

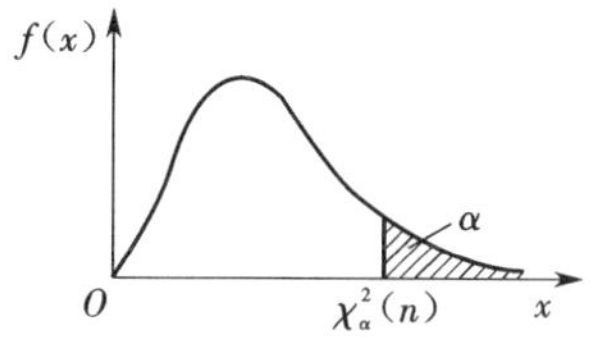

n \ α	0.995	0.99	0.975	0.95	0.90	0.75
1	—	—	0.001	0.004	0.016	0.102
2	0.010	0.020	0.051	0.103	0.211	0.575
3	0.072	0.115	0.216	0.352	0.584	1.213
4	0.207	0.297	0.484	0.711	1.064	1.923
5	0.412	0.554	0.831	1.145	1.610	2.675
6	0.676	0.872	1.237	1.635	2.204	3.455
7	0.989	1.239	1.690	2.167	2.833	4.255
8	1.344	1.646	2.180	2.733	3.490	5.071
9	1.735	2.088	2.700	3.325	4.168	5.899
10	2.156	2.558	3.247	3.940	4.865	6.737
11	2.603	3.053	3.816	4.575	5.578	7.584
12	3.074	3.571	4.404	5.226	6.304	8.438
13	3.565	4.107	5.009	5.892	7.042	9.299
14	4.075	4.660	5.629	6.571	7.790	10.165
15	4.601	5.229	6.262	7.261	8.547	11.037
16	5.142	5.812	6.908	7.962	9.312	11.912
17	5.697	6.408	7.564	8.672	10.085	12.792
18	6.265	7.015	8.231	9.390	10.865	13.675
19	6.844	7.633	8.907	10.117	11.651	14.562
20	7.434	8.260	9.591	10.851	12.443	15.452
21	8.034	8.897	10.283	11.591	13.240	16.344
22	8.643	9.542	10.982	12.338	14.042	17.240
23	9.260	10.196	11.689	13.091	14.848	18.137
24	9.886	10.856	12.401	13.848	15.659	19.037
25	10.520	11.524	13.120	14.611	16.473	19.939
26	11.160	12.198	13.844	15.379	17.292	20.843
27	11.808	12.879	14.573	16.151	18.114	21.749
28	12.461	13.565	15.308	16.928	18.939	22.657
29	13.121	14.257	16.047	17.708	19.768	23.567
30	13.787	14.954	16.791	18.493	20.599	24.478
31	14.458	15.655	17.539	19.281	21.434	25.390
32	15.134	16.362	18.291	20.072	22.271	26.304
33	15.815	17.074	19.047	20.867	23.110	27.219
34	16.501	17.789	19.806	21.664	23.952	28.136
35	17.192	18.509	20.569	22.465	24.797	29.054
36	17.887	19.233	21.336	23.269	25.643	29.973
37	18.586	19.960	22.106	24.075	26.492	30.893
38	19.289	20.691	22.878	24.884	27.343	31.815
39	19.996	21.426	23.654	25.695	28.196	32.737
40	20.707	22.164	24.433	26.509	29.051	33.660
41	21.421	22.906	25.215	27.326	29.907	34.585
42	22.138	23.650	25.999	28.144	30.765	35.510
43	22.859	24.398	26.785	28.965	31.625	36.436
44	23.584	25.148	27.575	29.787	32.487	37.363
45	24.311	25.901	28.366	30.612	33.350	38.291

续表

α / n	0.25	0.10	0.05	0.025	0.01	0.005
1	1.323	2.706	3.841	5.024	6.635	7.879
2	2.773	4.605	5.991	7.378	9.210	10.597
3	4.108	6.251	7.815	9.348	11.345	12.838
4	5.385	7.779	9.488	11.143	13.277	14.860
5	6.626	9.236	11.071	12.833	15.086	16.750
6	7.841	10.45	12.592	14.449	16.812	18.548
7	9.037	12.017	14.067	16.013	18.475	20.278
8	10.219	13.362	15.507	17.535	20.090	21.955
9	11.389	14.684	16.919	19.023	21.666	23.589
10	12.549	15.987	18.307	20.483	23.209	25.188
11	13.701	17.275	19.675	21.920	24.725	26.756
12	14.845	18.549	21.026	23.337	26.217	28.299
13	15.984	19.812	22.362	24.736	27.688	29.819
14	17.117	21.064	23.685	26.119	29.141	31.319
15	18.245	22.307	24.996	27.488	30.578	32.801
16	19.369	23.542	26.296	28.845	32.000	34.267
17	20.489	24.769	27.587	30.191	33.409	35.718
18	21.605	25.989	28.869	31.526	34.805	37.156
19	22.718	27.204	30.144	32.852	36.191	38.582
20	23.828	28.412	31.410	34.170	37.566	39.997
21	24.935	29.615	32.671	35.479	38.932	41.401
22	26.039	30.813	33.924	36.781	40.289	42.796
23	27.141	32.007	35.172	38.076	41.638	44.181
24	28.241	33.196	36.415	39.364	42.980	45.559
25	29.339	34.382	37.652	40.646	44.314	46.928
26	30.435	35.563	38.885	41.923	45.642	48.290
27	31.528	36.741	40.113	43.194	46.963	49.645
28	32.620	37.916	41.337	44.461	48.278	50.993
29	33.711	39.087	42.557	45.722	49.588	52.336
30	34.800	40.256	43.773	46.979	50.892	53.672
31	35.887	41.422	44.985	48.232	52.191	55.003
32	36.973	42.585	46.194	49.480	53.486	56.328
33	38.058	43.745	47.400	50.725	54.776	57.648
34	39.141	44.903	48.602	51.966	56.061	58.964
35	40.223	46.059	49.802	53.203	57.342	60.275
36	41.304	47.212	50.998	54.437	58.619	61.581
37	42.383	48.363	52.192	55.668	59.892	62.883
38	43.462	59.513	58.384	56.896	61.162	64.181
39	44.539	50.660	54.572	58.120	62.428	65.476
40	45.616	51.805	55.758	59.342	63.691	66.766
41	56.692	52.949	56.942	60.561	64.950	68.053
42	47.766	54.090	58.124	61.777	66.206	69.336
43	48.840	55.230	59.304	62.990	67.459	70.616
44	49.913	56.369	60.481	64.201	68.710	71.893
45	50.985	57.505	61.656	65.410	69.957	73.166

附表 3　t 分布上分位点表

$t \sim t(n)$，$P\{t > t_\alpha(n)\} = \alpha$

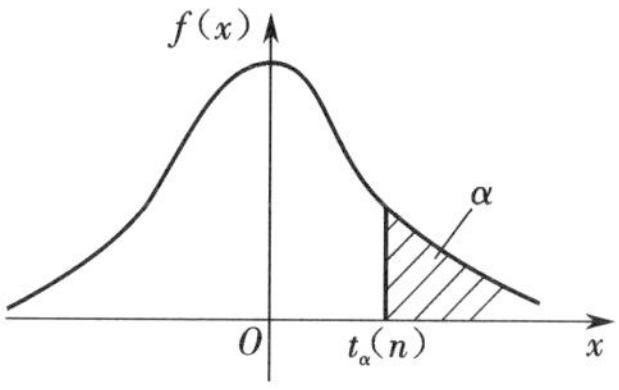

n \ α	0.10	0.05	0.025	0.01	0.005
1	3.078	6.314	12.706	31.821	63.657
2	1.886	2.920	4.303	6.965	9.925
3	1.638	2.353	3.182	4.541	5.841
4	1.533	2.132	2.776	3.747	4.604
5	1.476	2.015	2.571	3.365	4.032
6	1.440	1.943	2.447	3.143	3.707
7	1.415	1.895	2.365	2.998	3.499
8	1.397	1.860	2.306	2.896	3.355
9	1.383	1.833	2.262	2.821	3.250
10	1.372	1.812	2.228	2.764	3.169
11	1.363	1.796	2.201	2.718	3.106
12	1.356	1.782	2.179	2.681	3.055
13	1.350	1.771	2.160	2.650	3.012
14	1.345	1.761	2.145	2.624	2.977
15	1.341	1.753	2.131	2.602	2.947
16	1.337	1.746	2.120	2.583	2.921
17	1.333	1.740	2.110	2.567	2.898
18	1.330	1.734	2.101	2.552	2.878
19	1.328	1.729	2.093	2.539	2.861
20	1.325	1.725	2.086	2.528	2.845
21	1.323	1.721	2.080	2.518	2.831
22	1.321	1.717	2.074	2.508	2.819
23	1.319	1.714	2.069	2.500	2.807
24	1.318	1.711	2.064	2.492	2.797
25	1.316	1.708	2.060	2.485	2.787
26	1.315	1.706	2.056	2.479	2.779
27	1.314	1.703	2.052	2.473	2.771
28	1.313	1.701	2.048	2.467	2.763
29	1.311	1.699	2.045	2.462	2.756
30	1.310	1.697	2.042	2.457	2.750
40	1.303	1.684	2.021	2.423	2.704
60	1.296	1.671	2.000	2.390	2.660
120	1.289	1.658	1.980	2.358	2.617
∞	1.282	1.645	1.960	2.326	2.576

附表 4　F 分布上分位点表

$F \sim F(m,n)$，$P\{F > F_{\alpha}(m,n)\} = \alpha$

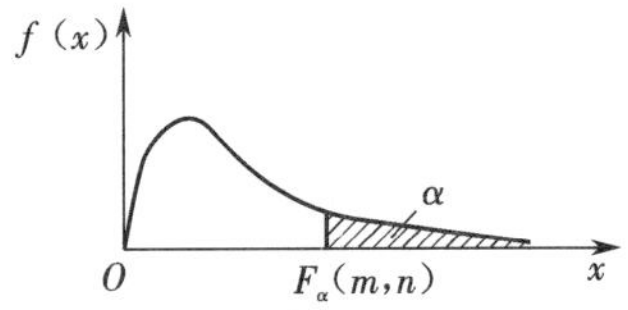

$\alpha = 0.10$

n \ m	1	2	3	4	5	6	7	8	9
1	39.86	49.50	53.59	55.83	57.24	58.20	58.91	59.44	59.86
2	8.53	9.00	9.16	9.24	9.29	9.33	9.35	9.37	9.38
3	5.54	5.46	5.39	5.34	5.31	5.28	5.27	5.25	5.24
4	4.54	4.32	4.19	4.11	4.05	4.01	3.98	3.95	3.94
5	4.06	3.78	3.62	3.52	3.45	3.40	3.37	3.34	3.32
6	3.78	3.46	3.29	3.18	3.11	3.05	3.01	2.98	2.96
7	3.59	3.26	3.07	2.96	2.88	2.83	2.78	2.75	2.72
8	3.46	3.11	2.92	2.81	2.73	2.67	2.62	2.59	2.56
9	3.36	3.01	2.81	2.69	2.61	2.55	2.51	2.47	2.44
10	3.29	2.92	2.73	2.61	2.52	2.46	2.41	2.38	2.35
11	3.23	2.86	2.66	2.54	2.45	2.39	2.34	2.30	2.27
12	3.18	2.81	2.61	2.48	2.39	2.33	2.28	2.24	2.21
13	3.14	2.76	2.56	2.43	2.35	2.28	2.23	2.20	2.16
14	3.10	2.73	2.52	2.39	2.31	2.24	2.19	2.15	2.12
15	3.07	2.70	2.49	2.36	2.27	2.21	2.16	2.12	2.09
16	3.05	2.67	2.46	2.33	2.24	2.18	2.13	2.09	2.06
17	3.03	2.64	2.44	2.31	2.22	2.15	2.10	2.06	2.03
18	3.01	2.62	2.42	2.29	2.20	2.13	2.08	2.04	2.00
19	2.99	2.61	2.40	2.27	2.18	2.11	2.06	2.02	1.98
20	2.97	2.59	2.38	2.25	2.16	2.09	2.04	2.00	1.96
21	2.96	2.57	2.36	2.23	2.14	2.08	2.02	1.98	1.95
22	2.95	2.56	2.35	2.22	2.13	2.06	2.01	1.97	1.93
23	2.94	2.55	2.34	2.21	2.11	2.05	1.99	1.95	1.92
24	2.93	2.54	2.33	2.19	2.10	2.04	1.98	1.94	1.91
25	2.92	2.53	2.32	2.18	2.09	2.02	1.97	1.93	1.89
26	2.91	2.52	2.31	2.17	2.08	2.01	1.96	1.92	1.88
27	2.92	2.51	2.30	2.17	2.07	2.00	1.95	1.91	1.87
28	2.89	2.50	2.29	2.16	2.06	2.00	1.94	1.90	1.87
29	2.89	2.50	2.28	2.15	2.06	1.99	1.93	1.89	1.86
30	2.88	2.49	2.28	2.14	2.05	1.98	1.93	1.88	1.85
40	2.84	2.44	2.23	2.09	2.00	1.93	1.87	1.83	1.79
60	2.79	2.39	2.18	2.04	1.95	1.87	1.82	1.77	1.74
120	2.75	2.35	2.13	1.99	1.90	1.82	1.77	1.72	1.68
∞	2.71	2.30	2.08	1.94	1.85	1.77	1.72	1.67	1.63

续表

α=0.10

n \ m	10	12	15	20	24	30	40	60	120	∞
1	60.19	60.17	61.22	61.74	62.00	62.26	62.53	62.79	63.06	63.33
2	9.39	9.41	9.42	9.44	9.45	9.46	9.47	9.47	9.48	9.49
3	5.23	5.22	5.20	5.18	5.18	5.17	5.16	5.15	5.14	5.13
4	3.92	3.90	3.87	3.84	3.83	3.82	3.80	3.70	3.78	3.76
5	3.30	3.27	3.24	3.21	3.19	3.17	3.16	3.14	3.12	3.10
6	2.94	2.90	2.87	2.84	2.82	2.80	2.78	2.76	2.74	2.72
7	2.70	2.67	2.63	2.59	2.58	2.56	2.54	2.51	2.49	2.47
8	2.54	2.50	2.46	2.42	2.40	2.38	2.36	2.34	2.32	2.29
9	2.42	2.38	2.34	2.30	2.28	2.25	2.23	2.21	2.18	2.16
10	2.32	2.28	2.24	2.20	2.18	2.16	2.13	2.11	2.08	2.06
11	2.25	2.21	2.17	2.12	2.10	2.08	2.05	2.03	2.00	1.97
12	2.19	2.15	2.10	2.06	2.04	2.01	1.99	1.96	1.93	1.90
13	2.14	2.10	2.05	2.01	1.98	1.96	1.93	1.90	1.88	1.85
14	2.10	2.05	2.01	1.96	1.94	1.91	1.89	1.86	1.83	1.80
15	2.06	2.02	1.97	1.92	1.90	1.87	1.85	1.82	1.79	1.76
16	2.03	1.99	1.94	1.89	1.87	1.84	1.81	1.78	1.75	1.72
17	2.00	1.96	1.91	1.86	1.84	1.81	1.78	1.75	1.72	1.69
18	1.98	1.93	1.89	1.84	1.81	1.78	1.75	1.72	1.69	1.66
19	1.96	1.91	1.86	1.81	1.79	1.76	1.73	1.70	1.67	1.63
20	1.94	1.89	1.84	1.79	1.77	1.74	1.71	1.68	1.64	1.61
21	1.92	1.87	1.83	1.78	1.75	1.72	1.69	1.66	1.62	1.59
22	1.90	1.86	1.81	1.76	1.73	1.70	1.67	1.64	1.60	1.57
23	1.89	1.84	1.80	1.74	1.72	1.69	1.66	1.62	1.59	1.56
24	1.88	1.83	1.78	1.73	1.70	1.67	1.64	1.61	1.57	1.53
25	1.87	1.82	1.77	1.72	1.69	1.66	1.63	1.59	1.56	1.52
26	1.86	1.81	1.76	1.71	1.68	1.65	1.61	1.58	1.54	1.50
27	1.85	1.80	1.75	1.70	1.67	1.64	1.60	1.57	1.53	1.49
28	1.84	1.79	1.74	1.69	1.66	1.63	1.59	1.56	1.52	1.48
29	1.83	1.78	1.73	1.68	1.65	1.62	1.58	1.55	1.51	1.47
30	1.82	1.77	1.72	1.67	1.64	1.61	1.57	1.54	1.50	1.46
40	1.76	1.71	1.66	1.61	1.57	1.54	1.51	1.47	1.42	1.38
60	1.71	1.66	1.60	1.54	1.51	1.48	1.44	1.40	1.35	1.29
120	1.65	1.60	1.55	1.48	1.45	1.41	1.37	1.32	1.26	1.19
∞	1.60	1.55	1.49	1.42	1.38	1.34	1.30	1.24	1.17	1.100

续表

$\alpha=0.05$

n \ m	1	2	3	4	5	6	7	8	9
1	161.4	199.5	215.7	224.6	230.2	234.0	236.8	238.9	240.5
2	18.51	19.00	19.16	19.25	19.30	19.33	19.35	19.37	19.38
3	10.13	9.55	9.28	9.12	9.01	8.94	8.89	8.85	8.81
4	7.71	6.94	6.59	6.39	6.26	6.16	6.09	6.04	6.00
5	6.61	5.79	5.41	5.19	5.05	4.95	4.88	4.82	4.77
6	5.99	5.14	4.76	4.53	4.39	4.28	4.21	4.15	4.10
7	5.59	4.74	4.35	4.12	3.97	3.87	3.79	3.73	3.68
8	5.32	4.46	4.07	3.84	3.69	3.58	3.50	3.44	3.39
9	5.12	4.26	3.86	3.63	3.48	3.37	3.29	3.23	3.18
10	4.96	4.10	3.71	3.48	3.33	3.22	3.14	3.07	3.02
11	4.84	3.98	3.59	3.36	3.20	3.09	3.01	2.95	2.90
12	4.75	3.89	3.49	3.26	3.11	3.00	2.91	2.85	2.80
13	4.67	3.81	3.41	3.18	3.03	2.92	2.83	2.77	2.71
14	4.60	3.74	3.34	3.11	2.96	2.85	2.76	2.70	2.65
15	4.54	3.68	3.29	3.06	2.90	2.79	2.71	2.64	2.59
16	4.49	3.63	3.24	3.01	2.85	2.74	2.66	2.59	2.54
17	4.45	3.59	3.20	2.96	2.81	2.70	2.61	2.55	2.49
18	4.41	3.55	3.16	2.93	2.77	2.66	2.58	2.51	2.46
19	4.38	3.52	3.13	2.90	2.74	2.63	2.54	2.48	2.42
20	4.35	3.49	3.10	2.87	2.71	2.60	2.51	2.45	2.39
21	4.32	3.47	3.07	2.84	2.68	2.57	2.49	2.42	2.37
22	4.30	3.44	3.05	2.82	2.66	2.55	2.46	2.40	2.34
23	4.28	3.42	3.03	2.80	2.64	2.53	2.44	2.37	2.32
24	4.26	3.40	3.01	2.78	2.62	2.51	2.42	2.36	2.30
25	4.24	3.39	2.99	2.76	2.60	2.49	2.40	2.34	2.28
26	4.23	3.37	2.98	2.74	2.59	2.47	2.39	2.32	2.27
27	4.21	3.35	2.96	2.73	2.57	2.46	2.37	2.31	2.25
28	4.20	3.34	2.95	2.71	2.56	2.45	2.36	2.29	2.24
29	4.18	3.33	2.93	2.70	2.55	2.43	2.35	2.28	2.22
30	4.17	3.32	2.92	2.69	2.53	2.42	2.33	2.27	2.21
40	4.08	3.23	2.84	2.61	2.45	2.34	2.25	2.18	2.12
60	4.06	3.15	2.76	2.53	2.37	2.25	2.17	2.10	2.04
120	3.92	3.07	2.68	2.45	2.29	2.17	2.09	2.02	1.96
∞	3.84	3.00	2.60	2.37	2.21	2.10	2.01	1.94	1.88

续表

α=0.05

n \ m	10	12	15	20	24	30	40	60	120	∞
1	241.9	243.9	245.9	248.0	249.1	250.1	251.1	252.2	253.3	254.3
2	19.40	19.41	19.43	19.45	19.45	19.46	19.47	19.48	19.49	19.50
3	8.79	8.74	8.70	8.66	8.64	8.62	8.59	8.57	8.55	8.53
4	5.96	5.91	5.86	5.80	5.77	5.75	5.72	5.69	5.66	5.63
5	4.74	4.68	4.62	4.56	4.53	4.50	4.46	4.43	4.40	4.36
6	4.06	4.00	3.94	3.87	3.84	3.81	3.77	3.74	3.70	3.67
7	3.64	3.57	3.51	3.44	3.41	3.38	3.34	3.30	3.27	3.23
8	3.35	3.28	3.22	3.15	3.12	3.08	3.04	3.01	2.97	2.93
9	3.14	3.07	3.01	2.94	2.90	2.86	2.83	2.79	2.75	2.71
10	2.98	2.91	2.85	2.77	2.74	2.70	2.66	2.62	2.58	2.54
11	2.85	2.79	2.72	2.65	2.61	2.57	2.53	2.49	2.45	2.40
12	2.75	2.69	2.62	2.54	2.51	2.47	2.43	2.38	2.34	2.30
13	2.67	2.60	2.53	2.46	2.42	2.38	2.34	2.30	2.25	2.21
14	2.60	2.53	2.46	2.39	2.35	2.31	2.27	2.22	2.18	2.13
15	2.54	2.48	2.40	2.33	2.29	2.25	2.20	2.16	2.11	2.07
16	2.49	2.42	2.35	2.28	2.24	2.19	2.15	2.11	2.06	2.01
17	2.45	2.38	2.31	2.23	2.19	2.15	2.10	2.06	2.01	1.96
18	2.41	2.34	2.27	2.19	2.15	2.11	2.06	2.02	1.97	1.92
19	2.38	2.31	2.23	2.16	2.11	2.07	2.03	1.98	1.93	1.88
20	2.35	2.28	2.20	2.12	2.08	2.04	1.99	1.95	1.90	1.84
21	2.32	2.25	2.18	2.10	2.05	2.01	1.96	1.92	1.87	1.81
22	2.30	2.23	2.15	2.07	2.03	1.98	1.94	1.89	1.84	1.78
23	2.27	2.20	2.13	2.05	2.01	1.96	1.91	1.86	1.81	1.76
24	2.25	2.18	2.11	2.03	1.98	1.94	1.89	1.84	1.79	1.73
25	2.24	2.16	2.09	2.01	1.96	1.92	1.87	1.82	1.77	1.71
26	2.22	2.15	2.07	1.99	1.95	1.90	1.85	1.80	1.75	1.69
27	2.20	2.13	2.06	1.97	1.93	1.88	1.84	1.79	1.73	1.67
28	2.19	2.12	2.04	1.96	1.91	1.87	1.82	1.77	1.71	1.65
29	2.18	2.10	2.03	1.94	1.90	1.85	1.81	1.75	1.70	1.64
30	2.16	2.09	2.01	1.93	1.89	1.84	1.79	1.74	1.68	1.62
40	2.08	2.00	1.92	1.84	1.79	1.74	1.69	1.64	1.58	1.51
60	1.99	1.92	1.84	1.75	1.70	1.65	1.59	1.53	1.47	1.39
120	1.91	1.83	1.75	1.66	1.61	1.55	1.50	1.43	1.35	1.25
∞	1.83	1.75	1.67	1.57	1.52	1.46	1.39	1.32	1.22	1.00

续表

$\alpha=0.025$

n \ m	1	2	3	4	5	6	7	8	9
1	647.8	799.5	864.2	899.6	921.8	937.1	948.2	956.7	963.3
2	38.51	39.00	39.17	39.25	39.30	39.33	39.36	39.37	39.39
3	17.44	16.04	15.44	15.10	14.88	14.73	14.62	14.54	14.47
4	12.22	10.65	8.98	9.60	9.36	9.20	9.07	8.98	8.90
5	10.01	8.43	7.76	7.39	7.15	6.98	6.85	6.76	6.68
6	8.81	7.26	6.60	6.23	5.99	5.82	5.70	5.60	5.52
7	8.07	6.54	5.89	5.52	5.52	5.12	4.99	4.90	4.82
8	7.57	6.06	5.42	5.05	4.82	4.65	4.53	4.43	4.36
9	7.21	5.71	5.03	4.72	4.48	4.32	4.20	4.10	4.03
10	6.94	5.46	4.83	4.47	4.24	4.07	3.95	3.85	3.78
11	6.72	5.26	4.63	4.28	4.04	3.88	3.76	3.66	3.59
12	6.55	5.10	4.42	4.12	3.89	3.73	3.61	3.51	3.44
13	6.41	4.97	4.35	4.00	3.77	3.60	3.48	3.39	3.31
14	6.30	4.86	4.24	3.89	3.66	3.50	3.38	3.29	3.21
15	6.20	4.77	4.15	3.80	3.58	3.41	3.29	3.20	3.12
16	6.12	4.69	4.08	3.73	3.50	3.34	3.22	3.12	3.05
17	6.01	4.62	4.01	3.66	3.44	3.28	3.16	3.06	2.98
18	5.98	4.56	3.95	3.61	3.38	3.22	3.10	3.01	2.93
19	5.92	4.51	3.90	3.56	3.33	3.17	3.05	2.96	2.88
20	5.87	4.46	3.86	3.51	3.29	3.13	3.01	2.91	2.84
21	5.83	4.42	3.82	3.48	3.25	3.09	2.97	2.87	2.80
22	5.79	4.38	3.78	3.44	3.22	3.05	2.93	2.84	2.76
23	5.76	4.35	3.75	3.41	3.18	3.02	2.90	2.81	2.73
24	5.72	4.32	3.72	3.38	3.15	2.99	2.87	2.78	2.70
25	5.69	4.29	3.69	3.35	3.13	2.97	2.85	2.75	2.68
26	5.66	4.27	3.67	3.33	3.10	2.94	2.82	2.73	2.65
27	5.63	4.24	3.65	3.31	3.08	2.92	2.80	2.71	2.63
28	5.61	4.22	3.63	3.29	3.06	2.90	2.78	2.69	2.61
29	5.59	4.20	3.61	3.27	3.04	2.88	2.76	2.67	2.59
30	5.57	4.18	3.59	3.25	3.03	2.87	2.75	2.65	2.57
40	5.42	4.05	3.46	3.13	2.90	2.74	2.62	2.53	2.45
60	5.29	3.93	3.34	3.01	2.79	2.63	2.51	2.41	2.33
120	5.15	3.80	3.23	2.89	2.67	2.52	2.39	2.30	2.22
∞	5.02	3.69	3.12	2.79	2.57	2.41	2.29	2.19	2.11

续表

α=0.025

n \ m	10	12	15	20	24	30	40	60	120	∞
1	968.6	976.7	984.9	993.1	997.2	1001	1006	1010	1014	1018
2	39.40	39.41	39.43	39.45	39.46	39.46	39.47	39.48	39.49	39.50
3	14.42	14.34	14.25	14.17	14.12	14.08	14.04	13.99	13.95	13.90
4	8.84	8.75	8.66	8.56	8.51	8.46	8.41	8.36	8.31	8.26
5	6.62	6.52	6.43	6.33	6.28	6.23	6.18	6.12	6.07	6.02
6	5.46	5.37	5.27	5.17	5.12	5.07	5.01	4.96	4.90	4.85
7	4.76	4.67	4.57	4.47	4.42	4.36	4.31	4.25	4.20	4.14
8	4.30	4.20	4.10	4.00	3.95	3.89	3.84	3.78	3.73	3.67
9	3.96	3.87	3.77	3.67	3.61	3.56	3.51	3.45	3.39	3.33
10	3.72	3.62	3.52	3.42	3.37	3.31	3.26	3.20	3.14	3.08
11	3.53	3.43	3.33	3.23	3.17	3.12	3.06	3.00	2.94	2.88
12	3.37	3.28	3.18	3.07	3.02	2.96	2.91	2.85	2.79	2.72
13	3.25	3.15	3.05	2.95	2.89	2.84	2.78	2.72	2.66	2.60
14	3.15	3.05	2.95	2.84	2.79	2.73	2.67	2.61	2.55	2.49
15	3.06	2.96	2.86	2.76	2.70	2.64	2.59	2.52	2.46	2.40
16	2.99	2.89	2.79	2.68	2.63	2.57	2.51	2.45	2.38	2.32
17	2.92	2.82	2.72	2.62	2.56	2.50	2.44	2.38	2.32	2.25
18	2.87	2.77	2.67	2.56	2.50	2.44	2.38	2.32	2.26	2.19
19	2.82	2.72	2.62	2.51	2.45	2.39	2.33	2.27	2.20	2.13
20	2.77	2.68	2.57	2.46	2.41	2.35	2.29	2.22	2.16	2.09
21	2.73	2.64	2.53	2.42	2.37	2.31	2.25	2.18	2.11	2.04
22	2.70	2.60	2.50	2.39	2.33	2.27	2.21	2.14	2.08	2.00
23	2.67	2.57	2.47	2.36	2.30	2.24	2.18	2.11	2.04	1.97
24	2.64	2.54	2.44	2.33	2.27	2.21	2.15	2.08	2.01	1.94
25	2.61	2.51	2.41	2.30	2.24	2.18	2.12	2.05	1.98	1.91
26	2.59	2.49	2.39	2.28	2.22	2.16	2.09	2.03	1.95	1.88
27	2.57	2.47	2.36	2.25	2.19	2.13	2.07	2.00	1.93	1.85
28	2.55	2.45	2.34	2.23	2.17	2.11	2.05	1.98	1.91	1.83
29	2.53	2.43	2.32	2.21	2.15	2.09	2.03	1.96	1.89	1.81
30	2.51	2.41	2.31	2.20	2.14	2.07	2.01	1.94	1.87	1.79
40	2.39	2.29	2.18	2.07	2.01	1.94	1.88	1.80	1.72	1.64
60	2.27	2.17	2.06	1.94	1.88	1.82	1.74	1.67	1.58	1.48
120	2.16	2.05	1.94	1.82	1.76	1.69	1.61	1.53	1.43	1.31
∞	2.05	1.94	1.83	1.71	1.64	1.57	1.48	1.39	1.27	1.00

续表

α=0.01

n \ m	1	2	3	4	5	6	7	8	9
1	4652	4999.5	5403	5626	5764	5859	5928	5982	6022
2	98.50	90.00	99.17	99.25	99.30	99.33	99.36	99.37	99.39
3	34.12	30.82	29.46	28.71	28.24	27.91	27.67	27.49	27.35
4	21.20	18.00	16.69	15.98	15.53	15.21	14.98	14.80	14.66
5	16.26	13.27	12.06	11.39	10.97	10.67	10.46	10.29	10.16
6	13.75	10.92	9.78	9.15	8.75	8.47	8.26	8.10	7.98
7	12.25	9.55	8.45	7.85	7.45	7.19	6.99	6.84	6.72
8	11.26	8.65	7.59	7.01	6.63	6.37	6.18	6.03	5.91
9	10.56	8.02	6.99	6.42	6.06	5.80	5.61	5.47	5.35
10	10.04	7.56	6.55	5.99	5.64	5.39	5.20	5.06	4.94
11	9.65	7.21	6.22	5.67	5.32	5.07	4.89	4.74	4.63
12	6.33	6.93	5.95	5.41	5.06	4.82	4.64	4.50	4.39
13	9.07	6.70	5.74	5.21	4.86	4.62	4.44	4.30	4.19
14	8.86	6.51	5.56	5.04	4.69	4.46	4.28	4.14	4.03
15	8.68	6.36	5.42	4.89	4.56	4.32	4.14	4.00	3.89
16	8.53	6.23	5.29	4.77	4.44	4.20	4.03	3.89	3.78
17	8.40	6.11	5.18	4.67	4.34	4.10	3.93	3.79	3.68
18	8.29	6.01	5.09	4.58	4.25	4.01	3.84	3.71	3.60
19	8.18	5.93	5.01	4.50	4.17	3.94	3.77	3.63	3.52
20	8.10	5.85	4.94	4.43	4.10	3.87	3.70	3.56	3.46
21	8.02	5.78	4.87	4.37	4.04	3.81	3.64	3.51	3.40
22	7.95	5.72	4.83	4.31	3.99	3.76	3.59	3.45	3.35
23	7.88	5.66	4.76	4.26	3.94	3.71	3.54	3.41	3.30
24	7.82	5.61	4.72	4.22	3.90	3.67	3.50	3.30	3.26
25	7.77	5.57	4.68	4.18	3.85	3.63	3.46	3.32	3.22
26	7.72	5.52	4.64	4.14	3.82	3.59	3.42	3.29	3.18
27	7.68	5.49	4.60	4.11	3.78	3.56	3.39	3.26	3.15
28	7.64	5.45	4.57	4.07	3.75	3.53	3.36	3.23	3.12
29	7.60	5.42	4.54	4.04	3.73	3.50	3.33	3.20	3.09
30	7.56	5.39	4.51	4.02	3.70	3.47	3.30	3.17	3.07
40	7.31	5.18	4.31	3.83	3.51	3.29	3.12	2.99	2.89
60	7.08	4.98	4.13	3.65	3.34	3.12	2.95	2.82	2.72
120	6.85	4.79	3.95	3.48	3.17	2.96	2.79	2.66	2.56
∞	6.63	4.61	3.78	3.32	3.02	2.80	2.64	2.61	2.41

续表

α=0.01

n \ m	10	12	15	20	24	30	40	60	120	∞
1	6056	6106	6157	6200	6261	6261	6287	6313	6339	6336
2	99.40	99.42	99.43	99.45	99.47	99.47	99.47	99.48	99.49	99.50
3	27.23	27.05	26.87	26.69	26.50	26.50	26.41	26.32	26.22	26.13
4	14.55	14.37	14.20	14.02	13.84	13.84	13.75	13.65	13.56	13.46
5	10.05	9.89	9.72	9.55	9.38	9.38	9.29	9.20	9.11	9.02
6	7.87	7.72	7.56	7.40	7.23	7.23	7.14	7.06	6.97	6.88
7	6.62	6.47	6.31	6.16	5.99	5.99	5.91	5.82	5.74	5.65
8	5.81	5.67	5.52	5.36	5.20	5.20	5.12	5.03	4.95	4.86
9	5.26	5.11	4.96	4.81	4.65	4.65	4.57	4.48	4.40	4.31
10	4.85	4.71	4.56	4.41	4.25	4.25	4.17	4.08	4.00	3.91
11	4.54	4.40	4.25	4.10	3.94	3.94	3.86	3.78	3.69	3.60
12	4.30	4.16	4.01	3.86	3.70	3.70	3.62	3.54	3.45	3.36
13	4.10	3.96	3.82	3.66	3.51	3.51	3.43	3.34	3.25	3.17
14	3.94	3.80	3.66	3.51	3.35	3.35	3.27	3.18	3.09	3.00
15	3.80	3.67	3.52	3.37	3.21	3.21	3.13	3.05	2.96	2.87
16	3.69	3.55	3.41	3.26	3.10	3.10	3.02	2.93	2.84	2.75
17	3.59	3.46	3.31	3.16	3.00	3.00	2.92	2.83	2.75	2.65
18	3.51	3.37	3.23	3.08	2.92	2.92	2.84	2.75	2.66	2.57
19	3.43	3.30	3.15	3.00	2.84	2.84	2.76	2.67	2.58	2.49
20	3.37	3.23	3.09	2.94	2.78	2.78	2.69	2.61	2.52	2.42
21	3.31	3.17	3.03	2.88	2.72	2.72	2.64	2.55	2.46	2.36
22	3.26	3.12	2.98	2.83	2.67	2.67	2.53	2.50	2.40	2.31
23	3.21	3.07	2.93	2.78	2.62	2.62	2.54	2.45	2.35	2.26
24	3.17	3.03	2.89	2.74	2.58	2.58	2.49	2.40	2.31	2.21
25	3.13	2.99	2.85	2.70	2.54	2.54	2.45	2.36	2.27	2.17
26	3.09	2.96	2.81	2.66	2.50	2.50	2.42	2.33	2.23	2.13
27	3.06	2.93	2.78	2.63	2.47	2.47	2.38	2.29	2.20	2.10
28	3.03	2.90	2.75	2.60	2.44	2.44	2.35	2.26	2.17	2.06
29	3.00	2.87	2.73	2.57	2.41	2.41	2.33	2.23	2.14	2.03
30	2.98	2.84	2.70	2.55	2.39	2.39	2.30	2.21	2.11	2.01
40	2.80	2.66	2.52	2.37	2.20	2.20	2.11	2.02	1.92	1.80
60	2.63	2.50	2.35	2.20	2.03	2.03	1.94	1.84	1.73	1.60
120	2.47	2.34	2.19	2.03	1.86	1.86	1.76	1.66	1.53	1.38
∞	2.32	2.18	2.04	1.88	1.70	1.70	1.59	1.47	1.32	1.00

续表

α=0.005

n \ m	1	2	3	4	5	6	7	8	9
1	16211	20000	21615	22500	23056	23437	23715	23925	24091
2	198.5	199.0	199.2	199.2	199.3	199.3	199.4	199.4	199.4
3	55.55	49.80	47.47	46.19	45.39	44.84	44.43	44.13	43.88
4	31.33	26.28	24.26	23.15	22.46	21.97	21.62	21.35	21.14
5	22.78	18.31	16.53	15.56	14.94	14.51	14.20	13.96	13.77
6	18.63	14.54	12.92	12.03	11.46	11.07	10.79	10.57	10.39
7	16.24	12.40	10.88	10.05	9.52	9.16	8.89	8.68	8.51
8	14.69	11.04	9.60	8.81	8.30	7.95	7.69	7.50	7.34
9	13.61	10.11	8.72	7.96	7.47	7.13	6.88	6.69	6.54
10	12.83	9.43	8.08	7.34	6.87	6.54	6.30	6.12	5.97
11	12.23	8.91	7.60	6.88	6.42	6.10	5.86	5.68	5.54
12	11.75	8.51	7.23	6.52	6.07	5.76	5.52	5.35	5.20
13	11.37	8.19	6.93	6.23	5.79	5.48	5.25	5.03	4.94
14	11.06	7.92	6.68	6.00	5.56	5.26	5.03	4.86	4.72
15	10.80	7.70	6.48	5.80	5.37	5.07	4.85	4.67	4.54
16	10.58	7.51	6.30	5.64	5.21	4.91	4.69	4.52	4.38
17	10.38	7.35	6.16	5.50	5.07	4.78	4.56	4.39	4.25
18	10.22	7.21	6.03	5.37	4.96	4.66	4.44	4.28	4.14
19	10.07	7.09	5.92	5.27	4.85	4.56	4.34	4.18	4.04
20	9.94	6.99	5.82	5.17	4.76	4.47	4.26	4.09	3.96
21	9.83	6.89	5.73	5.09	4.68	4.39	4.18	4.01	3.88
22	9.73	6.81	5.65	5.02	4.61	4.32	4.11	3.94	3.81
23	9.63	6.73	5.58	4.95	4.54	4.26	4.05	3.88	3.75
24	9.55	6.66	5.52	4.89	4.49	4.20	3.99	3.83	3.69
25	9.48	6.60	5.46	4.84	4.43	4.15	3.94	3.78	3.64
26	9.41	6.54	5.41	4.79	4.38	4.10	3.89	3.73	3.60
27	9.34	6.49	5.36	4.74	4.34	4.06	3.85	3.68	3.56
28	9.28	6.44	5.32	4.70	4.30	4.02	3.81	3.65	3.52
29	9.23	6.40	5.28	4.66	4.26	3.98	3.77	3.61	3.48
30	9.18	6.35	5.24	4.62	4.32	3.95	3.74	3.58	3.45
40	8.83	6.07	4.98	4.37	3.99	3.71	3.51	3.35	3.22
60	8.49	5.79	4.73	4.14	3.76	3.49	3.29	3.13	3.01
120	8.18	5.54	4.50	3.92	3.55	3.28	3.00	2.93	2.81
∞	7.88	5.30	4.28	3.72	3.35	3.09	2.90	2.74	2.62

续表

α=0.005

n \ m	10	12	15	20	24	30	40	60	120	∞
1	24224	24426	24630	24836	24940	25044	25148	25253	25359	25465
2	199.4	199.4	199.4	199.4	199.5	199.5	199.5	199.5	199.5	199.5
3	43.69	43.39	43.08	42.78	42.62	42.47	42.31	42.15	41.99	41.83
4	20.97	20.70	20.44	20.17	20.03	19.89	19.75	19.61	19.47	19.32
5	13.62	13.38	13.15	12.90	12.78	12.60	12.53	12.40	12.27	12.14
6	10.25	10.03	9.81	9.59	9.47	9.36	9.24	9.12	9.00	8.88
7	8.38	8.18	7.97	7.75	7.65	7.53	7.42	7.31	7.19	7.08
8	7.21	7.01	6.81	6.61	6.50	6.40	6.29	6.18	6.06	5.95
9	6.42	6.23	6.03	5.83	5.73	5.62	5.52	5.41	5.30	5.19
10	5.85	5.66	5.47	5.27	5.17	5.67	4.97	4.86	4.75	4.64
11	5.42	5.24	5.05	4.86	4.76	4.65	4.55	4.44	4.34	4.23
12	5.09	4.91	4.72	4.53	4.43	4.33	4.23	4.12	4.01	3.90
13	4.82	4.64	4.46	4.27	4.17	4.07	3.97	3.87	3.76	3.65
14	4.60	4.43	4.25	4.06	3.96	3.86	3.76	3.66	3.55	3.44
15	4.42	4.25	4.07	3.88	3.79	3.69	3.58	3.48	3.37	3.26
16	4.27	4.10	3.92	3.73	3.64	3.54	3.44	3.33	3.22	3.11
17	4.14	3.97	3.79	3.61	3.51	3.41	3.31	3.21	3.10	2.98
18	4.03	3.86	3.68	3.50	3.40	3.30	3.20	3.10	2.99	2.87
19	3.93	3.76	3.59	3.40	3.31	3.21	3.11	3.00	2.89	2.78
20	3.85	3.68	3.50	3.32	3.22	3.12	3.02	2.92	2.81	2.69
21	3.77	3.60	3.43	3.24	3.15	3.05	2.95	2.84	2.73	2.61
22	3.70	3.54	3.36	3.18	3.08	2.98	2.88	2.77	2.66	2.55
23	3.64	3.47	3.30	3.12	3.02	2.92	2.82	2.71	2.60	2.48
24	3.59	3.42	3.25	3.06	2.97	2.87	2.77	2.66	2.55	2.43
25	3.54	3.37	3.20	3.01	2.92	2.82	2.72	2.61	2.50	2.38
26	3.49	3.33	3.15	2.97	2.87	2.77	2.67	2.56	2.45	2.33
27	3.45	3.28	3.11	2.93	2.83	2.73	2.63	2.52	2.41	2.29
28	3.41	3.25	3.07	2.89	2.79	2.69	2.59	2.48	2.37	2.25
29	3.38	3.21	3.04	2.86	2.76	2.66	2.56	2.45	2.33	2.21
30	3.34	3.18	3.01	2.82	2.73	2.63	2.52	2.42	2.30	2.18
40	3.12	2.95	2.78	2.60	2.50	2.40	2.30	2.18	2.06	1.93
60	2.90	2.74	2.57	2.39	2.29	2.19	2.09	1.96	1.83	1.69
120	2.71	2.54	2.37	2.19	2.09	1.98	1.87	1.75	1.61	1.43
∞	2.52	2.36	2.19	2.00	1.90	1.79	1.67	1.53	1.36	1.00

附表 5　泊松分布表

$$P\{X \leqslant x\} = \sum_{k=0}^{x} \frac{\lambda^k e^{-\lambda}}{k!}$$

x	λ								
	0.1	0.2	0.3	0.4	0.5	0.6	0.7	0.8	0.9
0	0.904 8	0.818 7	0.740 8	0.673 0	0.606 5	0.548 8	0.496 6	0.449 3	0.406 6
1	0.995 3	0.982 5	0.963 1	0.938 4	0.909 8	0.878 1	0.844 2	0.808 8	0.772 5
2	0.999 8	0.998 9	0.996 4	0.992 1	0.985 6	0.976 9	0.965 9	0.952 6	0.937 1
3	1.000 0	0.999 9	0.999 7	0.999 2	0.999 2	0.996 6	0.994 2	0.990 9	0.986 5
4		1.000 0	1.000 0	0.999 9	0.999 8	0.999 6	0.999 2	0.998 6	0.999 7
5				1.000 0	1.000 0	1.000 0	0.999 9	0.999 8	0.999 7
6							1.000 0	1.000 0	1.000 0

x	λ								
	1.0	1.5	2.0	2.5	3.0	3.5	4.0	4.5	5.0
0	0.367 9	0.223 1	0.135 3	0.082 1	0.049 8	0.030 2	0.018 3	0.011 1	0.006 7
1	0.735 8	0.557 8	0.406 0	0.287 3	0.199 1	0.135 9	0.091 6	0.061 1	0.040 4
2	0.919 7	0.808 8	0.676 7	0.543 8	0.423 2	0.320 8	0.238 1	0.173 6	0.124 7
3	0.981 0	0.934 4	0.857 1	0.757 6	0.647 2	0.536 6	0.433 5	0.342 3	0.265 0
4	0.996 3	0.981 4	0.947 3	0.891 2	0.815 3	0.725 4	0.628 8	0.532 1	0.440 5
5	0.999 4	0.995 5	0.983 4	0.958 0	0.916 1	0.857 6	0.785 1	0.702 9	0.616 0
6	0.999 9	0.999 1	0.995 5	0.985 8	0.966 5	0.934 7	0.889 3	0.831 1	0.762 2
7	1.000 0	0.999 8	0.998 9	0.995 8	0.988 1	0.973 3	0.948 9	0.913 4	0.866 6
8		1.000 0	0999 8	0.998 9	0.996 2	0.990 1	0.978 6	0.959 7	0.931 9
9			1.000 0	0.999 7	0.998 9	0.996 7	0.991 9	0.982 9	0.968 2
10				0.999 9	0.999 7	0.999 0	0.997 2	0.993 3	0.986 3
11				1.000 0	0.999 9	0.999 7	0.999 1	0.997 6	0.994 5
12					1.000 0	0.999 9	0.999 7	0.999 2	0.998 0

x	λ								
	5.5	6.0	6.5	7.0	7.5	8.0	8.5	9.0	9.5
0	0.004 1	0.002 5	0.001 5	0.000 9	0.000 6	0.000 3	0.000 2	0.000 1	0.000 1
1	0.026 6	0.017 4	0.011 3	0.007 3	0.004 7	0.003 0	0.001 9	0.001 2	0.000 8
2	0.088 4	0.062 0	0.043 0	0.029 6	0.020 3	0.013 8	0.009 3	0.006 2	0.004 2
3	0.201 7	0.151 2	0.111 8	0.081 8	0.059 1	0.042 4	0.030 1	0.021 2	0.014 9
4	0.357 5	0.285 1	0.223 7	0.173 0	0.132 1	0.099 6	0.074 4	0.055 0	0.040 3
5	0.528 9	0.445 7	0.369 0	0.300 7	0.241 4	0.191 2	0.149 6	0.115 7	0.088 5
6	0.686 0	0.606 3	0.526 5	0.449 7	0.378 2	0.313 4	0.256 2	0.206 8	0.164 9
7	0.809 5	0.744 0	0.672 8	0.598 7	0.524 6	0.453 0	0.385 6	0.323 9	0.268 7
8	0.894 4	0.847 2	0.791 6	0.729 1	0.662 0	0.592 5	0.523 1	0.455 7	0.391 8
9	0.946 2	0.916 1	0.877 4	0.830 5	0.776 4	0.716 6	0.653 0	0.587 4	0.521 8
10	0.974 7	0.957 4	0.933 2	0.901 5	0.862 2	0.815 9	0.763 4	0.706 0	0.645 3
11	0.989 0	0.979 9	0.966 1	0.946 6	0.920 8	0.888 1	0.848 7	0.803 0	0.752 0
12	0.995 5	0.991 2	0.984 0	0.973 0	0.957 3	0.936 2	0.909 1	0.875 8	0.836 4
13	0.998 3	0.996 4	0.992 9	0.987 2	0.978 4	0.965 8	0.948 6	0.926 1	0.898 1
14	0.999 4	0.998 6	0.997 0	0.994 3	0.989 7	0.982 7	0.972 6	0.958 5	0.940 0
15	0.999 8	0.999 5	0.998 8	0.997 6	0.995 4	0.991 8	0.986 2	0.978 0	0.966 5
16	0.999 9	0.999 8	0.999 6	0.999 0	0.998 0	0.996 3	0.993 4	0.988 9	0.982 3
17	1.000 0	0.999 9	0.999 8	0.999 6	0.999 2	0.998 4	0.997 0	0.994 7	0.991 1
18		1.000 0	0.999 9	0.999 9	0.999 7	0.999 4	0.998 7	0.997 6	0.995 7
19			1.000 0	1.000 0	0.999 9	0.999 7	0.999 5	0.998 9	0.998 0
20					1.000 0	0.999 9	0.999 8	0.999 6	0.999 1

参考书目

[1] 盛骤,谢式千,潘承毅. 概率论与数理统计[M]. 4 版. 北京:高等教育出版社,2008.

[2] 汤大林. 概率论与数理统计[M]. 天津:天津大学出版社,2009.

[3] 梁冯珍,宋占杰,张玉环. 应用概率统计[M]. 天津:天津大学出版社,2004.

[4] 候亚君,刘立士,马建军,等. 概率论与数理统计[M]. 北京:机械工业出版社,2011

[5] 王松桂,张忠占,程维虎,等. 概率论与数理统计[M]. 3 版. 北京:科学出版社,2011.

[6] 何迎晖,闵华玲. 数理统计[M]. 北京:高等教育出版社,1989.

[7] 茆诗松,程依明,濮晓龙. 概率论与数理统计教程[M]. 2 版. 北京:高等教育出版社,2011.

[8] 杨永发. 概率论与数理统计教程[M]. 天津:南开大学出版社,2000.

[9] 李景和,金大永. 概率论与数理统计学习指导[M]. 天津:南开大学出版社,2003.

[10] 杨振明. 概率论[M]. 2 版. 北京:科学出版社,2008.

[11] 同济大学应用数学系主编. 工程数学概率统计简明教程[M]. 北京:高等教育出版社,2003

[12] 安丽霞,张云霞. 概率论与数理统计[M]. 北京:中国传媒大学出版社,2014.

[13] 赵静,但琦. 数学建模与数学实验[M]. 3 版. 北京:高等教育出版社,2008.

[14] 韩旭里,谢永钦. 概率论与数理统计[M]. 上海:复旦大学出版社,2006.

[15] 齐淑华,王立冬. 概率论与数理统计[M]. 大连:大连理工大学出版社,2009.

[16] 运怀立. 概率论与数理统计[M]. 北京:中国人民大学出版社,2009.

[17] 王熙照. 概率论与数理统计[M]. 北京:科学出版社,2009.

[18] 孟新焕,郃淑彩. 概率论与数理统计[M]. 武汉:武汉大学出版社,2011.

[19] 许承德,王勇. 概率论与数理统计[M]. 北京:科学出版社,2001.

[20] 张建华. 概率论与数理统计[M]. 北京:高等教育出版社,2008.

[21] 胡敏. 概率论与数理统计[M]. 上海:上海交通大学出版社,2012.